KB044368

마음의 장기 심장

B-MADE센터
기획 및 지음

마음의 장기 심장

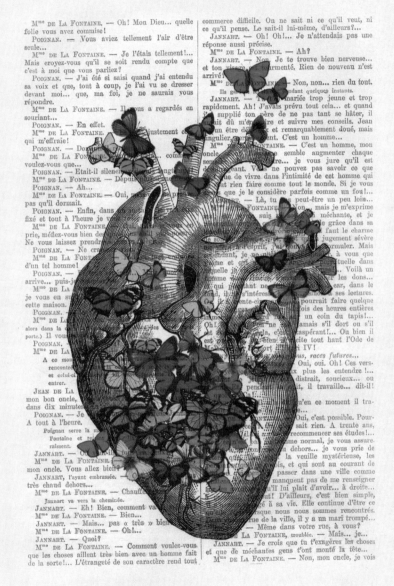

인간에게 심장이란 무엇인가

바다출판사

일러두기

이 책은 여덟 명의 저자들이 심장이라는 하나의 주제를 가지고 각자의 전문 지식과 다양한 관점을 담아 완성하였다. 같은 주제로 지식과 사고를 모으다보니 드물게 중복된 내용이 발견되기도 한다. 하지만 각 저자의 글마다 해당 설명이 필히 서술되어야 완성도 있게 흐름이 이어진다는 판단하에 해당 부분을 생략하지 않고 그대로 게재하였다. 독자들의 양해를 구한다.

심장을 바라보는 다양한 시각들

어떤 명칭으로 부르든 상관없이 심장은 '나'의 몸을 이루는 한 부분이다. 우리는 대개 그것을 생물학적 지식의 한 형태로 이해한다. 그래서 심장은 특정 근육세포의 조직들로 구성된 신체기관이 된다. 그럼에도 불구하고 심장은 생물학적 지식조차 회피할 수 없는 가장 본질적인 측면을 갖고 있다. 그것은 살아있는 몸의 일부로서 심장의 운동과 그것에 대한 '나'의 내면적 느낌이다. 나는 설레는 마음으로 짝사랑하는 여인을 기다리며 쿵쿵거리는 내 심장의 운동을 느낀다. 갑작스레 찾아오는 심장 이상에 나는 찌르는 듯한 가슴의 통증을 느낀다.

이런 모든 느낌들은 오직 '나'의 직접적인 경험 속에 자리한다. 이것은 직접적인 경험의 주체인 우리가 병원에서 환부의 통증 정도를 묻는 질문지를 받아들었을 때 깨닫게 되는 그런 종류의 느낌들이다. 거기서 우리는 '나'의 통증 경험을 종이 위에 정확히 표시하기가 얼마나 어려운 것인지 그 거리감을 이해하게 된다.

그 때문에 우리는 심장을 잘 모르지만 너무도 잘 느낀다고 말할 수 있다. M. 하이데거가 자주 사용했던 말들 중에 '은폐'와 '탈은폐'라는 것이 있는데, 이를 통해 심장의 존재 의미를 생각해볼 수 있을 법하다. 평생에 걸쳐 존재에 관한 물음을 던진 형이상학자 하이데거는 무엇인가가 참으로 있다면 오직 그것이 지금 여기서 스스로를 드러낼 때에만 우리에게 이해될 수 있다고 여겼다.

장막에 가려 있던 것이 그 장막을 걷어내고 자신의 본래 모습을 드러낸다는 뜻에서 '은폐된 것의 탈은폐'를 언급할 수 있는 것이다. 그래서 그는 어떤 것에 대한 참된 앎이란 일종의 은폐인 망각 상태에서 벗어나 일, 즉 망각에 대한 탈망각이라고 생각했다. 하이데거는 저 멀리 고대 그리스인들이 사용했던 알레테이아aletheia, 망각을 뜻하는 '레테'에서 벗어나는 일라는 말을 그렇게 가져다 썼다.

우리가 심장에 대해 잘 모르는 것은 그것이 우리에게 생물학적 지식으로 어떤 책이나 정보의 저장소 안에 안치되어 있다고 여기기 때문이다. 물론 우리가 군이 그러한 지식을 얻고자 한다면 당연히 그곳을 찾아보면 쉬울 일이다. 하지만 이러한 방식은 내가 심장을 알 수 있는 소극적인 방법에 지나지 않을지 모른다. 반면 심장이 우리에게 더 직접적이고 근본적인 방식으로 이해되는 것은 심장이 수많은 '나'들의 몸에서 각각 자신을 드러낼 때이다. 말하자면 나의 몸이 그것을 느낄 때 우리는 자신의 심장을 고유하게 대면하는 것이다.

적극적인 방식으로 이해된 심장은 몸의 경제학이 반복적 행동을 의식에서 건너뛰게 만드는 그 망각 과정을 해체한다. 그래서 일상에서 우리는 심장을 잘 의식하지 못하는 반면, 어느 순간에는 당황스럽게도 그 존재가 갑작스레 망각에서 깨어난다. 그래서 우리가 심장을 대면할 때, 즉 심장이 자신의 모습을 드러낼 때, 어째서 그 상황이 그토록 강렬했는지 그 이유를 알 수도 있을 듯하다.

세계기록을 힘겹게 경신하면서 결승선을 통과한 달리기 선수가 트랙 바닥에 쓰러져 누워있을 때, 그의 심장은 다른 누구의 심장보다도 그 자신을 더 잘 증명할 것이다. 그리고 잠시 뒤 그가 다시 금메달 시상식 단상에 올라서기 직전 감격에 벅차올라 눈물을 흘릴 때, 그의 심장은 흥분하는 박동을 통해 또 다시 그 자신을 드러낼 것이다. 그에게 심장은 그토록 다양하게 자신을 탈은폐한다.

그런데 잘 생각해보면 심장이 자신을 드러내는 방식은 생각보다 순탄치 않다. 궤도에서 벗어나는 일탈의 순간에 나는 나의 심장을 대면하기 때문이다. 그리고 거기에는 항상 그 자신을 동일한 상태로 유지하는 심장을 망각에서 깨어나도록 만드는 것들이 있었다. 설레는 기다림이 있었고, 통증이 있었고, 달리기가 있었고, 금메달 시상식이 있었다. 심장의 의미를 드러내고 차이를 만드는 이런 모든 것들은 심장 자체가 아니었으며, 오히려 그 모든 것들은 심장과는 다른 것이었다.

그러한 '심장이 아니면서도 심장을 드러내는 것들'은 의학과 생물학에서도 등장한다. 외과의사는 살아있는 세포들로 이루어진 심장을 차가운 메스를 사용해서 절개해냄으로써 심장의 정체를 드러낸다. 전기생리학자의 ECG 장치는 메스를 대신해서 살아있는 심장의 미세한 전기적 운동을 그래프 이미지로 드러낸다. 그리고 분자생물학자의 현미경은 절개된 세포들의 내부를 드러낸다. 그래서 과학의 장에서 심장은 자신과 다른 존재인 메스, ECG, 그리고 현미경 없이는 결코 스스로를 드러내지 못하는 것이다.

하지만 우리는 이것들에 그다지 주목하지 못해왔다. 이는 이미 M. 푸코가 오래전에 생각했던 것처럼 과학적 지식을 위한 텍스트의 구축 방식이 이러한 도구들을 은폐해왔기 때문이다. 심장을 위해 축적된 과학적 지식의 아카이브에는 달리기 선수의 트랙이란 존재하지 않으며, 금메달 단상도 없고, 메스도, ECG도, 현미경도 없었다.

과학기술 사회학자인 B. 라투르는 《행동하는 과학Science in Action》에서 이렇게 말한다. "과학의 텍스트 이면에 무엇이 있는가? 새겨놓음inscription이 있다. 그렇다면 이러한 새겨놓음은 어떻게 획득되는가? [과학 실험실의] 도구들을 설치함으로써 그렇다. 텍스트 뒤에 자리한 이 또 다른 세계는 그 자체가 논쟁적인 상황이 되지 않는 한 눈에 띄지 않는다."

하지만 이러한 도구들이야말로 과학적 지식을 구성하는 매우 중요한 요인들이다. 그렇다면 심장에 대한 과학적 지식은 텍스트, 메스, ECG, 현미경, 그리고 책 속의 그림들과 함께, 다시 말해서 도구들과 함께 구성된다고 말할 수 있을 것이다.

또한 오늘날 그 누구도 부인할 수 없듯이 그러한 도구들은 분명 정치경제학적이다. 이는 도구들이야말로 과학기술에 영향을 미치는 정치적이며 경제학적 조건에서 생산, 유통, 소비되기 때문이다. 그래서 라투르는 우리에게는 너무도 생소한 '과학기술정치학'이니 '과학인문학'이니 하는 말들을 서슴없이 사용한다.

다른 한편으로, 심장은 미학적이자 문화적이라고 말할 수 있다. 우리가 예술과 문화를 근대적인 심미주의와 이성중심주의적인 인간관 아래 귀속시키지 않는 한에서 말이다. 위에서 말한 도구들과 과학적 지식의 관계에서처럼 과학 텍스트의 한 층위를 장식하는 이미지들이 심미적으로 선별되며 또한 그것들이 과학적 지식의 진리 값에 영향을 미친다는 것은 잘 알려진 역사적 사실이다.

그렇지만 과학기술 철학자인 B. 스티글러는 그것을 상회하는 주장을 한다. 그에 따르면 후기자본주의 사회에서 소비 취향의 미학이 자본 생산의 실제적 요소라는 자각과 더불어 과학기술 자체는 더욱더 미학적으로 변화하고 있다. '과학기술의 미학'이라는 말이 소통될 만한 조건이 이미 무르익은 듯하다. 그래서 심장은 의학과 생물학 바깥의 문화현실에서조차 소비사회의 경험방식에 맞아떨어지도록 이해될 수도 있었던 것이다.

그러므로 이 책은 심장이라는 주제를 관통하는 다양한 관점들을 피력하고자 했다. 서로 다른 관점들을 수용하는 태도는 우리시대 과학기술과 예술문화의 연속성을 분명하게 보여준다. 심장은 생물학의 과학적 대상으로서 존재하며, 또한 신화적 진리 속에서 다양한 서사들의 의미 묶음으로도 존재한다. 심장은 상징의 계보를 이루는가 하면 또한 예술 표현으로도 재생산되는 것이다.

이 책을 마무리하려 했을 때 우리는 하나의 문제 앞에 서 있다는 것을 깨닫게 되었다. 이 다양한 관점들의 스펙트럼이 과연 얼마나 상호 교차할 수 있는가의 문제가 바로 그것이었다. 물론 답은 정해져 있지 않다는 것을 우리는 잘 안다. 힘차게 박동하는 심장의 목적을 그 누구도 확정할 수 없는 것처럼, 우리 앞에 놓인 그 문제 역시 답을 구하려 하지만 또한 항상 열려 있는 상태로 새로운 물음을 물을 것이다.

2016년 11월
저자들

Ⅰ.

문화의 교차점에서
심장 읽기

역사 가운데 철학자와 예술가에게, 그리고 과학자와 의사에게 이르기까지 심장은 다양한 의미를 지니고 변화되어 왔다. 의학사에서 바라보는 심장, 미술사에서 바라보는 심장, 서로 다른 종교적 관점에서 바라보는 심장의 기호학이나 보편적 인간의 생각 속에서 사회적으로 공유되고 확장된 문화적 원형으로서의 심장은 수많은 의미의 지층들을 생산한다. 그리고 심장의 다양한 의미들이 만들어내는 차이와 유사성으로부터 일종의 긴장감이 발휘된다. 이 긴장감은 심장을 바라보는 사회적 관계망들이자,

동시에 보는 사람들의 참여를 통해서 의미를 확장하고 변화시켜나갈 수 있는 사회적 담론들을 생산한다.

심장의 의미에 대한 탐색은 심장에 대해서만 말하는 것이 아니라 시대와 시대 사이, 혹은 문화적 공간으로서의 장소와 장소 사이, 그리고 사회 구성원들 간의 대화를 읽을 수 있는 매체이자 심장을 보는 관점들의 놀이를 만들어내는 것이다. 아울러 타인의 관점을 통해서 바라보는 신체의 일부로서 인간에 대한 질문까지 던지고 있다.

심장의 이해
주술에서 과학으로

들어가는 말

반신반인半神半人으로 유일하게 올림포스 12신의 반열에 오른 디오니소스는 태어날 때부터 유별난 고통을 겪었다. 제우스와 페르세포네 사이에서 디오니소스가 태어나자 질투심 많은 헤라가 가만히 있을 리 없었다. 헤라는 티탄에게 디오니소스를 죽이도록 사주했고, 제우스에게 불만이 많았던 티탄은 어린 디오니소스를 붙잡아 토막을 내어 잡아먹었다. 다행히도 아테나는 간신히 남겨진 디오니소스의 심장을 찾아 제우스에게 전달했고 제우스는 세멜레를 통해 디오니소스를 다시 태어나도록 했다. 한편 분노한 제우스는 번개를 퍼부어 티탄을 잿더미로 만들었는데 이 잿더미에서 디오니소스의 신성과 티탄의 야만성을 동시에 가진 인간이 태어났다.

디오니소스의 탄생 신화에서 드러난 주술적이고 신비주의적인 심장을 보면, 우리는 심장을 생명의 본질이나 기본 단위로 여긴 옛날 사람들의 생각을 엿볼 수 있다. 역동적인 심장의 박동 소리와 디오니소스가 지닌 광기의 이미지는 잘 어울리는 듯하다. 한편 이러한 이야기는 과학적 지식이 쌓이기까지 심장을 이해하는 방식에 얼마나 큰 변화가 일어났는지를 가늠해볼 수 있게 해준다. 변화의 흐름에 원시종교, 자연철학, 해부학, 물리학, 화학, 생리학, 분자생물학 등의 학문이 소환되었고, 개체에서 분자 수준까지 다양한 층위에서 심장의 구조와 기능을 이해할 수 있는 인식의 틀이 마련되었다.

심장은 어떻게 생겼을까? 심장은 왜 뛸까? 동맥과 정맥 안에는 무엇이 들어 있을까? 이러한 질문들은 심장에 대한 질문이기도 하지만 삶과 죽음의 문제이기도 하다. 놀랍게도 인식론적 틀에서 볼 때 혈액이 우리 몸속을 순환하게 된 것은 17세기 이후의 일이다. 본 글에서는 심장의 구조와 기능이 생의학生醫學적 모형에서 이해되고 과학적 지위를 얻기까지 일련의 과정과 이와 관련된 여러 관점과 맥락을 살펴보고자 한다.

역사 이전

4만 800년 전 스페인의 엘 카스티요El Castillo 동굴, 3만 9,900년 전 인도네시아의 술라웨시Sulawesi 동굴, 3만 년 전 프랑스의 쇼베Chauvet 동굴, 2만 년 전 스페인의 알타미라Altamira 동굴, 1만 7,000년 전 프랑스의 라스코Lascaux 동굴에서 인류는 동물을 그린 벽화를 남

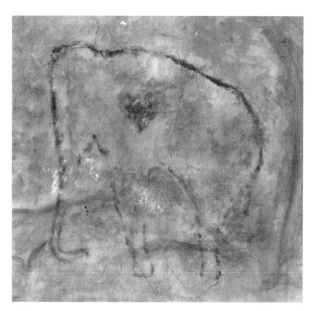

매머드mammoth, 엘 핀달 동굴, 스페인

겼다. 이는 당시 인류가 대상의 특징적인 모습을 추출하여 시각적으로 재현하기 시작했음을 보여준다. 조금 더 확장시켜 이야기하면 추상화된 상징 기호를 통해 세계에 대한 질서를 재구성하기 시작했다는 것이다. 특히 1만 5,000년 전 스페인의 엘 핀달El Pindal 동굴과 프랑스의 니오Niaux 동굴에서 후기구석기 인류가 그린 벽화는 의학의 역사라는 측면에서 주목해볼 만하다.[1]

엘 핀달 동굴의 벽화에서 재현된 매머드의 모습은 단순한 외양뿐만 아니라 몸속 장기인 심장을 포함하고 있다(위 그림). 겉으로 보이는 부분과 해부를 통해서만 보이는 부분을 하나의 화면에 상징적으로 재구성하는 고도화된 추상 능력을 보여준다. 마치 야수주의Fauvism의 선구자 앙리 마티스Henri Émile-Benoit Matisse, 1869~1954의

들소bison, 니오 동굴, 프랑스

1947년 작품집《재즈Jazz》에 실린 〈이카루스Icarus〉를 떠올리게 한다.

내부 장기 중에서 심장만 그렸다는 점이 흥미로운데, 매머드 그림에 생명력을 불어넣기 위한 주술적 의미로 짐작할 수 있다. 니오 동굴의 벽화에 재현된 들소를 보면 심장이 있는 위치가 화살로 표시된 것을 볼 수 있다(위 그림). 오랜 기간 수렵 경험을 축적한 후기구석기인들은 삶과 죽음의 경계가 심장이 뛰느냐 멈추느냐에 달려 있다는 것을 충분히 인지하고 있었을 것이다. 또한 심장에 대한 관심이나 인식적 틀은 심장의 구조보다는 주로 기능에 집중되어 있었다.

문명의 시작

추상화된 상징 기호가 사회적 약속과 공유를 통해 부호화되면서 문자 체계가 갖추어졌고, 이에 따라 의학지식과 기술 그리고 경험이 문자로 기록될 수 있는 환경이 조성되었다. 심장을 상징하는

문화의 교차점에서 심장 읽기

아즈텍 고문서the Codex Magliabechiano**에 나오는 인신 공양 의식**

상형문자가 등장했고 시각적 재현 속에 담긴 이야기는 훨씬 더 풍부해졌다. 메소포타미아 문명이나 이집트 문명이 남긴 문자나 시각적 기록을 통해, 다분히 주술적이긴 하더라도 인체 장기와 기능의 관계에 대한 추상능력과 체계화된 지식이 상당한 수준에 도달했음을 알 수 있다.[2]

주술적으로 인체를 바라보던 전통은 참혹한 관습으로 전개되기도 했다. 태양신에게 사람의 피와 심장을 제물로 바쳐 세상의 소멸을 막고자 했던 아즈텍 인의 제식의식은 스페인에 의해 멸망되기 전까지 계속되었다.

기원전 2000년경에 작성된 수메르의《길가메시 서사시Epic of Gilgamesh》는 삶과 죽음의 의미를 다룬 인류 최초의 서사시이자 심장

후네페르의 심장과 깃털을 저울질하는 아누비스대영 박물관, 런던

이 등장하는 최초의 문헌이다.[3] 길가메시는 루갈반다 왕과 들소의
여신 닌순 사이에서 3분의 2는 신이고 3분의 1은 인간인 상태로 태
어난 수메르의 도시국가 우루크의 왕이다. 사랑과 전쟁의 여신 이슈
타르(이난다)는 길가메시가 자신의 구애를 거절하자 하늘의 황소를
내려 보냈다. 길가메시와 그의 친구 엔키두는 힘을 모아 황소를 죽
인 후 배를 갈라 심장을 꺼내어 태양의 신 샤미쉬(우투)에게 제물로
바쳤다.

　이렇듯 심장은 주술적 의미에서 생명력을 나타낼 뿐만 아니라
나와 신을 연결시켜주는 상징물이기도 했다. 한편 신의 노여움을 산
엔키두가 죽자 길가메시는 엔키두의 가슴에 손을 얹어 보지만 심장
이 뛰지 않음을 확인한다. 심장은 길가메시와 엔키두를 하나로 묶어

주는 동시에 삶과 죽음을 구분해주는 매개체였다.

이집트는 기름진 농지, 규칙적인 기후 변화, 바다와 사막에 둘러싸인 지리적 조건을 바탕으로 강력한 군주 중심의 통일국가를 안정적으로 유지했고 내세의 삶과 영혼의 영원함에 대한 고유문명을 발전시켰다. 이집트인은 심장과 영혼이 밀접한 관계가 있다고 여겼기 때문에 심장 중심적 관점을 지녔고, 이는 인체 장기 중 심장만 방부처리를 해서 미라 안에 다시 집어넣는 의식으로 투영되었다.

이집트인의 사후세계와 영원성에 대한 인식은 무덤의 벽면 부조나 회화를 통해서도 잘 나타난다. 기원전 1300년경에 작성된 《사자死者의 서書Book of the Dead》에는 심장과 깃털의 무게를 저울질하는 모습이 그려져 있다.[4] 이집트인은 죽은 자의 영혼이 죽음의 신 오시리스 앞에서 생전의 기억을 담고 있는 심장의 무게를 재는 심판을 받아야 한다고 믿었다. 영혼과 지성이 담긴 심장과 정의의 여신 마아트의 상징인 깃털을 올려놓은 저울이 기울지 않고 평형을 이루면 죽은 자의 영혼이 내세로 갈 수 있다고 생각했다.

이집트 사카라의 계단식 피라미드를 설계한 건축가로 잘 알려진 임호테프Imhotep, B.C.2650~2600년경는 역사에 등장하는 최초의 의사이기도 하다. 그가 묻힌 멤피스는 치유를 비는 참배의 장소가 되었고, 이집트에서 의학의 신으로 추앙받았다. 기원전 1600년경에 작성된 《에드윈 스미스 파피루스Edwin Smith Papyrus》는 임호테프의 의학 체계로 추정되는데, 심장과 맥박과의 관련성이 언급되어 있다.[5]

또한 기원전 1550년경에 작성된 《에베르스 파피루스Ebers Papyrus》에서 심혈관계에 대한 개념을 발견할 수 있다. 심장은 공기,

혈액, 요, 대변을 운반하는 관들과 연결되어 있다고 믿었고, 맥박이 심장의 박동에 의해 일어난다는 것과 맥박 조사의 중요성이 기록되어 있다.[6] 이렇듯 고대 의학 체계는 영적, 주술적, 신비주의적 성격이 지배적이었지만 합리적 관점도 싹트고 있음을 볼 수 있다.

고대 그리스

이성으로 세계를 인식하는 전통이 세워지기 전에 질병은 초자연적 존재자가 내린 벌이거나 정령 또는 악령이 우리 몸을 지배하는 상태였다. 따라서 질병의 치료는 주술사의 몫이었다. 그들은 마법을 풀거나 정령이나 악귀를 내쫓거나 신의 노여움을 달래기 위해 특별한 의식을 치렀다. 질병을 초자연적인 현상으로 보는 관점은 제대로 질병을 이해하고 치료법을 개발하는 데 큰 장애가 되었지만, 사람들이 도덕적 규범을 지키고 사회질서를 유지하도록 하는 순기능도 있었다. 이러한 점들을 고려할 때 고대 의학에서 일어났던 가장 큰 변화를 꼽는다면 질병을 자연적 현상으로 이해하기 시작했다는 점이다.

기원전 6세기에 접어들어 그리스에서는 세계를 이해하는 방식에서 큰 변화가 일어났다. 주술적, 신학적 표상에서 벗어나 합리적 관점에서 세계가 어떻게 구성되는지에 대해 고민하기 시작한 것이다.[7] 아낙시만드로스Anaximandros, B.C.611~546는 모든 존재의 근원을 규정될 수 없는 무한자로 보았고, 여기서 차가운 것과 따뜻한 것, 건조한 것과 습한 것이 분화되어 나온다고 보았다.

밀레토스 학파는 만물을 이루는 근원물질을 물과 공기로, 헤라클레이토스Heracleitos, B.C.535~475는 불로, 엘레아 학파는 흙으로 생각했다. 한편 피타고라스Pythagoras, B.C.580~490는 세계의 본질적인 비밀은 하나의 원소가 아니라 근원법칙, 즉 수적 관계에 의한 대칭과 균형으로 보았다.

엠페도클레스Empedocles, B.C.493~430는 이러한 선행 이론을 잘 절충해서 만물을 이루는 네 가지 근본물질, 즉 불, 물, 공기, 그리고 흙을 동등하게 배치시키면서 '4원소설'을 조합해냈다.[8] 엠페도클레스가 세운 물질체계는 플라톤과 아리스토텔레스의 지지에 힘입어 2000년 이상 서양과학을 지배했다. 16, 17세기에 일어났던 과학혁명 이후 로버트 보일Robert Boyle, 1627~1691과 앙투안 라부아지에Antoine-Laurent de Lavoisier, 1743~1794에 의해 근대적 화학 체계가 등장하고 나서야 새로운 물질체계가 세워지게 되었고 4원소설에 기반을 둔 이론들은 폐기되었다.

합리적 세계관의 출현은 의학의 아버지로 불리는 히포크라테스B.C.460~370경의 등장을 예견하는 것이었다. 히포크라테스는 질병이 초자연적인 이유나 신의 징벌 도구가 아니라 자연적 원인에 의해 생긴다고 주장했다. 자연적 질병관의 등장은 의학의 역사에서 가장 중요한 인식적 전환으로 꼽을 수 있다. 질병을 자연적 현상으로 인식하는 합리적 의학이 출현하게 되자 주술적 의식이 아니라 환자에 대한 임상적 관찰이 중요해졌다.

히포크라테스는 엠페도클레스의 4원소설에 대응하여 인체가 네 종류의 체액, 즉 황담즙, 흑담즙, 점액, 혈액으로 구성된다는 4체

사혈 치료를 하는 의사 루브르 박물관, 파리

액설을 정리했다. 황담즙은 불처럼 뜨겁고 건조하며, 흑담즙은 흙처럼 차갑고 건조하고, 점액은 물처럼 차갑고 습하며, 혈액은 공기처럼 뜨겁고 습하다고 보았다.

히포크라테스는 대칭과 균형을 중요시했던 피타고라스의 영향을 받아 상반되는 체액의 균형과 조화가 유지되는 상태를 건강으로, 반면 균형과 조화가 깨진 상태를 질병으로 이해하는 체액병리학 이론을 주장했다. 이 체액 이론을 바탕으로 생각해보면 뜨겁고 습한 성질을 지닌 혈액이 많아지면 몸에 열이 나게 된다. 따라서 이러한 증상을 다스리기 위해 정맥을 잘라 피를 빼내는 사혈瀉血 치료가 등장했다. 기원전 480년경 제작된 그리스 화병에서도 사혈 치료의 모습이 잘 나타난다.

문화의 교차점에서 심장 읽기

4체액설은 사변적인 이론이었지만, 고대 의학이론을 집대성한 로마의 위대한 의사 클라우디오스 갈레노스Claudius Galenus, 129~200에 의해 체계화되면서 조반니 모르가니Giovanni Battista Morgagni, 1682~1771의 해부병리학이 등장하기 전까지 1500년 동안 서양세계에서 지배적인 의학이론으로 자리매김했다.

《히포크라테스 전집Corpus Hippocraticum》에는 심장 구조, 질환, 치료에 대한 내용들이 기록되어 있다.[9] 히포크라테스는 심장을 두 개의 심실로 구성된 구조로 보았고 심장판막도 발견했다. 심방을 관 구조로 파악했으나 심장의 부분이라기보다 혈관 구조의 일부로 여겼다. 히포크라테스는 환자의 상태를 파악하기 위해 흉부에 대한 물리적 검사와 청진법, 맥박 측정과 같은 방법을 사용한 것으로 추정된다.

흥미롭게도 히포크라테스는 비만을 심장질환의 위험인자로 인식했고 마른 사람보다 훨씬 더 빨리 죽는 경향이 있는 것으로 파악했다. 히포크라테스의 시대에 들어서자 심장의 기능뿐만 아니라 구조까지도 관심의 대상으로 자리 잡았다. 하지만 구조와 기능을 서로 연결해서 생각하기까지는 다시 오랜 시간을 기다려야 했다.

그리스의 사유 체계에서 영혼이나 마음의 자리를 두고 두 가지 서로 다른 견해가 존재했다.[10] 알크메온Alcmaeon, B.C.6세기, 피타고라스, 히포크라테스는 뇌에 영혼과 마음이 자리 잡고 있다는 뇌주설腦主設, encephalocentric model을 주장했다. 반면에 엠페도클레스와 아리스토텔레스는 심장을 우리 몸에서 가장 중요한 장기로 생각했고, 영혼과 마음은 심장에 위치하고 있다는 심주설心主設, cardiocentric model을 신봉했다.[11] 뇌신경과학의 발전과 심장이식술의 등장으로 인해 심장 중심의 모형은 더 이상 과학적 이론으로 수용되지 않는다. 그러나 과학적, 의학적 논쟁과는 별개로 문화적, 예술적 측면에서 심장은 여전히 마음의 장기로 남아 있는 것 같다.

아리스토텔레스는 인체에서 가장 중요한 장기로 심장을 꼽았고 발생 단계에서 심장이 가장 먼저 만들어지는 것으로 생각했다.[12] 아리스토텔레스는 세 개의 심실ventricle로 구성된 것으로 보았는데, 그가 발견한 우심실은 지금도 우심실이지만 좌심실은 지금의 좌심방, 중심실은 좌심실에 해당하는 것이었다. 그는 우심방을 특정 구조로 간주하지는 않았다.[13]

아리스토텔레스는 감각기관과 근육이 혈관을 통해 연결되어 있고 심장에서 만들어진 혈액이 궁극적으로 살과 조직으로 바뀐다고 보았다. 혈액이 만들어질 때 발생되는 생명열vital heat에 의해 심장과 호흡 운동이 일어나고, 호흡은 생명열을 식히며 대기 중의 영기, 즉 프네우마pneuma를 흡수하는 작용으로 이해했다. 이는 비록 과학적 설명 방식은 아니지만 심장과 폐의 상호작용을 인식하기 시작했음을 보여준다.

히포크라테스 이후 자연적 질병관이 등장했지만 그리스 의사들은 인체해부에 별 관심을 두지 않았다. 인체해부가 금지되었거나 화장으로 치러지는 장례문화 때문이긴 했으나 무엇보다도 체액병리학적 관점에서 인체구조를 이해하는 것은 큰 의미를 갖기 어려웠다. 생각의 범위는 체액의 조화와 균형이라는 패러다임 안에서만 머물렀다. 크니도스, 코스, 시칠리아를 중심으로 발전했던 의학은 알

렉산드로스 대왕B.C.356~323이 죽은 후 기원전 3세기에 이집트의 알
렉산드리아로 옮겨갔다.

알렉산드리아

알렉산드로스가 죽은 후 프톨레마이오스 1세Ptolemy I Soter, B.C.367~283가
이집트를 통치하면서 알렉산드리아는 헬레니즘 학문과 의학의 중
심지가 되었다.[14] 프톨레마이오스는 문학과 예술의 여신인 뮤즈의
신전 '무세이온museion'과 40만 권에 이르는 장서를 보유한 도서관
'비블리오테카 알렉산드리아Bibliotheca Alexandria'를 세웠다.[15] 유클리
드Euclid, B.C.365~275나 아르키메데스Archimedes, B.C.287~212, 아폴로니우스
Apollonius, B.C.262~190 등 수많은 저명 학자들이 알렉산드리아에서 학
문 탐구에 열중했다.

알렉산드리아는 아리스토텔레스의 영향을 받아 실증적 성
격의 의학이 발전했고 사형수에 대한 해부가 일시적으로 허용되
기도 했다.[16] 알렉산드리아 의학을 대표하는 인물로는 헤로필로스
Herophilos, B.C.335~280와 에라시스트라투스Erasistratus, B.C.304~250를 들 수
있다.[17]

프락사고라스Praxagoras, B.C.340~280는 동맥과 정맥의 차이를 구
분했고, 프네우마를 운반하는 동맥은 심장에서 시작하고 혈액을 운
반하는 정맥은 간에서 시작한다고 생각했다. 뿐만 아니라 그는 맥
박이 진단적 가치가 있음을 인식했다.[18] 해부학의 창시자로 불리는
헤로필로스는 프락사고라스에게서 철학과 의학을 배웠다.[19] 라틴

신학의 아버지 터툴리안Tertullian, 160~230에 따르면 헤로필로스는 약 600구 정도의 사체를 해부한 것으로 전해진다.[20] 안타깝게도 기원전 1세기경 일어난 큰 화재로 인해 그의 해부학 저서는 소실되어 전해지지 않는다. 헤로필로스는 뇌가 신경계를 지휘하고 말초신경은 감각을 전달한다는 것을 알아냈기에 뇌주설을 받아들였다.[21] 하지만 그는 히포크라테스의 체액설을 수용했기 때문에 해부학적 관점에서 새로운 의학이론을 만들어내지는 못했다.

헤로필로스는 동맥이 정맥보다 더 굵다는 해부학적 차이를 인식했고 동맥도 혈액을 운반한다고 주장했다. 다만 동맥은 확장을 통해 프네우마를 끌어들일 수 있다고 보았다. 또한 심장은 네 개의 방으로 구성되고, 심방을 혈관의 연장이 아니라 심장의 일부로 여겼다. 그는 폐동맥pulmonary artery, 경동맥carotid artery, 쇄골하정맥subclavian vein을 관찰했으며, 림프계lymphatic system도 발견했다.

헤로필로스는 환자의 중요한 증상 중 하나인 맥박을 제대로 이해하기 위해 아리스토텔레스의 제자인 아리스톡세누스Aristoxenus, B.C.375~335의 음악이론을 배우기도 했다.[22] 게다가 물시계를 이용하여 맥박의 크기와 빈도를 측정하는 방법 또한 개발할 정도였다.[23]

에라시스트라투스는 '생리학의 창시자'로도 불리며 헤로필로스와 마찬가지로 동물과 인체를 해부했고 특히 기능을 탐색했다.[24] 에라시스트라투스는 헤로필로스와 달리 심방을 심장의 일부분으로 보지 않았고 동맥은 프네우마를 운반한다고 생각했다. 그리고 그가 생각했던 혈액은 간의 도움을 받아 섭취한 음식 성분으로부터 만들어져 우심실로 들어간다고 보았고, 심장의 기능은 혈액을 이동시키는 펌프와 유사하다고 생각했다.[25] 또한 그는 심장판막을 발견하여 이것이 혈액이 한 방향으로만 흐르도록 하는 역할을 한다고 추정했다.

에라시스트라투스는 시체 부검을 통해 질병이 장기의 국소적 변화를 일으킨다는 사실을 확인했다. 이는 1761년 모르가니가 《질병의 장소와 원인에 관하여De sedibus et causis morborum per anatomen indigatis》를 통해 주장한 해부병리학보다 2000년이나 앞선 것이었다. 그러나 갈레노스가 체액병리학 이론을 계승하면서 에라시스트라투스의 노력은 의학이론의 혁명적 전환으로까지 이어지지는 못했다.

로마

갈레노스는 로마뿐 아니라 근대 이전을 대표하는 의사로 히포크라테스의 의학이론을 체계적으로 집대성했다. 갈레노스는 500편 이상의 논문과 서적을 작성했는데 3분의 1 미만이 오늘날까지 전해지고 있다.[26] 당시에는 시체 해부가 엄격하게 금지되었기 때문에 인체의 해부학적 구조를 파악할 수 없었다. 하지만 갈레노스는 검투사들의 상처와 부상 부위를 통해 어느 정도 몸속을 들여다볼 기회를 잡을 수 있었다.

실험의학자로서 갈레노스는 동물 시체뿐만 아니라 살아 있는 돼지나 붉은털원숭이를 해부했다.[27] 동물 해부의 지식을 바탕으로 인체해부학과 생리학 그리고 생명력의 유지 등에 관한 이론을 만들어냈다.[28] 그러나 그의 이론은 상당 부분 생기론적, 목적론적 관점에

매인 것으로서 다소 사변적인 모습을 띠었다.

　갈레노스는 세 가지 영기를 가정해서 인체 장기의 생리학적 기능을 설명하려 했다.[29] 감각과 사유 활동은 뇌에 자리 잡은 '동물의 영animal spirit'으로, 맥박과 혈액의 운동은 심장에 자리 잡은 '생명의 영vital spirit'으로, 그리고 소화와 대사 및 혈액 생성은 간에 자리 잡은 '자연의 영natural spirit'으로 설명하고자 했다.[30] 갈레노스는 에라시스트라투스처럼 심방을 큰 혈관의 연장이라고 생각했지만, 정맥이 간에서 시작된다는 에라시스트라투스의 주장은 반박했다. 대신 정맥이 우심실에, 동맥이 좌심실에 연결된 것으로 설명했다.

　갈레노스의 이론에 따르면 대지가 빗물을 받아들여 생명을 싹틔우고 유지하듯 혈액은 순환하지 않고 동맥과 정맥을 따라 말초로 이동해서 소모되는 것이다.[31] 위장관에서 흡수한 영양분은 간문맥을 통해 간으로 이동하여 자연의 영을 띤 혈액이 되고, 이후 이 혈액은 두 가지 반대 방향으로 이동한다. 혈액 일부는 대정맥을 타고 우심실로 들어가고 나머지는 정맥을 따라 인체 장기로 퍼져나간다. 대정맥을 통해 우심실로 들어온 혈액은 격막 구멍septal pore을 통해 좌심실로 옮겨간다. 그런 다음 폐에서 온 생명의 영과 섞이고 생명열에 의해 데워진 후 심장의 수축기 동안 동맥을 거쳐 말초로 퍼지게 된다. 이 중 일부 혈액은 뇌로 가서 동물의 영을 얻게 된다.

　갈레노스는 음식물의 소화, 혈액의 생산과 공급, 그리고 열의 발생과 이동 등 다양한 생리 과정을 상당히 일관성 있고 통합적인 설명체계로 만들었다.[32]

　동맥과 정맥이 모양도 다르고 혈액의 색깔도 다른데 이를 어떻게 설명할 수 있을까? 심장의 수축은 어떻게 이루어질까? 밥을 못먹어도, 숨을 못 쉬어도, 심장이 뛰지 않아도 우리는 살 수 없는데 이들은 어떻게 연결되어 있는 것일까? 갈레노스는 실험적 방법과 적절한 사변적 이론을 바탕으로 당시 수준에서 완벽한 의학적 세계관을 구성했다. 뿐만 아니라 기독교 사상과 잘 융화되었기 때문에 갈레노스의 이론은 신성불가침의 권위를 지녔고 하나의 규범으로 자리 잡게 되었다.

이후 그의 의학이론은 1500년 동안 서양의학 최고로서의 지위와 권위를 누렸고, 인체구조에 대한 해부학 지식은 거의 바뀌지 않았다. 그러다가 르네상스를 지나면서 점차 갈레노스의 체계는 타격을 받았고 그의 이론을 비판하는 것이 바로 의학의 발전으로 이어졌다.

중세유럽

중세의 문화와 정신세계는 그리스의 학문적 전통과 로마의 법률 그리고 기독교 교리를 토대로 형성되었다. 중세 동안 자연현상에 대한 지식은 교부들의 저서에 의존했다. 교부들의 저서는 앞선 저자의 저서를 기반으로 작성되었기 때문에 갈레노스의 의학 체계는 거의 바뀌지 않은 채 계속 전승되면서 교조적인 것이 되었다.

기독교 교의가 지배한 중세유럽에서는 종교의학이 널리 퍼졌다. 당시 병원은 종교적 자선을 목적으로 세운 교회나 수도원의 숙박시설이었고 사제와 수도사들이 의학 문헌을 보존하는 임무를 맡으면서 의사의 역할까지 맡았다.[33] 마리아는 환자의 치유인, 간병인, 통증 관리인 등 여러 형태로 숭배되었고, 고대 주술적 의학과 마술적 의식이 기독교적으로 변형되고 체계화되었다.

중세 후기의 스콜라 의학은 아랍으로부터 역수입한 아리스토텔레스의 자연철학과 갈레노스의 의학이론의 토대에서 세워졌다.[34] 1096년부터 1291년까지 벌어졌던 십자군 전쟁은 유럽의 사회적, 문화적, 정신적 전환을 알리는 것이었다. 뿐만 아니라 14세기 중엽에 일어났던 흑사병pest, 페스트의 대유행으로 당시 유럽 인구의 3분의 1인 3,000만 명이 사망하면서 기독교 중심의 정치적 통합과 사상적 억압이 약화되었고 중세 제국들의 해체가 시작되었다.

전쟁기간 동안 활발하게 일어난 아랍과 유럽 사이에 무역과 교류가 잦아졌다. 유럽에서 잊힌 고대 그리스의 유산이 아랍으로부터 역수입되었고, 아랍의 발전된 천문학, 수학, 의학 지식이 유럽으로 전파되었다. 유럽에서 르네상스가 싹트고 문명의 전환을 맞이하는 데 있어 아랍에게 진 빚은 제법 크다고 할 수 있다.

아랍

라제스Rhazes 또는 알 라지al-Razi, 850~923는 관찰과 실험을 통해 아랍의 독자적인 의학 체계를 발전시킨 의사 중 한 명이다.[35] 바그다드에 병원 부지를 고를 때, 라제스는 도시 여러 곳에 고깃덩어리를 매달아놓고 가장 부패가 적은 지역에 병원을 지었다는 일화가 전해진다. 그의 제자들이 최종 완성한《의학 총서The Kitab al-Hawi》는 17세기까지 유럽에서 의학교과서로 사용되기도 했다. 라제스는 커피에 강심제強心劑 효능이 있다는 것도 밝혔는데 이는 커피에 대한 최초의 기록이기도 하다.[36] 라제스는 갈레노스의 이론에 크게 영향을 받아서 심장은 두 개의 심실로 구성되며 심실 격막에 구멍이 존재한다고 믿었다.[37]

아비센나Avicenna 또는 이븐 시나Ibn Sina, 980~1037는 아리스토텔레스의 영향을 많이 받은 의사이자 자연과학자로 그리스와 아랍의 철학과 의학을 집대성한 중세 최고의 의학자이다. 그가 저술한 450여 편의 서적과 논문 가운데《의학 규범The Canon of Medicine》은 600여 년 이상 유럽 의사들이 반드시 읽어야 되는 의학서였으며 의과대학 교재로 널리 사용되었다.[38] 15세기 유럽에서는《의학 규범》과 같이 갈레노스 이론을 바탕으로 작성된 아랍 의학저서의 라틴어 번역본을 읽는 것이 해부학 수업의 관례가 되었다.[39] 현대의학의 아버지 윌리엄 오슬러William Osler, 1849~1919는 서양 의학의 역사에서《의학 규범》의 중요성을 강조하기 위해 이를 의학 성경medical bible에 비유하기도 했다.[40]

아비센나는 갈레노스의 맥박 이론을 정교하게 다듬었고 심장에 영향을 주는 약물의 작용을 연구했다.[41] 또한 그는 아주 정확하다고 말하기 어려우나 동맥경화나 혈전증, 고혈압 등 다양한 심혈관계 질환의 증상에 대해 기록을 남겼다.[42] 임상 증상에 따라 심혈관 질환을 분류하고 원인을 찾기 위해 노력한 것으로 보인다.《의학 규범》에 해부학이 소개되고 있지만 아비센나가 정말 인체해부를 했는지는 확실하지 않다.[43] 로저 베이컨Roger Bacon, 1214~1294은 아비센나를

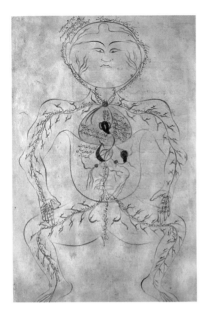

《만수르의 해부학》 중 동맥 혈관계 삽화

아리스토텔레스 이후 최고의 철학자로 평가했고, 토마스 아퀴나스는 플라톤만큼 존경받을 만하다고 평가했다.[44] 비유럽인 중에서 아비센나만큼 유럽의 역사에 장기간에 걸쳐 막대한 영향을 준 사람은 찾기 어렵다.[45]

아랍은 갈레노스의 이론을 수용했지만 무비판적으로 권위에 복종한 것은 아니었다. 이븐 알 나피스Ibn al-Nafis, 1210~1288는《의학 규범의 해부학에 대한 논평Commentary on Anatomy in Avicenna's Canon》을 통해 두 심실 사이에 혈액을 통과시킬 만한 격막 구멍이 없으며, 혈액은 폐를 경유하여 우심실에서 좌심실로 흐른다는 폐순환 이론을 주장하면서 갈레노스와 아비센나의 이론을 반박했다.[46] 이는 유럽에서 미카엘 세르베투스Michael Servetus, 1511~1553와 마테오 레알도 콜롬보

Matteo Realdo Colombo, 1515~1559가 혈액의 폐순환의 가능성을 언급하기 훨씬 전의 일이었다.

종교적 금지로 인해 중세 페르시아와 이슬람 황금기의 해부학 소묘가 많지 않음을 고려할 때,[47] 만수르Mansur ibn Ilyas, 1380~1422의《만수르의 해부학Tashrihi Mansuri》은 중세유럽에도 적잖은 영향을 주는 등 크게 주목할 만하다.[48] 하지만 어린아이가 그린 듯한 해부학 도면을 볼 때 인체구조를 시각적으로 재현하는 기법은 큰 발전이 없어 보인다. 갈레노스의 체액병리학 체계를 받아들인 아랍에서 정교하고 상세한 해부학적 구조를 이해하는 것은 큰 의미를 찾기가 힘들었을 것으로 보인다.

르네상스

13세기 전까지 심장은 유럽의 예술에서 거의 찾아볼 수 없었다. 1250년 경 프랑스어로 작성된《배의 로맨스Roman de la poire》의 삽화에서(뒤쪽 그림) 윗부분이 뾰족한 솔방울 모양의 심장이 등장했다.[49] 이후 심장은 사랑에 대한 메타포로 사용되기 시작했고 사랑의 상징이 되었다. 여기서 솔방울 모양은 당시 사용되던 심장의 해부학적 묘사로, 1306년에 조토 디 본도네Giotto di Bondone, 1267~1337가 자비를 의인화해서 그린 벽화에서도(뒤쪽 그림) 동일한 모양을 찾아볼 수 있다.[50] 중세 후기에 일어난 이러한 감정적, 정신적 전환은 종교적 억압에 균열이 생기고 있음을 보여주는 것이기도 했다.[51]

르네상스는 재생 또는 부활을 의미하는 말로, 시간적 또는 지

《배의 로맨스》의 삽화

〈자비Caritas〉
조토 디 본도네, 1306, 프레스코, 120×
55cm, 스크로베니 예배당, 파도바

역적으로 정확하게 구분할 수 없으나 대체적으로 14세기에서 16세기에 일어났던 학문과 예술의 부흥운동 및 거대한 정신적 전환을 의미한다. 지리적으로 동유럽 및 아랍과 서유럽을 연결시켜주는 가교 역할을 했던 메디치 가문의 피렌체를 기점으로 도시국가의 모습이 나타나고 시민문화가 형성되기 시작했다. 위대했던 그리스와 로마의 부흥으로 새로운 시대를 열어야 한다는 열망 속에서 인류 역사상 가장 창의적인 분위기와 사회적 환경이 형성되었다.

르네상스 미술의 원근법은 철저한 수학적, 기하학적 계산으로 공간의 깊이를 재구성하고 재현해냈다. 이는 중세적 세계관에서 벗어나고 있음을 보여주는 것이다. 신의 관점에서 세계를 이해하려 했

문화의 교차점에서 심장 읽기

던 데서 벗어나 자신이 세계를 바라보는 중심에 서게 되었고 그런 위치에서 세계를 이해하고 재구성하기 시작했다.[52]

1440년경 요하네스 구텐베르크Johannes Gutenberg, 1398~1468에 의해 금속인쇄술이 발명되고 십자군원정 덕분에 값싼 종이가 보급되면서 유례없이 빠르게 지식이 전파되고 사상의 교류가 가능해졌다. 또한 미술가들에 의해 판화술이 발전하면서 아주 정교하고 세밀한 그림도 쉽게 대량 제작되고 확산되었다. 나침반의 발명으로 대양 항해가 가능해졌고 크리스토퍼 콜럼버스에 의해 신대륙이 발견되었다. 발전된 항해술을 기반으로 유럽인들은 지구상의 거의 모든 지역에 진출했고 경제, 정치, 문화의 지배구조가 재편되기 시작했다. 화약의 발명은 중세사회 질서를 뒤흔들었고 지배계층의 변화를 유도했다.[53]

온전한 신체에서 영혼이 부활한다고 믿는 기독교 전통으로 인해 교회는 인체해부를 허용하지 않았다. 9세기 후반 이탈리아 살레르노에 최초로 의학교Schola Medica Salernitana가 설립되면서 수도원이 담당했던 의학교육에 변화가 일기 시작했다.[54] 1088년 이탈리아의 볼로냐대학을 필두로 유럽 각지에 대학이 등장했고 1222년에 설립된 파도바대학에서는 근대적인 의학교육이 시작되었다.

12세기에 들어 볼로냐와 피렌체 등지에서 인체해부에 대한 금기가 풀리기 시작했다.[55] 1482년 교황 식스투스 4세Sixtus IV, 1414~1484는 처형당한 범죄자나 신원 미상의 시체를 의사와 예술가들에게 해부용으로 제공하도록 칙서를 반포했다.[56] 레오나르도 다빈치나 미켈란젤로 부오나로티 등 이탈리아의 화가는 인체의 외형뿐만 아니라 내

면의 아름다움에 대한 관심을 바탕으로 인체구조에 대한 표현력과 재현 방식을 발전시켰다.[57]

레오나르도는 피렌체의 산타 마리아 누오바Santa Maria Nuova 병원과 로마의 산토 스피리토Santo Spirito 병원에서 인체해부에 참여했다.[58] 작은 가게를 운영했던 란두치Landucci의 수첩에 따르면 1505년 1월 피렌체에서 열렸던 산타 크로체Santa Croce에서 공개 해부에도 참여한 것으로 보인다.[59] 1510~1511년 레오나르도는 밀라노의 파비아대학 의대교수였던 마르칸토니오 델라 토레Marcantonio della Torre, 1481~1511와 함께 해부학을 연구했다. 레오나르도는 대략 10구 정도의 시체를 해부하면서 인체구조를 탐구했지만, 토레가 1511년 30세의 나이에 흑사병으로 급사하면서 해부학 저서로 출간하지 못했다.[60] 레오나르도가 남긴 5,000페이지에 달하는 노트 중 190페이지 분량이 해부에 대한 것이었는데 그 중 심장 해부에 대한 내용은 50페이지가량 차지한다.[61]

레오나르도는 라틴어나 그리스어를 잘 몰랐기 때문에 당시 그가 접근할 수 있는 지식에는 제약이 있을 수밖에 없었다. 레오나르도는 신비주의적 세계관에서 벗어나 관찰과 실험을 기반으로 인체구조와 기능을 기계적으로 이해하려 했다.[62] 심장은 근육으로 구성되고 수축을 통해 힘을 발생시킨다고 보았다. 혈관이 심장으로부터 멀어질수록 가늘어지고 분지가 만들어진다는 것도 관찰했다. 하지만 중세와 결별하는 혁신적인 모습과는 달리 레오나르도에게는 갈레노스의 전통 속에서 벗어나지 못한 모습도 공존했다. 갈레노스의 이론에 따라 실제로는 존재하지 않는 심실 사이의 격막 구멍을 그

문화의 교차점에서 심장 읽기

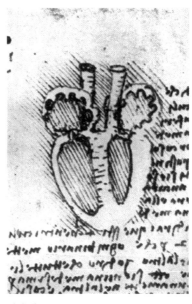

심장 해부도
레오나르도 다빈치. 1511~1513. 영국 왕실 컬렉션. 런던

려 넣기도 한 것이다.

　레오나르도는 대우주와 소우주의 유비추론을 통해 인체의 구조와 기능을 이해하고자 했고, 반대로 인체의 원리를 세계에 적용시키기 위해 노력했다. 안타깝게도 레오나르도의 해부학 도면은 잠시 흔적을 감추었다가 저명한 해부학자 윌리엄 헌터William Hunter, 1718~1783에 의해 200년 만에 발견되었다. 그러니 당대의 해부학 발전에 크게 영향을 미쳤다고 보기는 어려울 것 같다.[63]

　레오나르도는 심장이 네 개의 방으로 구성된다는 것을 알아냈다.[64] 갈레노스와 아비센나, 그리고 몬디노Mondino dei Liucci, 1270~1326경에 이르는 전통적인 견해에 따르면 심장은 두 개의 방으로 구성된

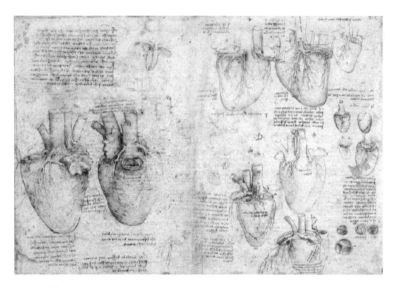

관상동맥과 심장판막 해부도 레오나르도 다빈치. 1511~1513. 영국왕실 컬렉션, 런던

것이었다. 레오나르도는 심장의 꼭대기 부분에 왕관처럼 보이는 관상동맥을 정확하게 묘사했다(위 그림). 또한 레오나르도는 시간이 흐름에 따라 곧게 뻗은 강이 구불구불해지는 것처럼 혈관도 어렸을 때는 곧았다가 나이가 들면서 구불구불하게 변한다는 것을 밝혔다.

뿐만 아니라 동맥 판막 모형을 만들었으며, 잡초 씨앗을 하나의 표지자로 사용하여 유체역학 실험을 진행하였고 이에 판막의 작용과 혈액의 흐름을 관찰하기도 했다.[65] 레오나르도는 피렌체의 산타 마리아 누오바 병원에서 100세 노인에 대한 해부 연구에 몰두해 동맥경화 소견을 노트에 기록하기도 했다.[66] 이는 레오나르도가 사후 부검을 통해 병의 원인을 밝혀내는 병리학적 접근을 시도했다는 데에도 큰 의의가 있다.

문화의 교차점에서 심장 읽기

근대 해부학

"파도바의 자유, 그 누구에게나, 모두를 위해Universa Universis Patavina Libertas."

이는 파도바대학Università degli Studi di Padova의 모토다. 학문적 자유Libertas scholastica를 위해 볼로냐대학에서 상당수의 교수와 학생들이 베네치아의 파도바로 이주한 후, 1222년 파도바대학의 역사가 공식적으로 시작되었다. 다른 대학과 달리 파도바대학은 교황이나 황제의 특권으로 설립된 것이 아니라 시민문화의 자발적 결과로 생겨났다.

파도바대학은 우수한 개신교 교수와 학생들을 모두 받아들일 정도로 유연하고 자유로웠기 때문에 여러모로 뛰어난 우수한 교수를 선발할 수 있었고 도전적인 교육과정을 구성할 수 있었다.[67] 마침내 파도바대학은 15~17세기 동안 의학 공부의 중심지가 되었다. 부유한데다 학문의 자유와 열정까지 넘쳐흘렀던 베네치아의 파도바대학에서 새로운 의학이 탄생하게 된 것이다.

15세기 이후 인체해부가 활발해지면서 갈레노스 이론의 문제점이 조금씩 드러났다. 비록 시체의 결함으로 치부되곤 했으나 의학 분야에서 코페르니쿠스적 혁명을 이끈 안드레아스 베살리우스Andreas Vesalius, 1514~1564가 등장할 수 있는 분위기가 서서히 무르익고 있었다. 베살리우스는 1533년 파리대학 의학부에서 자코부스 실비우스Jacobus Sylvius, 1478~1555로부터 해부학을 배웠다. 베살리우스는 종종 파리 인근의 공동묘지에서 해부 연구를 위한 시체를 구했다고 전해진다.[68]

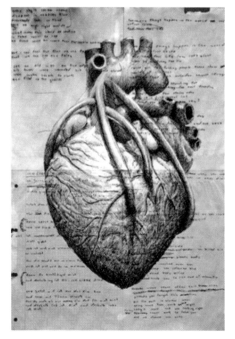

《인체의 구조에 대하여》 중에서
심장 삽화

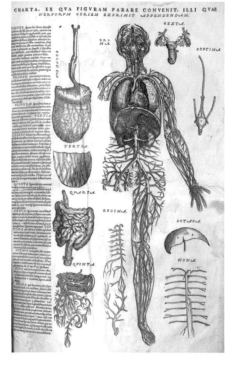

《인체의 구조에 대하여》 중에서
심혈관계 삽화

프랑스의 프랑수아 1세와 신성로마제국의 카를 5세 사이에서 전쟁이 일어나자 베살리우스는 프랑스를 떠나 파도바대학에서 1537년에 박사학위를 받았다. 베살리우스는 골학骨學이 해부학의 기반이라는 확고한 신념이 있었다.[69] 이는 그의 저서 제목에 당시 건축학 분야에서 사용되던 '구조fabrica'라는 단어를 사용한 것과 일맥상통한다.[70]

당시 해부학 수업은 교수가 갈레노스의 해부학 저서를 낭독하면 거기에 맞춰 신분이 낮은 이발사-외과의사barber surgeon가 해부를 하는 것이었다. 하지만 베살리우스는 파도바대학에서 교수가 된 후 금기를 깨고 직접 해부를 하면서 강의를 했다. 축적된 해부학 경험과 지식을 토대로 그는 1543년 해부학 저서《인체의 구조에 대하여 De Humani Corporis Fabrica》를 완성했다.[71] 저서는 제1권부터 제7권까지 골격, 근육, 혈관, 신경계, 생식기계를 포함한 내부 장기, 심장과 폐, 뇌에 대한 내용을 각각 담고 있다. 티치아노 베첼리오Tiziano Vecellio, 1485~1576의 제자인 얀 스테판 반 칼카르Jan Steven van Calcar, 1499~1546가 해부도 삽화 제작에 중요한 역할을 한 것으로 추정된다.[72] 해부학 서적은 현대적인 모습을 띠게 되는데, 이는 심장과 혈관계에 대한 삽화에서도 잘 드러난다.[73]

베살리우스의 해부학은 파도바대학의 자유로운 학문적 분위기, 화가의 인체 재현에 대한 관심 증가, 그리고 인쇄술의 보급 등을 배경으로 인체의 형태와 구조에 대한 보편성을 확보하는 데 결정적인 역할을 했다.[74] 이는 해부학에 바탕을 둔 의학, 즉 근대 의학의 탄생을 의미하는 것이었고 환원주의에 근거한 생의학적 패러다임의 지식체계가 형성되는 시발점이 되었다.

베살리우스는 200개가 넘는 갈레노스의 오류를 찾아내어 갈레노스의 권위를 무너뜨리는 데 결정적인 역할을 했다.[75] 대표적인 예로, 갈레노스의 이론과 달리 좌심실과 우심실 사이에 격막 구멍이 존재하지 않음을 확인했다. 하지만 베살리우스의 이론은 당시 의학계에 쉽게 받아들여지지 않았고 격렬한 비판을 받았다. 베살리우스의 스승인 실비우스는 갈레노스의 절대적 추종자였기 때문에 천년 사이에 인체구조의 미세한 변화가 일어났다고 해명하기도 했다.[76]

이 시기의 해부학은 임상의학과 거리가 멀었고, 주로 건강한 사람의 인체를 발견하고 이를 예술적으로 그려내는 데 주안점을 두었다. 따라서 당시 해부학의 지식은 생리학적이나 병리학적 질문을 해결하는 데 크게 기여하지 못했다. 이는 크게 놀라울 일은 아니다. 16세기까지의 의학 체계는 갈레노스의 체액 이론의 틀을 벗어나지 못했기 때문이다. 17세기에 들어와서야 인체구조에 대한 새로운 지식을 인체 기능 연구에 접목하기 시작했다.

근대 생리학

영국의 근대사학자 허버트 버터필드Herbert Butterfield, 1900~1979는 《근대 과학의 기원The Origins of Modern Science, 1949》에서 유럽이 중세에서 근대로 이행될 수 있었던 가장 큰 이유를 '과학혁명'에서 찾았다. 16세기부터 17세기에 걸쳐 일어난 과학혁명을 통해 대부분의 과학 분야에서 고대 과학체계가 무너지고 근대 과학의 모습이 갖춰지게

되었다.[77]

"물질이 있는 곳에 기하학이 있다"나 "인간의 정신은 양적 관계에서 가장 분명하게 파악된다"라는 요하네스 케플러Johannes Kepler, 1571~1630의 말은 질적 차이를 양적 관계로 환원시키는 근대 과학의 방법과 정신을 압축해서 보여준다. 과학혁명의 성과는 계몽주의로 이어져 이성을 통해 자연의 법칙을 발견하고 이를 사회에 잘 적용한다면 인류 사회가 무한히 진보할 수 있다는 믿음이 확산되었다.[78]

13세기 이븐 알 나피스가 폐순환을 주장한 뒤 200년이 지난후 유럽에서도 미카엘 세르베투스에 의해 폐순환의 가능성이 제기되었다.[79] 세르베투스가 직접 실험을 했었다는 기록은 아직 발견되지 않았기 때문에 그가 어떤 경위를 거쳐 폐순환을 주장하게 되었는지는 확실하지 않다. 베살리우스의 제자인 마테오 레알도 콜롬보는 《해부학에 관하여De Re Anatomica》에서 폐동맥이 폐에 영양을 공급하는 기능치고는 너무 굵고, 혈액이 폐를 통과하면 밝은 붉은색으로 색깔이 변한다는 점을 토대로 폐순환을 주장했다.[80] 콜롬보의 저서에 알 나피스나 세르베투스에 대한 언급이 없기 때문에 콜롬보가 이들로부터 영향을 받았는지는 확실하지 않다. 콜롬보의 제자인 안드레아 체살피노Andrea Cesalpino, 1524~1603는 그의 원고 〈의학질문 Questiones Medicinae〉에서 '순환circulation'이라는 용어를 처음 사용했지만,[81] 그가 제안한 순환은 물리적인 것이 아니라 혈액의 증발과 응축이 연속적으로 반복된다는 화학적 개념이었다.[82]

과학혁명이 일어나는 동안 과학과 기술 분야의 성과를 받아들인 의학은 본격적으로 과학적 성격을 띠게 된다. 특히 근대 해부학의 발전과 더불어 폐순환의 발견은 윌리엄 하비William Harvey, 1578~1657의 위대한 발견을 인도하는 것이었다. 근대 생리학의 아버지로 불리는 하비는 1628년에 발표한《동물의 심장과 혈액의 운동에 관하여Exercitatio Anatomica de Motu Cordis et Sanguinis in Animalibus》를 통해 1500여 년의 긴 세월 동안 의심의 여지없이 받아들여졌던 갈레노스의 이론을 반박했다.[83] 하비는 해부학적 지식, 실험적 방법, 그리고 수학적 계산을 바탕으로 혈액은 말초 부위로 이동해서 소모되는 것이 아니라 순환된다는 혈액순환 이론을 발표했다.

하비의 스승이었던 히에로니무스 파브리시우스Hieronymus Fabricius, 1537~1619는《정맥 판막에 관하여De Venarum Ostiolis》에서 정맥 판막이 혈액의 속도를 늦추어 혈액의 범람을 막는 것으로 생각했다.[84] 반면 하비는 판막의 구조적 특징을 바탕으로 혈액의 역류를 막는 기능을 할 것으로 생각했다.

먼저 하비는 대동맥과 대정맥을 실로 묶는 동물실험을 통해 심장의 색깔과 혈액의 양을 측정하였다. 그렇게 하여 혈액이 순환한다는 단서를 확보한 것이다.[85] 이어 팔뚝을 끈으로 묶은 후 심장 쪽이 아니라 말초 쪽의 혈관이 부풀어 오름을 관찰했다(옆쪽 그림).[86] 만약 혈액이 말초에서 없어진다면 심장 쪽의 혈관이 부풀어야 되기 때문에 하비의 관찰은 '혈액은 말초에서 심장으로 흐른다는 것'을 의미하는 것이었다. 또한 하비는 혈액량을 추산하여 갈레노스의 이론처럼 엄청난 양의 혈액이 간에서 만들어지는 것은 불가능함을 밝혀냈다.

하비의 발견은 근대 생리학의 출발을 알리는 것이자 인체구조

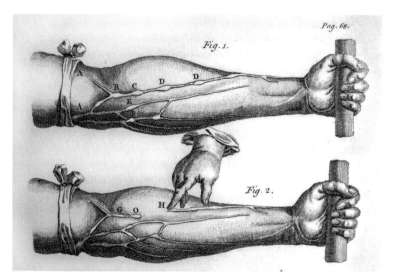

《동물의 심장과 혈액의 운동에 관하여》 중에서 결찰사ligature 실험 삽화

와 기능의 관계를 공고히 만드는 것이었다. 하비는 갈레노스의 의학 체계 전체를 의심하거나 부정한 것은 아니었다. 갈레노스의 발견이 나 견해를 동의하지 않거나 반박하기도 했지만 갈레노스를 칭송하 면서 자신의 추론을 지지하는 데에도 활용했다.[87] 하비에게 갈레노 스의 이론은 세상을 멀리 보기 위해 올라선 거인의 어깨 위와 같은 것이었다.

흥미롭게도 혈액이 순환할 것이라는 아이디어를 그가 낸 것이 합리적 사유의 결과는 아니었다. 하비는 기계론적 관점을 가진 근대 적 모습의 생리학자가 아니라 아리스토텔레스 사상의 추종자였고,[88] 뇌주설이 아니라 심주설을 신봉했다. 지금은 받아들이기 힘든 소우 주와 대우주의 유비를 통해 그는 사람의 몸도 우주의 원리를 따르 기 때문에 우주의 순환처럼 혈액도 순환한다고 생각하게 되었다.[89]

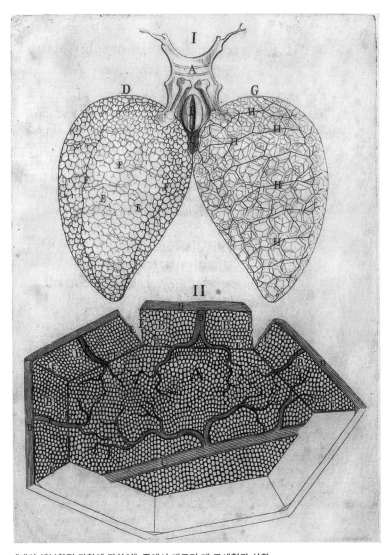

《폐의 해부학적 관찰에 관하여》 중에서 개구리 폐 모세혈관 삽화

그럼에도 불구하고 하비는 자신의 생각을 최종적으로 증명할 때에는 과학적 실험 방법에 의존했다.

르네 데카르트René Descartes, 1596~1650는 《방법서설Discours de la Méthode, 1637》에서 하비의 연구를 중요하게 강조하기도 했다.[90] 그의 사후에 출간된 《인간에 관하여De Homine, 1662》는 사람의 몸을 기계적으로 바라본 근대적 관점의 생리학 서적이다. 하지만 데카르트는 혈액의 운동을 심장의 수축 작용이 아니라 열에 의한 팽창으로 이해하는 오류를 범하기도 했다.

데카르트의 견해와 달리 대부분의 학자들이 하비의 혈액순환 이론을 즉각적으로 받아들이지 않았다. 사실 하비는 혈액이 순환하는 방식에 대해 제대로 설명하지 못했다. 프랑스의 경우 1672년 루이 14세Louis XIV, 1638~1715가 혈액순환에 대한 대중 강연을 통해 하비의 이론을 확산시키도록 함으로써 혈액순환에 대한 격렬한 논쟁이 마무리되었다.[91]

하비가 죽고 4년 후인 1661년에 이탈리아의 마르첼로 말피기Marcello Malpighi, 1628~1694는 현미경을 이용하여 개구리 허파에서 동맥과 정맥을 연결하는 모세혈관을 발견하였다. 그는 이를 《폐의 해부학적 관찰에 관하여De Pulmonibus Observationes Anatomicae》를 통해 발표했다.[92] 이로써 혈액순환의 해부학적 원리가 규명되었고 이후 하비의 이론은 확고하게 받아들여졌다. 근대적 임상교수법으로 당시 유럽 의사의 절반을 가르쳤던 헤르만 부르하버Hermann Boerhaave, 1668~1738는 "하비 이전의 서적 중에서는 더 이상 고려할 만한 것이 없다"고 말하기도 했다.[93]

이후 심장과 혈관에 관련된 새로운 의학 지식은 기술 개발과 더불어 임상 분야에 적용되기 시작했다. 혈류역학의 아버지로 불리는 스티븐 헤일스Stephen Hales, 1677~1761는 1733년 말 동맥에 유리관을 삽입하여 최초로 혈압을 측정했다.[94] 모르가니의 해부병리학이 등장한 후 질병을 인체 부위의 손상으로 간주하기 시작했고, 손상을 찾으려는 노력이 생겨났다.

오스트리아의 레오폴드 아우엔부르거Josef Leopold Auenbrugger, 1722~1809는 흉부를 두드린 후 나는 소리를 듣고 병을 진단하는 타진법percussion을 개발했다.[95] 타진법은 나폴레옹의 주치의였던 장 니콜라스 코르비자르Jean Nicholas Corvisart, 1755~1821에 의해 널리 보급되었다. 또한 코르비자르는 당시 유럽의학을 주도했던 파리 임상학파를 대표하는 의사이기도 하여 임상 심장학의 아버지로도 불린다.[96] 라에네크René-Théophile-Hyacinthe Laennec, 1781~1826는 흉부에서 나는 소리를 직접 듣고 병을 진단하는 청진법을 개발했다.[97] 그가 개발한 청진기stethoscope는 본격적인 진단기기 개발의 신호탄이기도 했다.

실험 의학

19세기 이후 실증주의자들은 감각 경험과 실증적 검증을 통해 얻은 지식만이 확실한 지식이라 여겼고, 현실적이고 반론의 여지없이 분명하고 확실하게 규정될 수 있는 것만 학문으로 다루고자 했다. 실증주의의 영향으로 생리학자들의 관심은 생명현상의 본질과 근원에서 기초적인 사실을 규명하는 방식으로 옮겨갔고, 실험동물

문화의 교차점에서 심장 읽기

의 생체해부vivisection를 바탕으로 생리학 지식이 축적되었다. 생체해부 실험은 의학에 스며든 신비주의를 제거하고 과학적 의학을 정립하는 데 크게 기여했다.

실험의학의 아버지로 불리는 클로드 베르나르Claude Bernard, 1813~1878는 1865년에 작성한 《실험의학연구서설An Introduction to the Study of Experimental Medicine》에서 "실험은 우리의 생각이 옳다는 것을 입증하기 위해서가 아니라 그것의 오류를 통제하기 위해 하는 것이다"라고 말했다. 과학적 의학이 지향하는 바에 그의 생각이 잘 드러났음을 알 수 있다.[98] 그는 과학적 의학의 연구방법론으로서 변수를 통제하여 인과관계를 명확히 규명할 수 있는 통제실험controlled experiment 방법론을 구체화했다. 사색적이고 추상적이었던 일반생리학을 실험과학의 모습으로 변모시킨 것이다. 베르나르에 의해 체계화된 실험의학은 질병의 원인과 기계적 원리를 규명하는 데 크게 기여했다.[99]

실험실 의학 시대는 1820년대 독일의 대학에 최초로 본격적 실험실이 마련되면서 시작되었다. 동물 생체해부 실험을 통해 생리학 지식이 축적되었고, 실험실은 과학적 의학의 가설을 만들고 검증하는 공간으로 확고한 위치를 차지하기 시작했다. 카를 루트비히Carl Friedrich Wilhelm Ludwig, 1816~1895는 물리학적 개념과 방법을 생리학에 적용하여 동태기록기kymograph나 혈류 측정용 유량계 등의 측정 장치를 발명했다.[100] 또한 그는 1852년과 1856년에 《인체생리학 교과서Textbook of Human Physiology》를 발간했다. 그 뒤 생리학은 점차 해부학에서 벗어나 물리학을 기반으로 인체의 기능을 탐색하는 기초의

학으로 전환되었다.[101]

　　과학의 발전은 심장의 구조와 기능에 대해 엄밀하게 관찰할 수 있도록 해주었고, 관찰된 현상을 지배하고 있는 원리가 드러나도록 했다. 실험 의학의 비약적 발전으로 인해 심장의 수축과 이완은 전기적 현상에 의해 조절되고 그 이면에는 이온통로의 활성과 그에 따른 이온 농도의 변화가 자리 잡고 있음이 밝혀졌다.[102] 이에 따라 심장을 둘러싼 신비주의적 해석은 현대 의학에서 철저히 사라지게 되었다.

현대 의학

　　19세기 중반 이후 현대 의학은 새로운 전환기를 맞이했다.[103] 마취제로 통증을 억제할 수 있게 되고, 혈액형 검사로 안전한 수혈이 가능해졌으며, 항생제로 감염질환을 통제할 수 있게 되면서 외과 수술의 혁명이 일어났다. 개심술open heart surgery의 발전으로 인해 다양한 판막질환과 선천성 심장질환에 대한 외과적 치료가 가능해졌다.[104] 분자생물학 지식과 기술을 수용하면서 심혈관질환을 분자 수준에서 파악하기 시작했고, 특정 분자의 활성을 제어하는 심혈관질환 치료제가 개발되었다.[105]

　　첨단영상기술과 장비가 발전하고, 프래밍엄 연구Framingham study와 같은 대규모 역학 연구를 통해 심혈관질환의 위험인자들이 속속들이 발견되었다. 그러면서 질병의 예방과 예측에 대한 요구가 증가하고 새로운 건강 소비문화가 등장하기 시작했다. 상당수의 노벨상 수상자가 심혈관 연구와 관련되어 있다는 점에서 현대 의생명 과학 분야에서 심혈관 연구의 중요성을 엿볼 수 있다.[106]

빌렘 에인트호벤Willem Einthoven, 1860~1927은 단선검류계string galvanometer를 만들어 심장 근육의 수축과 관련된 전위차를 측정하고 분석했다. 이로 인해 심전도electrocardiogram, ECG의 기계적 원리를 규명할 수 있었으며 결국 1924년 노벨 생리의학상을 수상했다.[107]

베르너 포르스만Werner Forssmann, 1904~1979은 1929년에 팔꿈치 정맥에 카테터catheter를 집어넣어 심장까지 밀어 넣는 심장도관술 cardiac catheterization을 자기 자신에게 직접 실험하여 성공을 거두었다.[108] 또한 그는 자신에게 조영제를 주입하여 폐혈관과 우측 심장에 대한 엑스레이 검사까지 성공으로 이끌어 마침내 1956년 노벨 생리의학상을 수상했다. 지금에서는 상상하기 힘든 무모한 행동이었지만 그의 시도는 관상동맥 조영술coronary angiography 개발 등 순환기 의학 발전에 크게 기여했다.

하비의 혈액순환 이론이 발표되자, 피가 부족할 경우 수혈을 하면 된다는 생각이 뒤따라 나왔다. 하비 이후 리차드 로워Richard Lower, 1631~1691에 의해 수혈 실험이 시작되었고,[109] 심지어 장 밥티스트 드니Jean Baptiste Denis, 1643~1704는 양의 피를 사람에게 수혈하기도 했다.[110] 면역학적 거부반응에 대한 이해가 전혀 없었기 때문에 다른 종 간의 수혈을 시도하기에 이른 것이다.

물론 당시 수혈은 대다수 환자들의 죽음을 불렀고 수혈은 상당 기간 동안 금지되었다. 20세기에 와서 1930년 노벨 생리의학상을 수상한 카를 란트슈타이너Karl Landsteiner, 1868~1943가 ABO 혈액형을 밝혀내고 Rh인자까지 발견함으로써 안전한 수혈이 가능해졌다.[111] 수혈이 안전해지고 항응고 저장액의 발전으로 혈액의 저장이 가능해지자 1936년에 최초로 미국 시카고 쿡카운티 병원에서 혈액은행이 창설되었다.[112]

기계론적, 생의학적 관점은 우리 몸이 해체와 조립이 가능한 기계라는 생각과 대체 가능한 부품들의 집합이라는 인식을 낳았다. 이런 관점은 면역 기능을 화학적으로 조절함으로써 장기이식 기술을 발전시켰으며, 나아가 몸의 특정 부위를 인공물로 대체하고 기능을 개선시키는 단계에 이르게 했다.

크리스티안 바너드Christiaan Barnard, 1922~2001는 1967년 최초로 심장이식에 성공했다.[113] 환자는 심장 기능 악화로 죽음을 앞둔 52세 루이스 와슈칸스키로, 그는 교통사고로 뇌사상태에 빠진 20대 여성으로부터 9시간에 걸친 수술 끝에 성공적으로 심장을 이식받았다. 와슈칸스키가 수술을 받은 지 18일 뒤에 폐렴으로 숨지자 심장이식은 환자의 수명 연장에 도움이 되지 않는다는 비판을 받기도 했다. 하지만 이듬해 시도된 두 번째 심장이식 수술 후 18개월 동안 환자가 생존함으로써 실패한 수술이 아님을 보여주었다. 1983년부터 면역억제제인 사이클로스포린cyclosporin이 처방되면서[114] 현재 심장이식의 1년 이상 생존율은 90퍼센트를 넘기게 되었다.[115]

20세기 후반에 이르러 질병의 분자기전에 대한 이해가 증가되고, 저분자합성 기술과 약효선별기술이 더욱 발전했다. 그리고 질환동물모델이 개발되면서 본격적으로 심혈관질환 치료제가 개발되기 시작했다. 1988년 노벨 생리의학상을 수상한 제임스 블랙James Whyte

Black, 1924~2010이 베타차단제beta-blocker를 개발함으로써 고혈압 등의 심혈관질환을 통제할 수 있게 되었다. 마이클 브라운Michael Stuart Brown, 1941~과 조지프 골드스타인Joseph Leonard Goldstein, 1940~은 콜레스테롤 합성 조절 기전을 밝힌 공로를 인정받아 1985년 노벨 생리의학상을 수상했고, 1976년 아키라 엔도Akira Endo, 1933~는 콜레스테롤 합성을 저해하는 스타틴statin을 개발했다. 이와 같이 신약의 개발과 제약 산업의 성장은 심혈관질환으로 인한 사망률을 줄이는 데 매우 큰 기여를 했다.

나가면서

잠시 눈을 감고 후기 구석기시대, 수렵과 채집을 하며 살던 나의 모습을 상상해보자. 사냥감을 쫓아가다 보면 왜 숨이 차고 심장이 빨리 뛸까? 위급한 상황이나 좋아하는 이성을 보면 왜 심장이 뛸까? 숨을 못 쉬거나 심장이 안 뛰면 왜 죽을까? 피를 많이 흘리면 왜 죽을까? 제대로 먹지 못하면 왜 죽을까?

뇌 용량이 커진 현생 인류는 추론 능력이 생겨났고 이러한 질문에 해답을 찾기 시작했다. 처음에는 주술적으로 세계를 이해했던 것과 동일한 방식으로 몸의 작용을 설명했다. 이렇게 심장에 대한 경험과 생각들이 만들어지고 쌓이기 시작했을 것이다. 언어나 문자와 같은 상징체계가 정교해지고 이야기 능력이 향상되면서 사회 문화와 담론 속에서 심장은 다양한 맥락 속으로 스며들어갔다.

자연철학이 등장하면서 심장은 사변적으로 나아가 과학적으로 설명되기 시작했다. 그리고 심장학cardiology이라는 전문적인 학문 영역마저 만들어졌다.

이러한 과정들 속에서 우리는 새로운 패러다임이 등장하고 저항과 갈등 속에서 기존 패러다임이 교체되는 모습을 포착할 수 있었다. 또한 새로운 발견과 이론의 등장 이면에는 사회 문화적 맥락의 변화가 있음을 짚어볼 수 있었다. 현대 의학은 기계론적, 환원주의적 관점에서 질병을 이해하고 있으며, 질병이 발생하는 공간을 나누고 구분하여 지식체계를 축적했다. 생의학적 모형에 따른 심혈관계의 이해도 마찬가지이다. 그러나 이는 사회문화적 맥락 속에서 몸과 장기를 이해하는 데 큰 제한으로 작용한다.

사람들마다 심장을 이해하고 느끼는 방식은 서로 다를 수밖에 없고 개인의 삶과 경험을 토대로 하고 있다. 세상을 이해하는 방식이 사유와 추론에서 관찰과 실험으로 바뀌면서 심장은 과학화되었으나 그만큼 사회로부터는 멀어지는 결과를 낳은 면도 있다. 구획을 나누는 것은 효율적이긴 하나 경계 속에 갇혀버리기 때문에 수준 높은 문제를 풀기는 어려워진다. 이제는 실천적인 융합을 통해 심장을 다시 들여다봐야 할 때가 된 것 같다.

심장이 과학화되면서 따뜻한 마음과 낭만적 사랑이 사라져가는 것을 한탄할 수도 있다. 영국의 시인 존 키츠John Keats, 1795~1821 역시 장편시 〈라미아Lamia〉에서 "아이작 뉴턴이 분광학으로 무지개를 분석하는 바람에 무지개에 대한 시성이 파괴되었다"라고 한 바 있다. 이에 대해 리차드 도킨스Richard Dawkins, 1941~는《무지개를 풀며 Unweaving the Rainbow》를 통해 "과학은 영감의 원천으로 인해 실제적

문화의 교차점에서 심장 읽기

인 아름다움에 접근할 수 있게 해준다"라고 응답한 바 있다. 이렇듯 이제 우리는 과학적 의학의 성과에 힘입어 실제적인 심장의 아름다움에 접근할 수 있게 되었다.[116]

전주홍

서울대학교 의과대학 생리학교실 교수로 분자생리학 및 네트워크생물학 연구실을 운영하며 생명 현상의 항상성에 대해 연구하고 있다. 특히 유전학적 모형 및 빅데이터 분석을 활용하여 세포 수준에서 나타나는 항상성의 분자적 기전을 연구하고 있다.

심장의 의미와 재현의 역사

"꿈을 밀고 나가는 힘은 이성이 아니라 희망이며, 두뇌가 아니라 심장"이라고 말했던 도스토예프스키의 말을 떠올리지 않더라도, 문학이나 미술 작품에서 묘사한 심장은 감정, 정서, 마음, 진심 등 보편적이고 다양한 의미를 담는 그릇이었다. 심장이 중요한 문화적 의미를 담을 수 있었던 이유는 인간이 가진 끊임없는 신체에 대한 관심 때문이었다. 신체는 세계에 대한 인식의 통로이며 정체성의 경계였고, 이에 대한 관심이 늘수록 심장 역시 역사의 흐름 속에서 다양한 색을 자랑하며 빛나는 지층처럼 의미가 축적되어 왔다.

이 글의 첫 부분에서는 고대 유럽에서 중세로 이어지는 심장의 어원과 이미지를 비교하며 심장의 여러 의미를 살펴볼 것이다. 그런 후에 르네상스 시대의 심장의 의미, 특히 레오나르도 다빈치의 심장에 대한 관찰과 이미지를 분석해보려 한다. 유럽에서 르네상스 시기 이후 심장은 의학 분야에서 발전했던 해부학적 관점과 신체의 내부와 외부를 연결시켜 나가면서 신체를 효율적으로 표현하기 위해 해부학에 관심을 가지던 예술가들에게 주목의 대상이 되었다. 이 경우에 레오나르도 다빈치는 해부학에 참여하고 기록 분석한다는 점에서, 그리고 과학자이자 동시에 예술가였다는 점에서 두 분야의 관점을 보여줄 수 있는 특별하지만 유용한 사례를 제공해주었다.

'심장'의 다양한 의미들 _ 어원과 이미지

언제부터 인류는 심장을 마주하고 의미를 부여하기 시작했을까? 라스코 동굴 벽화의 이미지처럼 사냥감의 급소를 표시하고, 동물의 심장의 위치를 찾으면서 심장에 대해서 생각했던 것일까? 우리는 심장을 마주했던 역사 속의 특별한 순간을 상상해볼 수 있다. 어쩌면 제의적인 의미를 가질 수도 있고, 어쩌면 특별한 필요성으로 인해서 심장을 알아야 했을지도 모를 일이다.

이 같은 상상의 순간을 구체적인 사실로 드러낼 수 있는 자료를 찾는 것은 쉽지 않지만 역사적으로 의미를 추적할 수도 있다. 언어학자들은 원문비평textual criticism처럼 단어의 용례를 비교 분석해서 그 의미들의 기원을 거슬러 올라가고 단어의 어근을 분류하기 때문이다. 사실 인간은 언어적 동물homo loquens이며 단어와 글을 통해서 대상에 대한 의미를 상호 소통해왔다. 그러므로 '심장'의 의미를 검토하기 위해서 단어의 어원을 살펴보는 것은 앞서 상상한 순간이 역사 시대, 즉 문자의 탄생과 더불어 지니게 된 의미를 확인할 수 있다는 점에서, 그리고 역사 속에서 비선형적으로 등장하는 심장의 이미지를 해석하는 과정에서 흥미로운 열쇠를 제공해준다.

인도 유럽 어족에서 심장의 어근은 크게 두 개(rd-, ghrd-)로 나눠지며 세부적으로 다른 형태의 어근(gher-, ker-, er-)들로 분화되어 있다. 언어학자들이 설명하는 심장의 어근은 다음과 같은 의미를 지닌다.

1. rd-/ghrd- 의 경우는 '다시 연주하다' '떨리다'라는 의미를 가진다.
2. gher-는 '장기'라는 의미를 가진다.
3. ker-는 '육체의 조각' 혹은 '고기 일인분'과 같은 의미를 가진다.
4. er-는 '성장하게 하다. 결실을 맺다. 생육하다'는 의미를 가지거나 '대장' 혹은 '뿔'이라는 의미와 결합되어 있다Mann, 1985-1987, pp.638, 415, 489, 612.

심장의 어근을 통해서 의미를 검토해본다면 이 의미들이 심장에 대한 관찰에서 비롯되었다는 점을 쉽게 이해할 수 있다. 심장의 의미는 1) 박동이 뛰는 현상 2) 육체의 일부 3) 근육의 형태로써 성장하거나 다른 근육의 성장을 돕는다는 점 4) 내장의 위계에서 중요한 신체의 장기와 결합되어 있다. 유럽의 언어적 기원 속에서 심장이 지니는 의미는 유럽 문화 속에서 이를 반영하고 있는 이미지를 통해 확인할 수 있다.

로마시대에서 대지의 여신 혹은 성장의 여신으로 알려져 있는

로마의 피오클레멘티노 박물관에 있는
세레스의 조각상

세레스Cerēs는 농업을 관장한다. 그녀의 이름은 심장과 동일한 어근 ker-/cer-이 포함되어 있다는 점에서 심장을 의미하는 언어적 표현과 직접적인 관계를 맺고 있다. 세레스는 "동시에 다양한 것들을 태어나게 만든다"는 의미를 지닌다Alinei, 1996, p.656.

이탈리아의 문화학자이자 언어학자 줄리아노 본판테Giuliano Bonfante는 1958년《인도 유럽 어족의 신체의 각 부분들에 대한 애니미즘》을 통해 심장의 어원과 신화의 관계를 검토하며, 심장이 행동의 동인으로 데미우르고스(그리스어로 '제작자'라는 의미를 지닌 단어이지만 고대 그리스의 철학자 플라톤이《티마이오스Τίμαιος》편에서 세계를 만드는 거인에게 붙인 이름이기도 하다)와 같은 창조적 활동과 연관된 의미를 생산한다고 설명했다Gendre, 1986, pp.291-299.

그리스-로마 신화를 잘 살펴본다면 신들의 권능은 서로 겹쳐지지 않는다. 예를 들어 제우스라고 하더라도 포세이돈의 영역인 바다에서는 활동할 수 없다. 호메로스 역시 포세이돈이 바다뱀을 보내 트로이의 목마를 트로이에 넣지 않겠다고 하던 라오콘을 살해하자, 이를 인식하게 된 제우스는 불같이 화를 내며 신들이 인간의 세계에 개입하는 것을 금지했다. 신들의 세계 속에서 심장의 역할을 담당한 세레스는 지상에서 살아가는 인간들에게 삶의 번영을 약속할 수 있는 여신이었으며, 로마의 제정시대를 열었던 아우구스투스가 자신의 무덤 조형물을 제작했을 때 국가의 번영을 상징하는 이미지로 제시되었다.

따라서 세레스라는 이름을 지닌 로마의 여신은 세계를 창조하고 변화시키는 동인으로서 상징적인 '심장'의 의미가 반영되고 있으며 "성장하게 하다" 혹은 "다시 성장하게 하다"는 의미를 지닌다. 그리고 이런 점은 심장이 특별한 사건이 일어나는 장소라는 사실을 환기시켜준다.

이 같은 심장의 의미는 오랜 시간 동안 유럽 문학작품 속에서 메타포를 만들어냈다. 이탈리아 인문학의 서사 모델을 만들어냈던 단테와 페트라르카 역시 심장이 특별한 시간 속에서 감정의 교환이 일어나는 장소로서 문학적 표현들을 만들어냈고, 이런 점으로 인해 심장은 영혼을 초대하는 신체의 일부를 구성하는 것으로 여겨졌다.

이러한 문화적 관점은 문학작품이면서 동시에 심장의 형태를

샹틸리 코덱스the Chantilly Codex**에 포함되어 있는 코르디에의 심장 모양의 악보**

재현하고 있는 이미지가 등장할 수 있는 이유가 되었다. 프랑스의 경우 유랑하는 음유시인들의 세속적인 연가 속에서 심장은 다양한 비유를 만들어냈고, 노래하는 과정에서 기록된 악보의 형식은 보는 사람에게 직관적으로 의미를 전달한다. 예를 들어 15세기 프랑스 세속 음악의 거장이던 보드 코르디에Baude Cordier, 1380~1440년경는 심장의 모양을 띤 악보를 고안했다(위 그림). 그리고 음악이 심장의 감정을 변화시켜 나가는 것처럼 기보했다.

변화의 장소로서 심장은 영혼을 담는 그릇처럼, 그리고 말을 건네는 기관처럼 다루어지고 있다. 지금도 우리는 유럽의 다양한 언어적 표현 속에서 심장이 진심을 담아 이야기를 건넨다는 의미로

사용되는 경우를 확인할 수 있다.[1]

이처럼 서유럽의 문화 속에서 심장은 인간의 감정이 담기는 그릇이자, 인간의 의지가 함께 깃들고 경쟁하는 장소로 사용되기 시작했다. 레지나 구티에레즈 페레즈Regine Gutierrez Perez는 〈심장의 은유에 대한 상호 문화적 분석A Cross-Cultural Analysis of Heart Metaphors〉에서 "명확하지는 않지만 심장은 마치 지성적인 속성을 지닌 장소처럼 여겨지고 있다"는 점을 분석한다Perez, 2008, p. 43. '마음 가는 대로' 자신의 자의식을 따라 인생을 이끌어가는 공간으로서의 심장은 신체를 대표하는 장소이자 이미지를 구성하며 '대장' 혹은 '뿔'이라는 의미와 결합되어 있다. 그러나 동시에 심장이 멈추면 인간에게 죽음이 찾아온다는 점에서 생명이 깃든 공간이기도 하다.

아일랜드에서 소실되었지만 중세 여러 학자들의 언급을 통해서 일부가 전해진 영웅담을 담은 필사본 안에는 '그랄Graal'이라는 단어가 남아 있다. 전승되는 기록에 의하면 사슴의 뿔에 의해 둘러싸인 심장 형태의 구조와 결합된 일종의 접시였다. 어원학적 관점에서 '뿔' 혹은 '대장'의 의미와 연관된 것이다. 그리고 이 단어는 서유럽 그리스도교의 발전 과정 속에서 '성배'라는 의미로 차용되었다. 남아 있는 유물 중에서 발렌시아의 성배Holy Chalice는 아일랜드의 영웅담 속에 남아 있던 그랄의 형태를 시각적으로 재현하고 있다.

이 단어는 이후 그리스도교의 발전 속에서 '성배'라는 의미로도 사용되었다. 발렌시아의 성배는 영웅담 속에 등장하던 형태와 유사한 점을 확인할 수 있다. 그리스도의 피를 상징하는 포도주가 담기는 제기로서 사용되었던 성배의 형태는 물론 사제가 전례에 맞게

문화의 교차점에서 심장 읽기

발렌시아 대성당Valencia Cathedral에 남아 있는 성배

들어올리기 편한 구조라고도 볼 수 있지만, 이는 생명이 깃드는 공간, 그리고 살아 숨 쉬는 인간을 대표하는 '대장'과 같은 고대의 전통이 제시했던 문화적 의미를 차용하고 시각화한 것이다Ventura, 1985, p.63. 이 같은 의미는 13세기부터 등장한 그리스도교의 종교적 도상인 사크로 쿠오레Sacro Cuore, 그리스도의 성스러운 심장의 이미지를 통해서도 다시 확인할 수 있다.

신학적 관점에서 심장은 그리스도를 통해 '신이나 초월적인 존재의 집'을 의미하게 되었다. 이윽고 고대 이교도의 문화 속에서 세레스가 지니고 있던 '다시 성장하게 한다'는 의미를 차용하였고, 세계의 집이자 부활의 상징적인 의미로 확장되면서 문화적 기호로 정착하였다.

살펴본 것처럼 유럽 문화 속에서 심장은 다양한 의미를 담는 그릇이며 문화적 고안물이다. 역사적 시공간에 따라 심장은 그곳에 놓여 있지만 심장에 채워지는 내용이 달라지는 것이다.

예를 들어 알프스의 티롤 지방, 혹은 호수가 많은 알프스 이남에 위치한 프리울리 지방(이탈리아)에서 발견되는 약초 중에 아리스톨로키아Aristolochia Clematitis라는 약초가 있다. 과거의 역사적 처방전들에는 냄새로 인해서 이를 '악마의 심장Cuore del diavolo'이라고 부른다Beccaria, 1995, p.111.

이 경우도 심장은 후각적 속성을 악마에 비유하고, 약초를 심장에 비유해서 가장 좋지 않은 냄새에 대한 대표성(뿔이나 대장처럼)을 부여하고 있다.

심장이 다양한 의미를 담는 상징이라면, 의미의 '그릇'으로서의 심장 그 자체는 그 안에 담긴 힘의 전승을 가능하게 만들어준다. 인류학적 관점에서 여러 지역에서 관찰할 수 있는 경우들이기는 하지만 프로방스 지방의 만가체의 시인 플란planh에는 종종 군주가 사망했을 때 심장을 먹는 장면이 묘사되곤 한다. 죽은 인물은 세상을 벗어나지만 그의 덕목이나 힘은 다시 살아난다. 심장의 어원학적 기원에서 다루는 '육체의 조각' 혹은 '고기 일인분'은 실제로 신체에서 분리할 수 있다는 의미이며 현실적 관찰에 바탕을 둔다.

미술사에서 이런 개념은 앞서 언급했던 시대적 의미와 결합되고 더욱 확장된다. 그리고 이런 점은 중세 이민족의 문화 속에 등장하는 심장을 시각적 이미지로 재현한 상황들을 통해서 접할 수 있다. 가령 심장을 구워 먹는 이야기를 담은 전설(예 : Núadu Necht, 7세

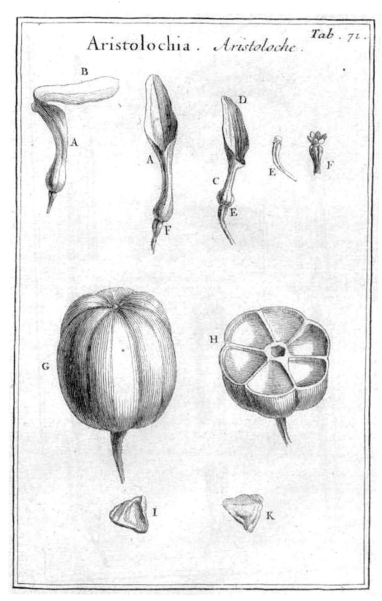

《약초학 개론Institutiones rei herbariæ》에 포함된 삽화 중 아리스톨로키아에 대한 묘사와 설명 부분

심장을 먹는 장면 휠레스타드 통널교회 문 장식 조각의 일부

기)이나 북유럽 스타브교회(바이킹의 목조교회)의 문 장식이 대표적이
다J. T. Koch, 1995, p.45.

　이 같은 이야기들은 여러 가지 다양한 전설들이나 민담과 연
관되어 있다. 1892년 출간된 켈트인의 구전동화들 안에는 실버트
리Silver-Tree 이야기가 나온다. 실버트리가 자신의 딸인 골드트리Gold-
Tree보다 더 아름다워지고 싶어 유일한 방법인 자기 딸의 심장을 먹
는 모습이 나온다. 프레이저가《황금가지The Golden Bough: A Study in Magic
and Religion』》를 통해서 설명했던 디아니 숲에서의 이야기도 마찬가
지이다Frazer, 2005. 그곳에서 벌어진 일련의 살해사건과 재생의 반복
속에서 우리는 전승되는 가치가 신화적으로 재현되는 형식을 볼 수
있다.

순교자의 성골을 기준으로 제작된 성골함의 사례

심장이 자신의 다양한 의미를 담는 그릇이 되었을 때 심장은 재료를 통해서 그 자체의 가치를 강조한다. 지금도 인도 유럽 계열의 언어 속에서는 심장과 재료가 결합된 경우를 많이 볼 수 있다. 이는 담길 수 있는 종류의 의미들에 대한 부연설명이 아니라 의미에 어울리는 심장에 대한 부연설명이면서, 동시에 그 심장을 소유하고 있는 인물의 정체성에 대한 설명으로 발전한다. 예를 들어 "친절한 사람이다"라는 의미의 관용구인 'to have a heart of gold_{avere un cuore d'oro(이탈리아어), avoir un coeur d'or(불어), ein goldnes Herz haben(독어)}'는 심장이 따뜻하기 때문에 그가 생각하거나 느끼는 마음도 따뜻할 것이라는 의미를 지니고 있다. 그릇에 어울리는 의미가 부여되기 때문에 '금'과 결합된 '심장'은 다시 그 인물의 정체성에 대한 설명으로 확장된다.

이와 연관된 시각적 이미지의 사례로 유럽의 순례 문화 속에 등장한 성골함을 관찰해볼 수 있다. 성골함의 재료는 다시 담겨 있는 순교자의 신앙의 상징이자 순교자의 정체성을 부연설명해주는 경우라고 볼 수 있다.

인도 유럽어의 어원을 기준으로 고대에서 중세까지 관찰할 수 있는 이미지 재현 방식의 사례를 검토하면 심장의 의미가 현실 관찰에 바탕을 두었음을 알 수 있다. 하지만 이를 해석하는 관점에 따라 의미의 레벨이 달리 구성된다는 점도 발견된다. 이를 정리하면 다음과 같다.

1. 심장에 내재된 의미나 속성 : 진심, 마음, 감정, 정서, 지성, 생명 등
2. 심장에 담긴 의미나 속성들에 대한 메타포로서의 대표성 (예를 들어, 황금으로 된 심장, 힘의 전승)
3. 소유자의 정체성 : 심장을 소유하고 있는 인물에 대한 사회적 가치

지금까지 유럽의 역사 속에서 구성해온 심장의 다양한 의미들을 고대에서 중세까지 몇몇 작품들과 언어적 함의를 통해서 분석해보았다. 그러나 이 시기까지 유럽 문화가 지닌 보편성이 명확하게 드러나기보다는 여러 시공간에 따라서 이미지들이 재현되었다고 봐야 한다. 하지만 유럽의 문화적 정체성이 구성되었던 1400년대 이후 르네상스 시대는 대학의 발전과 더불어 인문학적 관점에서의 보편성을 구성해나가기 시작한다. 특히 동로마 제국의 멸망, 아랍의 과학적 지식이 광범위하게 유포되기 시작하면서 심장을 둘러싼 관

점들이 재구성되기 시작했다. 더불어 근대적 사유의 출현은 동시대 심장에 대한 문화적 의미를 새롭게 정립하고 있다.

따라서 지금부터는 인문학적 사유와 심장의 관계를 검토한 후, 예술적 사유와 과학적 사유가 발전하는 과정을 레오나르도 다빈치의 심장에 대한 논의들을 통해서 검토할 것이다.

르네상스 시대의 인문학과 해부학 _ 미술과 의학

1400년대부터 1500년대까지 중세의 다양한 사유를 새로운 관점에서 조망할 수 있었던 이탈리아의 토스카나 지방에서 르네상스 시대가 시작되면서 신체를 보는 관점들이 변해가기 시작했다. 특히 중세의 신과 이어져 있는 병자들에 대한 자비와 치유로서 의학적 관점은 비잔틴 제국과 아랍에서 유래한 의학서적들을 토대로 새로운 전기를 맞이하였다.

특히 살레르노대학의 의대 설립과 이후 의학부가 포함된 유럽 각지의 대학을 중심으로 과거의 신체에 대한 검증이 시작되었다. 이 과정에서 당시 사회적 중심을 구성했던 교회는 복잡한 사회적 조건이 만족되는 경우 예술과 의학에 대한 유용성을 토대로 해부학 실습을 제한적으로 허용했다.

같은 시기 예술가들의 경우 자연과 경쟁하고 이를 넘어서야 한다는 생각이 발전하기 시작했다. 이는 공방의 집단 작업에서 벗어나 독립적으로 작품을 하는 예술가들의 자의식과 결합되었는데, 무엇보다 명상적 예술가의 모습을 통해서 관찰할 수 있었다. 미켈란젤

로나 뒤러의 경우가 대표적인 사례이다. 이들은 대상 뒤편에 숨겨진 인간의 보편적 감정이나 신체와 세계에 대한 지식을 유기적으로 연결하며 작품의 의미를 확장시켜 나갔다.

　루이 반 델프트Louis Van Delft는《해부학의 황금 세기들》이라는 저서에서 르네상스 시대가 해부학의 황금시대라고 설명하였다. 그는 '거대한 별자리의 중심처럼 묘사된 인간'이라는 표현을 통해서 신체와 세계의 유기적 연관성을 강조하였다.

> 의학, 그건 매우 분명하지만, 우주형상학, 지리학, 천문학, 점성술, 신학, 근대철학, 인식론, 인류학, 수사학, 미학, 예술과 같은 분야들조차 우리시대의 학문적 지식의 근원을 검토하다보면 해부학과 연관되지 않은 경우가 거의 없다. [……] 교회의 관용 속에서 매우 엄격하게 검열과 통제를 받았던 해부학은 마치 해부학에 참여하는 사람들이 도달해야 하는 목적이 과학적 진실에 대한 연구를 넘어서 종교적 교리와 연관된 영적인 힘이나 담론을 구성하거나 논쟁조차 할 수 없는 절대적 지식처럼 보였다Delft, 2004, p.93.

　이 때문에 프랑스 미술사가 안드레 카스텔Andre Chastel은 '도덕적 해부학'이라는 용어를 사용하기도 한다. 신체의 복잡한 구조는 몸을 대상화하고 메커니즘을 이해하기 위한 것만이 아니라 인간과 세계의 관계를 설명할 수 있어야 한다. 이런 점 때문에 교회의 경우도 신과 세계, 인간의 관계에 대한 근거를 탐험하기 위해서 해부학을 허용했던 것이다.

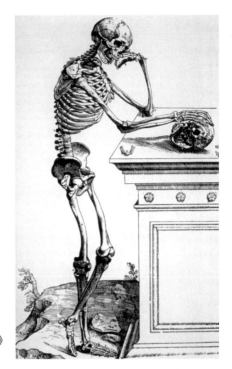

베살리우스의 《인체의 해부에 관하여》
중 한 삽화의 일부

이런 점은 당시의 해부학 서적의 실례를 통해서도 확인할 수
있다. 근대 해부학의 아버지로 평가받는 안드레아 베살리우스Andreas
Vesalius는 신체의 각 부분을 기능에 따라 분류했지만 이를 소개하는
삽화는 마치 신체가 아닌 윤리적 관점에 대한 명상처럼 보인다.

예를 들어 그가 자신의 《인체의 해부에 관하여De humani corporis
fabrica》를 출간할 때 사용했던 정교한 골격을 지닌 해골은 마치 무
덤을 반쯤 열고 나와 또 다른 해골을 명상하듯 바라보는 것 같다. 그
리고 아래 오른쪽 부분에는 "영혼을 위해 살다. 그리고 모든 나머지
부분들은 죽음에 속하게 되리라Vivitur in genio, caetera mortis erunt"라는

의미심장한 표현이 적혀 있다. 이 같은 표현으로 베살리우스의 서적에 실린 인간의 신체는 마치 쇠퇴와 공허함을 검토하는 것처럼 보인다.

따라서 인간의 신체가 지닌 도덕적 명상의 대상으로서의 해부학을 둘러싼 다양한 표현들은 신체와 우주, 그리고 윤리적 사유가 복합적으로 구성된 르네상스 시대의 유기적 세계관을 드러낸다.

르네상스 시대의 해부학과 유기적 세계관에 바탕을 둔 다양한 속성에 대한 연구는 현실에 대한 해석과 사유를 연결시켜 주었으며 이를 바탕으로 다양한 이야기를 구성할 수 있는 가능성도 열어주었다. 이런 점은 과학이 스스로 독립적인 분야를 구성하고 분류 체계가 명확해지는 계몽주의 시대 이전까지도 지속되었다. 예를 들어 1782년부터 1814년 사이에 제작된 것으로 추정되는 클레멘테 수지니Clemente Susini의 조각은 의학의 교재로 제작되었으며 아름다운 여성의 신체를 과학적으로 재현하고 있는 것으로 보인다. 하지만 이 조각의 목적에도 불구하고 그는 이 여인의 목걸이를 통해 아름다움을 강조하는 동시에 죽음이 스며든 신체를 드러낸다. 즉 의학적 지식과 동시에 인생의 허망함Vanitas을 표현하고 있는 것이다최병진, 2016.

앞서 언급했던 해부학사를 연구하는 반 델프트는 '영혼으로서의 해부학'이라는 표현을 통해서 이런 점을 강조했다. 그러나 이 같은 평가가 이루어지던 의학의 해부학 모델이 구성되어가던 시기, 예술 분야에서 파올로 로마초Gian Paolo Lomazzo는《회화 예술에 대한 소고Trattato dell'arte della pittura》에서 회화는 눈에 보이는 것만 다루는 것이 아니라 그 이면에 있는 영혼의 움직임moti dell'animo을 다룰 수 있

문화의 교차점에서 심장 읽기

〈**해부학 비너스**Anatomical Venus〉클레멘테 수지니, 1790년경, 피렌체 라 스페콜라 박물관

어야 한다고 주장한다Lomazzo, 1585.

　　그가 설명했던 것은 이야기의 핵심으로서 인물들의 감정과 메시지가 효과적으로 전달될 수 있는 표정과 몸짓을 말하는 것이었다. 이는 레온 바티스타 알베르티Leon Battista Alberti가 《회화론De Pictura》에서 조토의 작품을 통해 강조한 것처럼 이야기의 클라이맥스를 고조시킬 수 있는 의미의 중첩이나, 그리스어 교사였지만 파도바에서 《조각론》을 집필했던 과리니Guarino Guarini의 설명처럼 가장 효율적으로 정지된 몸짓을 통해 앞뒤의 이야기를 상상하게 만드는 수사학적 혹은 웅변술의 몸짓과 연관되어 있다최병진, 2013, pp.251-252.

　　그러나 이를 위해서 관찰을 바탕으로 이야기를 만들어낼 수 있는 순간을 이해하고 포착해야 한다. 레오나르도 다빈치의 경우 '영혼의 창문'이라 부르던 눈을 통해 얻은 지식이 '자연에 대한 확신을 얻을 수 있는 과학적 작업으로서의 회화'로 발전한다는 점을 확인할 수 있다. 그리고 이를 위해서 그는 피렌체의 산타마리아누오보 교회의 부속병원에서 실제 해부를 통해 표현을 위한 신체의 구조를 탐구했다. 과학이 인간과 세계의 명상 속에서 해부학을 검토했다면,

예술은 명상을 표현하기 위해서 오히려 실제 대상이 전달하는 정보에 다가가기 시작했던 것이다.

레오나르도 다빈치의 해부와 근대성

프로이트가 "다른 사람들이 모두 잠들었을 때 어둠 속에서 너무 빨리 깨어난 인간"이라고 설명했던 레오나르도 다빈치는 매우 뛰어난 예술가이자 해부학자, 발명가, 기술자였다. 예술품뿐만 아니라 세계에 대한 주의 깊은 관찰과 고안물들을 만들어내기도 했다. 그의 아버지는 사생아인 아들에게 가업을 이어받게 할 수 없다고 판단하여 그 당시 공용어로서 유용했던 라틴어조차 가르치지 않았다. 때문에 그는 텍스트보다 직접적인 관찰을 통해서 세계를 알아갈 수밖에 없었다.

그러던 중 당시 권력자였던 로렌초 데 메디치가 문화적 자긍심에 대한 선언으로 유능한 예술가들을 이탈리아의 교황청과 여러 도시 국가로 파견하였다. 바로 그 과정에서 다빈치는 밀라노를 방문하게 되었고 이 시기에 라틴어를 배웠다. 그러나 그는 라틴어에 서툴렀고 오히려 직접 밀라노에서 만난 여러 학자들을 통해서 고전을 접하게 되었다. 이를 자신의 관찰과 절충하면서 학구열을 드러냈고 이 시기부터 출간을 위한 다양한 메모를 기록했다.

그는 루카 파치올리와 같은 당대의 신학자를 만나 수학적 세계와 신학적 세계의 연관성을 검토할 수 있었고 이 시기에 그를 위한 삽화로 〈우주적 인간〉을 그려냈다. 그는 세계가 유기적으로 연결되어 있다고 믿었고 자신의 예술적 작업을 위해서 세계의 원리를 아는 것이 유용하다고 생각했다. 특히 이때 갈레누스의《인간의 신체에 대한 부분의 기능De usu partium corporis humani》에 대한 자료를 통해 세부적인 신체를 검토하기 시작했던 것으로 추정된다. 해부의 의미가 '부분으로 나누다'라는 어원을 지닌다는 점을 고려한다면, 밀라노에서 레오나르도는 신체의 각 부분이 지니는 기능에 대해서 관심을 가지고 해부학적 관점을 이해하기 시작한 것으로 보인다.

이 시기에 그는 출간되지 못했던 소고를 위해서 뇌와 눈에 대해 연구하였다. 그는 눈이 '영혼의 창문'으로 세계에 대한 앎을 구성한다고 보았다. 그러나 17년 후 밀라노가 프랑스 군에 의해서 점령되면서 그는 베네치아를 거쳐 피렌체로 돌아왔고, 1504년부터 1508년까지 산타마리아누오보 교회의 부속병원에서 실제 해부를 통해 전체와 부분으로서 신체를 검토하며 기계적 관점에서 분석했다. 이 시기에 그는 최초로 해부를 경험했던 것으로 보인다. 해부학자이자 외과의사였던 마르칸토니오 델라 토레Marcantonio della Torre를 알게 되면서 그의 도움을 받으며 갈레누스와 아랍 의사의 저술의 의미를 검토하였다. 그리고 1509년 이후 그가 세상을 떠날 때까지 해부를 통해 신체의 구조와 기능을 배워갔다.

그는 이 과정에서 신체를 움직이는 근거를 검토하면서 더불어 내부 장기에 관심을 가졌다. 특히 심장에 대한 드로잉도 남겼다. 조르조 바사리Giorgio Vasari는 1550년 판의《미술가 열전》에서 "레오나르도는 인간의 신체를 검토했고, 파비아에서 강의했던 뛰어난 철학자이자 신체에 대한 저술 활동을 활발하게 진행했던 마르칸토니오 델라 토레를 알게 되었다. 이 시기에 갈레누스의 관점을 드로잉으로 작업하면서 의학적 대상을 검토했고 해부학에 새로운 빛을 가져다주었다. 이를 통해 무지의 그늘을 걷어내고 기술자로서의 능력에 기대고 검토하며 표현한 드로잉을 바탕으로 책을 출간하려 했다"고 적고 있다.

그러나 이 기획은 마르칸토니오의 갑작스러운 죽음으로 중단되었다. 오늘날 레오나르도의 노트는 영국 윈저성의 왕립도서관 컬렉션에 포함되어 있으며, 약 600장가량의 드로잉이 남아 있다. 이 시기의 기록들을 검토해보았을 때 약 779점의 드로잉 중 179점 정도가 역사 속에서 소실된 것으로 보인다. 이 컬렉션은 폼페오 레오니Pompeo Leoni가 토마스 호워드Thomas Howard에게 판매한 것으로 이후 1640년에 왕실의 소유가 되었다.

이 시기에 윌리엄 하비는 유럽에서 파도바를 방문한 후 귀국해서 혈액의 순환에 대한 첫 번째 이론을 집필한 것으로 알려져 있다. 그러나 하비가 레오나르도 다빈치의 드로잉을 보았다고 하더라도 세부적인 내용을 이해하기는 어려웠을 것이다. 레오나르도 다빈치가 라틴어가 아닌 이탈리아 토스카나 지방의 속어로 내용을 기술했기 때문이다. 그러나 1773년 영국 의사이자 외과의사였던 존 헌터John Hunter, 1728~1793는 이 컬렉션을 보고 놀라움을 금치 못했다.

나는 이 드로잉들을 분석하면서, 진실로 레오나르도 다빈치가 모든 것을 알고 있는 뛰어난 의사가 아니라 주의 깊은 연구자라는 점을 알고 놀라움을 금치 못했습니다. 그리고 이후에 그가 인간 신체의 각 부

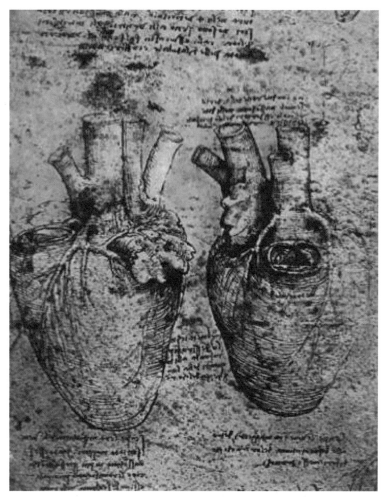

윈저 컬렉션에 포함된 다빈치의 심장에 대한 연구 습작

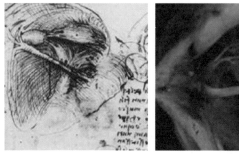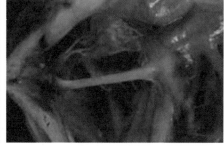

윈저 컬렉션에 포함된 다빈치의 심장에 대한 연구 습작 중 승모판에 대한 묘사·부분(왼쪽).
실제로 찍은 승모판 사진(오른쪽).

분에 대한 장면들을 그리고 설명했을 때, 그가 지닌 보편적인 천재성을 느낄 수 있었습니다. [……] 나는 그가 모든 시대를 뛰어넘는 가장 위대한 해부학자라고 생각합니다Thiene, 2013, pp.100-101.

다빈치는 스스로 자신을 "문자를 모르는 인간omo sanza lettere"이라고 이야기했다. 그가 고전을 읽을 수 없었던 아쉬움은 그대로 후대에까지 전해져 그의 새로운 접근방식을 알아보는 데에 어려움으로 다가왔다. 의학사에서 갈레누스의 의학적 지식에 대해서 의문을 제기하고 해부학적 지식을 기록한 의사는 안드레아 베살리우스로 《인체의 해부에 관하여》를 통해서였다. 그는 이 서적을 통해 이미지와 텍스트를 결합해서 지식의 범위를 확장했지만 대신 의학적 분류체계에 따른 해부학적 이미지와 명상적 이미지는 분리되었다.

그러나 반대로 레오나르도 다빈치는 관찰을 통해 통합된 신체의 이미지를 만들어냈다. 앞서 언급했던 것처럼 다빈치는 회화를 '자연이 만들어낸 대상에 대한 확신과 진실을 동반한 감각에 대한 재현'이기 때문에 '과학'이라고 생각하였다. 이런 점 때문에 레오나르도 다빈치의 해부학적인 이미지는 자연에 대한 탐험의 수단이자 결과였다. 그는 드로잉을 통해서 물리적, 생물학적 세계를 종합했다. 그는 대상을 그리는 데 머물지 않았고 대상을 이해하고자 했다. 대상의 이해가 대상을 그리는 데 도움을 주고, 대상을 그리는 것이 대상을 이해하는 수단이라고 믿었다.

다빈치는 자연의 현실 속에서 대상을 입체적으로 구성하고자 했고, 이런 점은 오히려 예술적 가치보다 더 유용한 과학적 가치를 부여했다. 실제로 그가 다룬 해부학적 이미지들은 유용성에 따라 신체를 구획하고 분류체계에 따라 재구성한 것이 아니라 입체적으로 단면을 제시한 것이다. 그는 이 과정에서 관찰의 대상을 다양한 각도에서 묘사하는 실물묘사의 전통을 고안했는데 이는 과학적 도안의 역사에서 중요한 의미를 가지고 있다. 또한 그는 관찰하는 대상에서 멈추지 않고, 대상의 의미를 사유하며 피부에서 근육으로, 근육에서 뼈로, 뼈에서 혈관으로, 그리고 심장에 이르기까지 체계적이지만 통합된 지식의 대상으로서 신체의 각 부분을 유기적으로 검토하였다.

그가 남긴 드로잉은 실제로 심장에서 관찰할 수 있는 형태를 정교하게 묘사하고 있다. 그는 심장을 묘사한 후 다른 대상에서 관찰했던 원리와 형태를 통해서 각 세부의 기계적 기능들을 가정하고 구성해나갔다. 예를 들어 승모판mitral valve을 검토하며 이를 교회의 돔형 구조에 비유했다.

동시에 그는 자연 속에서 발견할 수 있는 물의 유속의 흐름과 원리를 통해 혈관의 구조와 기능을 분석하고 혈액의 순환에 대한 결론을 구성해나갈 수 있었다. 그는 어린 시절부터 관심사였던 식물을 관찰했던 기억으로 혈관을 관찰하며 삼투압 현상을 떠올렸고, 이를 근거로 혈류의 순환을 명쾌하게 설명하려고 노력했다.

또한 대동맥판aortic valve을 강물의 양을 조절하는 수문과 비교하여 혈액의 유속을 조절하기 위한 기능을 가진다고 분석했다.

이 같은 혈관에 대한 분석을 토대로 다빈치는 심장의 심실과 격벽 운동의 사례를 분석했고, 네 개로 구성된 심실의 구조를 검토

다빈치가 묘사한 수문에 대한 드로잉

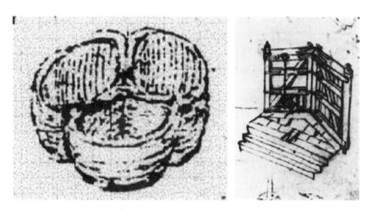

윈저 컬렉션에 포함된 다빈치의 대동맥 판 묘사 부분

하며 연소 개념을 적용시켰다. 그는 폐를 통해서 공기가 좌심실로 들어오는 것이며 이 공기가 연소를 일으켜 에너지를 만들어낸다고 보았다. 결국 이렇게 연소된 공기가 대동맥판으로 분출되어 결과적으로 호흡을 통해서 배출된다고 판단하였다.

다빈치는 심장 드로잉 옆에 다음과 같이 기록했다.

공기가 적절하게 공급되지 못하는 장소라면 어떤 불꽃도 탈 수 없다. 그리고 어떤 지상의 동물들이나 새들도 [……] 불꽃이 없다면 동물들이 소화를 통해 살아가는 것도 불가능하다.

이런 점을 검토해본다면 그는 연소의 개념과 생명의 개념을 연결하고 있으며, 이를 기계적 구조로 움직이는 심장의 동력으로 상정하고 있다. 각각의 과정들을 형태가 보여주는 기능을 통해서 드러내고 있다고 할 수 있다. 다빈치는 심장을 관찰하고 정확하게 묘사한 후, 세계에 대한 관찰 속에서 얻은 원리를 적용시키고 신체의 각 부분에 적용하였다. 그리고 이런 점은 단순히 대상에 대한 설명에 한정되는 것이 아니라 다른 신체 장기와의 유기적 관계를 통해서 완성해간다. 아울러 그는 폐에 대해 묘사하면서, 심장이 폐를 통해 주입된 공기에 의해 연소가 일어나기 때문에 동시에 냉각 기능을 가져야 한다고도 적어놓았다.

원저 컬렉션에 포함된 다빈치의 약 600장의 노트는 신체의 각 부분들에 대한 입체적 묘사와 서로 다른 신체 부분들이 지닌 연관성을 기술한 텍스트로 채워져 있다. 현대 의학적 관점에서 비교 분

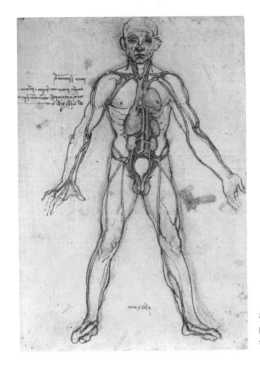

윈저 컬렉션에 포함된
다빈치의 인체 내부기관과
혈관 구조에 대한 드로잉

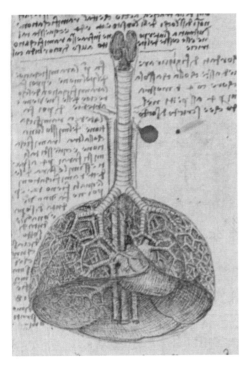

윈저 컬렉션에 포함된
심장과 세부 혈관에 대한
다빈치의 드로잉

석한다면, 사실 다빈치의 관점은 과학적으로 정확하지는 않다. 그가 구조적 관계를 직접 관찰할 수 있는 도구를 지니지 않았고, 도구의 한계가 데이터의 한계라는 점을 검토한다면 그가 유비추리를 통해서 분석해내는 시스템은 직관적인 가설에 가깝다고 볼 수 있다.

레오나르도 다빈치의 심장과 해부학에 대한 관점은 이전과 달리 지금도 과학자들의 관찰에서 중요한 역할을 담당하는 직관적 가설을 시도케 한다. 이는 상상력에 바탕을 두고 있는 것이다. 레오나르도 다빈치라는 사람을 연구하는 데 반평생을 보냈던 마틴 캠프의 표현처럼, 그는 보이는 것을 통해서 '보이지 않는 것'들을 고안한 인물이다Kemp, 2010. 이는 대상에 대한 메타 분석으로서 과학혁명의 사유를 열었던 서구 사회의 근대성을 보여주는 사례로 볼 수 있다.

나가는 말

유럽 문화의 역사를 통해 심장의 의미, 재현의 관계를 검토해 본다면 각각의 시대와 장소에 따라 다양한 관점을 생산하고 있다는 점을 알 수 있다. 심장의 어원을 통해 조명할 수 있었던 점은 심장이 특정 속성에 대한 대표성이나 소유자의 사회적 정체성과 관련이 있다는 것이었는데, 이는 여러 이미지의 사례를 통해서 확인할 수 있었다. 역사 속의 심장은 물리적 심장이 아니라 심장에 대한 생각 뒤에 놓여 있는 인간의 모습을 드러낸다.

이 과정에서 레오나르도 다빈치의 심장은 이전 역사 속의 심장과 다른 근대적인 사유의 방법을 드러냈다. 묘사는 가능하지만 결코 완성된 작품이 될 수 없는 심장을, 그는 왜 해부를 통해 정밀하게 묘사하고 기능에 대한 가설을 세웠던 것일까?

그가 살던 시대는 중세 공방처럼 분업에 바탕을 두고 작품을 제작한 것이 아니었으며 예술가의 경쟁이 더욱 치열했던 시기였다. 이 과정에서 예술가들은 효과적인 표현을 구성하려고 노력했고, 레오나르도 다빈치는 인체를 관찰하고 그 원리를 통해 자신의 작품 세계를 심화시켜 나갔다. 그는 세계와 인간의 유기적 관계를 토대로 피부에서 심장까지 심층적으로 검토하고 분석해나갔던 것이다.

그에게 심장은 물리적 대상 이상의 의미를 지니고 있었다. 그는 구조를 통해 기능을 추적했고, 기능을 통해 생명의 기원과 세계와 인간의 관계를 고찰했다. 그리고 이를 통해 그가 구성한 원칙을 이미지에 적용해서 인물의 형상에 생동감을 불어넣고 관람자를 감동시킬 수 있도록 이미지에 영혼을 담아내려고 노력했다. 이런 점은 과학적인 사유의 방법론에서나, 예술의 표현을 위한 방법론에서나 모두 새로운 변화들이었다.

다시 말해서 그가 더 나은 작품을 위해서 신체의 원리를 연구했다면 그것은 작품 소재로서 인물의 개별적 신체 특징을 위한 보편적 기준을 찾는 것이었고, 사물의 유사성을 사유하는 것이었다. 유기적 세계관이 르네상스 시대의 관점을 구성한다면 바로 그 세계관으로 인해서 그는 대상에 대한 설명을 시도했다. 그는 인간과 세계에 대한 철학적 성찰의 도구로서 드로잉과 관찰을 기록했고, 이런 점이 사물의 관계에 대한 구조적 상상력을 통해 과학으로 나아갈 수 있었던 것이다.

심장의 의미는 문화적 관점으로서 심장을 표현하고, 심장의 이미지를 통해서 발전된 문화적 관점은 과학적 사유로, 그리고 직관적 가설과 이에 대한 결론에 대한 탐구는 시대에 따라 달라지기는 하지만 새로운 문화적 사유로서 심장의 재현을 구성한다. 그리고 늘 사유의 긴장감을 부여하며 매 순간 한 시대의 패러다임을 구성해나가는 것이다.

참고문헌

- 제임스 조지 프레이저,《황금가지》, 박규태 역, 서울: 을유문화사, 2005.
- 마틴 캠프,《보이는 것과 보이지 않는 것》, 오은숙 역, 서울: 을유문화사, 2010.
- 최병진, '르네상스 예술 장르의 상호관계성과 시각 문화', 이탈리아어문학, 40집, 2013, pp.241-278.
- Alberti, L. B.(1435), Il De Pictura di Leon Battista Alberti e i suoi lettori (1435-1600), ed.by. D. R. Edward Wright, Firenze: Olschki.
- Lomazzo G. P.(1584). Trattato dell'arte de la pittura di Gio. Paolo Lomazzo milanese pittore. Diuiso in sette libri. Ne' quali si contiene tutta la theorica, & la prattica d'essa pittura, Milano, Paolo Gottardo Pontio, ed. by. R. P. Ciardi, Firenze.
- D'Acquapendente, G. F.(1603), De venarum ostiolis, ex typographia Laurentij Pasquati, Patavii.
- Toni. G. B. (1903). La Biologia in Leonardo da Vinci, Venezia.
- Ceraldini, G.(1906). Il meccanismo delle valvole semilurani del curoe, Milano: Hoelpi.
- Mann, S. E.(1985-1987). An Indo-European Comparative Dictionary. Hamburg: Helmut Buske.
- Bonfante, G. (1986). Scritti scelti di Giuliano Bonfante. Vol. I, Metodologia e indoeuropeo, R. Gendre, Alessandria: Edizioni dell'Orso, pp. 291-299.
- Beccaria, G. L. (1995). I nomi del mondo. Santi, demoni, folletti e le parole perdute, Torino: Einaudi.
- Koch J. T. & J. Carey. (1995). The Celtic Heroic Age. Literary Sources for

Ancient Celtic Europe and Early Ireland and Wales, Malden: Celtic Studies Publications.
- Alinei, M. (1996-2000). "L'Indo-europeo comune e gli altri pyla linguistici come stadio I di Homo loquens," Origini delle lingue d'Europa, Bologna: Mulino, vol. I.
- Delft, L. V. (2004). I secoli di'oro dell'anatomia, in Rappresentare il corpo. Arte e anatomia da Leonardo all'Illuminismo, ed.by. G. Olmi, Bologna: Bononia University Press.
- Pérez R. G. (2008). "A Cross-Cultural Analysis of Heart Metaphores," Revista alicantina de estudios ingleses, 21, pp. 25-56.
- Thiene G & F. Zampieri. (2012). "Il cuore di Leonardo," Atti e Memorie dell'Accademia Galileiana di Scienze Lettere ed Arti in Padova già dei Ricovrati e Patavina, Vol. CXXV, pp. 93-119.

최병진

한국외국어대학교 이탈리아어과를 졸업한 뒤 로마국립대학교 라 사피엔차에서 미술사학으로 학사학위 및 동대학원에서 석사학위를, 그리고 피렌체 국립대학교에서 미술사로 박사학위를 받았다. 옮긴 책으로《대영 박물관》,《베네치아 아카데미아 미술관》,《서양 미술사 박물관》,《베를린 국립회화관》,《중세》등이 있으며 현재 서울여자대학교에서 강의하고 있다.

신화와 종교에 나타난 심장의 인간학

들어가는 말_주토피아의 심장이식 이야기

온갖 동물이 모여 사는 '주토피아zootopia'가 있습니다. 언제부턴가 주토피아에도 도시가 건설되면서 많은 동물들이 숲을 떠나갔습니다. 어느 날 숲을 가로지르는 도로에서 새끼사슴 쿠쿠가 길을 건너다 그만 화물차에 치고 말았습니다. 엄마사슴은 며칠째 병원에서 뜬눈을 새웠지만 쿠쿠는 심하게 머리를 다쳐 의식이 없습니다.

"아무래도…… 소생할 희망이 없어."

안경을 코에 걸친 침팬지 의사가 무거운 말 한마디를 건넵니다. 엄마사슴은 의사선생님의 옷을 움켜잡으며 빌고 또 빌며 애원합니다.

"우리 쿠쿠를 살려주세요, 제발 살려주세요!"

어쩌나 간절하게 부탁을 하는지 침팬지 의사선생님은 잠시 깊은 생각에 잠깁니다. 그리고는 엄마에게 쿠쿠의 장기 기증을 권유했습니다. 지금 주토피아에는 심장병을 앓고 있는 새끼사자가 있습니다. 엄마는 툭하면 사슴들을 해치는 사자들이 미웠습니다. 그런데 그런 사자에게 쿠쿠의 심장을 주라니요? 상상도 할 수 없는 일이었습니다.

'하지만 생명은 귀한거야. 못된 사자라 하더라도…….'

엄마사슴은 그것이 어린 쿠쿠가 다시 사는 길이라고 생각했습니다. 침팬지 의사선생님은 수술이 필요한 동물들에게 급히 연락을 했습니다. 그리고 이제껏 해본 적이 없는, 몹시도 어려운 수술에 들어갔습니다. 심장병을 앓고 있는 새끼사자에게 쿠쿠의 심장을, 새끼하이에나에게는 콩팥을, 그리고 간경화증을 앓고 있는 이리에게는 쿠쿠의 간을, 또 앞을 잘 못 보는 재규어에게는 각막을 이식할 수 있었습니다.

이 소문은 온 주토피아에 퍼졌습니다. 토끼와 사슴들, 비버와 어린 양이 다시 건강을 찾은 새끼사자, 하이에나, 재규어와 함께 뛰놉니다. 그 모습을 바라보는 쿠쿠 엄마의 눈에 눈물이 글썽입니다. 주토피아엔 쿠쿠의 심장을 가진 사자가 자라면서 다시 평화가 찾아올 것이라는 소망이 생겼습니다. 사나운 재규어는 사슴의 맑은 눈으로 세상을 볼 것이고 사자의 가슴엔 쿠쿠의 심장이 용감하게 뛰고 있을 테니까요.

생명현상이나 의식, 마음, 정신, 그리고 인간의 여러 가지 정서적 감정들이 오늘날에는 과학의 영역이 되었다. 뇌신경생리학의 발달은 인간의 사고와 감정도 신경전달물질이나 뇌신경세포 간의 복잡한 화학적 작용으로 설명을 가능케 했다. 게다가 자극과 반응의 규칙성을 관찰하고 측정할 수 있는 대상이 되고 있다는 데 대해서 경이롭기까지 하다.

하지만 과학의 눈부신 성과의 근저에는 인간의 자유의지가 설자리를 잃게 될 것이라는 불안도 상존한다. 위에 소개한 주토피아의 심장이식 이야기는 언젠가 교통사고 사망자의 장기이식에 관한 기사를 보고 썼던 동화다. 이 동화에서 나는 세 가지 질문을 끌어내고 싶다.

첫 번째 질문. 동화에서는 새끼사슴 쿠쿠의 장기를 주토피아의 여러 동물들에게 이식했는데, 이렇게 서로 다른 생물 종들 간에 장기이식은 과연 가능한 걸까? 현재로선 이종 간 장기이식은 거부반응 때문에 기본적으로 불가능하다고 한다. 하지만 면역 거부반응을 일으키는 유전자를 조작하거나 새로운 면역억제제가 개발된다면 현실화될 수 있지 않을까? 최근 거부반응을 억제한 돼지의 심장을 개코원숭이에게 이식했다는 뉴스를 들었다. 기술의 진보는 그런 일들이 가능한 시대가 머지않아 올 것이라는 기대를 갖게 한다.

두 번째 질문. 장기이식을 하면 그의 성격과 특성도 함께 옮겨지는 걸까? 동화는 사슴의 심장을 이식 받은 사자가 그의 폭력성을 버리고 숲속에 진정한 평화를 실현하리라는 꿈을 그리고 있다. 2016년에 개봉한 영화 〈주토피아〉에서 사자 라이언하트Lionheart가 강력한 동물통합정책을 펼쳐 육식동물과 초식동물들이 한데 어울려 살도록 한 것처럼 말이다.

2006년 〈뉴욕포스트〉 지에 뉴욕의 한 병원에서 심장이식 수술을 받은 윌리엄 셰리던의 이야기가 실렸다. 수술을 받은 뒤 그가 예전과는 달리 그림 그리기를 아주 좋아하게 되었고 그것도 상당히 높은 수준의 작품을 그리게 되었다는 것이다. 이 궁금증은 자신에게 심장을 기증한 사람이 화가로 밝혀지면서 풀리게 되었다. 미국의 게리 슈워츠Gerri Schwarts 교수는 이 현상을 설명하기 위해서 '세포기억설'을 주장했다(물론 아직까지 과학적으로 증명되기에는 한계가 있다). 그렇다면 심장근육에 저장된 정보나 에너지가 심장이식과 함께 옮겨진다는 것일까?

세 번째 질문. 폭력성을 제거한 사자를 과연 사자라고 할 수 있을까? 우리는 폭력성을 사자의 본성으로 상정한다. 그리고 그 본성을 담지하고 있는 장기가 바로 심장이기 때문에 그의 심장이 대체된다는 것은 그의 정체성이 상실된다는 의미로 받아들여진다. 그렇다면 새끼사슴 쿠쿠의 장기이식으로 인하여 주토피아엔 엄청난 정체성의 위기가 찾아올 것이 분명하다. 왜냐하면 주토피아에 장기이식 수술이 빈번해지면서 장기를 이식 받은 숲 속의 동물들은 그들의 본성이 정말 자신의 본성인지를 묻게 될 것이고 그런 본성이란게 원래부터 있었던 것인지를 의심하게 될 것이기 때문이다. 늑대의 심장을 이식 받은 양은 또 어떻게 돌변할 것인가? 주토피아에 주가가 급락하고 사회적 위기가 고조되지는 않을까?

문화의 교차점에서 심장 읽기

기술신화와 심장

인간의 신체에서 가장 중요한 장기는 무엇일까? 우리는 서슴없이 심장이라고 답할 것이다. 심장을 신화와 종교 속에서 살펴보려는 것은 인류가 바라본 심장의 의미와 그 이해가 어떻게 변해왔는지 다양한 인간 이해의 방식을 만나보려는 것이다. 하지만 고대신화의 시대나 더 거슬러 올라가 원시인류의 시대에서는 '간'을 더 중요하게 생각했다. 고대 근동지역에는 짐승의 간을 제물로 드리거나 간을 꺼내보고 그 형상을 가지고 점을 치는 기술이 발달했다. 심장이 간과 경쟁하게 된 것은 훨씬 나중 일이다.

간과 심장과 뇌의 경쟁

심장이 장기 가운데 최고의 위치를 차지하게 된 것은 우리의 영혼이 심장에 자리를 잡고 있다고 생각하면서부터였다. 고대 이집트나 그리스 자연철학 시대에 심장은 인간의 양심과 영혼이 자리한 곳으로, 그리고 감정의 진원지로 여겨져서 인간자신을 가리키는 말로도 사용되었다.

하지만 심장은 새로운 도전을 받기 시작한다. 그리스의 의사 알크마이온Alkmaion이 인간의 감각과 이성이 '뇌'에 있다고 주장했기 때문이다. 히포크라테스도 우리의 이성작용은 뇌에 있다고 주장했다. 그렇다면 이제 심장에 대해서 기계론적인 설명만 가능할 뿐이다. 갈레노스Galenos는 심장을 혈류가 만들어내는 열의 원천으로 생각했으며, 근대에 와서 윌리엄 하비는 심장을 단순히 혈액을 공급하는 펌프로 설명했다. 데카르트는 정신과 사유작용이 일어나는 장

왼쪽은 바빌로니아시대의 염소 간 모형B.C.18세기. 간점의 판례들을 여러 칸에 구분해서 기록해놓았다. 가운데는 B.C.20세기경 가장 이른 시기의 간 모형으로 고대도시 마리Mari에서 출토되었다. 오른쪽은 에트루리아 어로 기록된 간 모형B.C.3세기 피아첸차(Piacenza) 발굴

소로 뇌의 깊은 곳에 송과선pineal gland을 설정하기도 했지만, 오늘날 '영혼과 육체'의 문제는 '정신과 뇌'의 문제로 첨예화되어 나타나고 있다.

1967년 크리스티안 바너드Christiaan N. Barnard에 의해 최초의 심장이식 수술이 성공하면서 심장은 뇌에 그 자리를 넘겨주고 말았다. 영혼이 심장에 존재한다는 믿음은 다른 사람에게 심장을 이식함으로써 여지없이 무너졌고 현대인은 이제 심장이 혈액을 공급하는 기계장치에 불과하다는 사실을 알게 되었다. 그리고 인공심장은 실제로 사람의 심장을 기계장치로 대체했다. 과학의 시대에 심장은 더 이상 영혼이 머무는 고귀한 장소가 아니다. 반면 회백질의 뇌는 이제 과학의 스포트라이트를 받으며 그의 시대를 맞고 있는 듯하다.

뇌신경생리학의 성과에서 볼 때 뇌 없이는 정신도 없으며 인간의 모든 정신활동과 의식작용도 뇌 신경세포들 간의 전기화학적 작용으로 설명할 수 있게 되었다. 더 나아가 인간의 자유의지마저도 뇌 깊숙한 곳에 위치한 기저핵을 포함한 대뇌 번연계Limbic system에 의해 좌우된다고 말한다.

21세기에 들어선 인간은 자신이 살고 있는 세계에 대해서 그

동안 이루어진 수많은 관찰과 탐구, 분석의 과정을 통해 축적된 과학 지식을 기반으로 이제는 냉정하게 자신을 물리적으로 바라볼 수 있게 되었다. 인간은 자기 자신의 생명현상과 의식, 사고와 인식작용, 사회적 상호관계마저도 모두 물리적으로 환원하여 뇌신경과학 이론으로 설명할 수 있는 시대에 살고 있다.

그렇다면 뇌가 곧 나 자신일까? 하지만 그렇게 파악된 인간이 자기 자신에 대해 가장 낯모를 존재로 다가오는 것은 왜일까? 그리고 인간의 자유의지와 존엄성은 어떻게 될 것인가?

종교와 과학과 기술의 경쟁

과거에 종교와 과학 사이에 벌어졌던 대립과 충돌은 과학이론과 그 성과가 종교적 도그마와 합치되어야 한다고 보는 태도에서 빚어졌다. 하지만 종교를 기반으로 하는 세계와 과학을 기반으로 하는 세계에 대한 이해가 각각 다르고, 추구하는 인식의 차원 또한 다르다는 점을 이해한다면 오늘날 종교도 과학과 합치되어야 할 필요도 없고 보편화된 과학이론에 따라갈 필요도 없다. 종교만능주의의 세계 해석을 경계해야 하는 것처럼 과학만능주의 입장에서 인간에 대한 모든 것을 과학적으로 설명할 수 있다는 환원주의 역시 경계해야 할 부분이다.

하지만 오늘날 인류는 그보다 더 강력한 위기에 직면하고 있다. 기술만능주의의 기술사회가 도래한 것이다. 과학기술의 발달은 사이보그 같이 인간과 기계의 결합을 가능하게 만들었다. 장기는 대체가능한 부품이 되었다. 인체의 더 많은 부분이 기계와 유기물질로 채워지고 뇌의 영역도 조절가능한 기계장치들로 잠식당하게 될 것이다. 유전자 복제기술의 발달로 인간은 인간으로서의 정체성을 다시 물어보아야 할 시점에 서 있다.

이런 기술사회의 위험은 이미 인류의 신화 속에서 상상되었다.[1] 페르세우스는 신들이 보내준 첨단 기술무기들을 신체 부위 곳곳에 장착하고 메두사와 맞선다. 기술의 장인 다이달로스는 인간과 황소 사이의 유전자 접목을 통해 미노타우로스를 탄생시킨다. 프랑켄슈타인은 시신들에서 필요한 부위들을 재조합해 새로운 생명체를 창조한다. 인간은 기술을 도구로 이용하거나 주체적으로 기술을 사용한다고 생각해왔지만 이제 기술은 인간의 통제를 벗어나 스스로 자율성을 지닌 영물이요 정신이 되었다. 인간은 그가 하는 모든 일들을 기계에 의존하고 기술을 통해서만 실현할 수 있다.

오랫동안 심장은 문화사적으로 다양한 이미지와 상징으로, 혹은 은유적으로 사용되어 왔다. 인간의 영혼과 육체, 심장에 대해서 말하고자 할 때 유비analogy와 상징symbol의 의미체계를 통해 신화와 종교적 언어로 표현할 수밖에 없는 영역이 존재한다는 점을 인정해야 하지 않을까? 기술사회가 보여주는 위험은 인간이 세계에 대해서, 그리고 인간 자신에 대해서 경험하는 내용을 있는 그대로 경험하지 못하게 하고 변형, 축소시키거나 은폐시킬 수 있다.

이 글을 통해 나누고자 하는 최소한의 바람이라면, 신화와 종교에서 인류가 바라본 심장에 대한 인식, 인간에 대한 기본 개념들, 인간 창조에 대한 표현들, 그리고 이를 통한 인간 이해의 내용을 살펴보는 일이 인간을 바라보는 시선을 보다 균형 있게 하고 인간의 본질을 더 깊이 깨닫게 하는 데 도움이 되리라는 희망이다.

수메르 신화 _ 신과 영웅의 심장

수메르는 진흙으로 세워진 문명이다. 수메르인은 유프라테스 강과 티그리스강 유역의 강가에 쌓이는 침적토를 이용해 놀라운 문명을 이룩했다. 그들은 진흙에 잘게 썬 갈대를 섞어서 벽돌을 만들었고 벽돌은 왕궁과 신전을 짓는 데 쓰였다. 진흙은 또 생활에 필요한 여러 종류의 도기를 만드는 재료였다.

하지만 수메르문명에서 진흙이 가장 크게 기여한 점은 진흙으로 점토판을 만들었다는 사실이다. 우리가 수메르문화를 폭넓게 이해할 수 있게 된 것은 기원전 33세기부터 수메르의 쐐기문자로 기록된 수많은 점토판이 발굴되었기 때문이다. 점토판의 해독을 통해 수메르 인이 어떤 사고와 생활양식과 문화를 이루며 살았는지 짐작할 수 있게 되었고, 낙원설화, 홍수설화, 수메르 욥기 설화 같은 이야기의 초기 형태를 파악할 수 있게 되었다. 점토판은 진흙으로 판을 만든 다음 그 위에 갈대로 만든 첨필로 글자를 새겨 불에 굽거나 햇볕에 말려서 만들어졌다.

심장을 바치다, 심장이 멈추다

메소포타미아는 인류의 심장에 관한 가장 오래된 이야기가 시작된 곳이다. 〈길가메시 서사시Gilgamesh Epic〉는 영생과 죽음, 자연과 문명 사이에서 두 영웅이 겪는 삶의 갈등에 대한 이야기를 담고 있

위쪽은 우루크 도시의 이슈타르신전 성벽. 아래쪽은 괴물 후와와를 물리치는 길가메시와 엔키두B.C. 20세기 초, 베를린국립미술관

다. 두 영웅은 자연에서 야생의 삶을 사는 엔키두Enkidu와 도시 우루크Uruk를 다스리는 왕 '길가메시Gilgamesh'다. 길가메시는 백성을 억압하고 초야권을 내세워 강제로 여성들을 겁탈하며 전쟁을 일삼는 폭군이다. 신들은 이런 난폭한 길가메시를 길들이기 위해 엔키두라는 영웅을 창조했다. 하지만 신들의 의도와는 다르게 두 영웅은 대결하면서 우정을 맺고 친구가 되었다.

두 영웅은 힘을 합해 괴물 후와와Huwawa를 무찌르고 여신 이슈타르가 보낸 천상의 황소마저 때려눕혔다. 길가메시와 엔키두는 그들의 막강한 힘을 발휘한 인생의 정점에서 황소의 배를 갈라 심

길가메시 상
B.C. 8세기 후반, 베를린국립미술관

장을 꺼낸 다음 태양신 샤마쉬Shamash에게 바친다. 하지만 엔키두가 황소의 다리를 찢어 여신에게 던지며 모욕하자 그 대가로 엔키두는 병들어 죽고 만다. 길가메시는 예기치 못한 친구의 죽음을 애도하며 그의 곁을 떠날 줄 몰랐다. 썩어가는 친구의 모습을 보며 길가메시는 공포에 휩싸인다. 서사시에는 우루크의 영웅 길가메시가 그의 벗 엔키두의 죽음을 목격하는 장면을 매우 흥미롭게 묘사하고 있다.

엔키두, 나의 친구여……
험한 바위산을 올라가 천상의 황소를 잡아 죽였고,

삼나무 숲에 사는 후와와를 무찌른 그대를

지금 사로잡은 이 잠은 대체 무엇이란 말인가?

그대는 깊은 어둠에 빠져 나의 말을 듣지도 못하는구나!

그러나 그는 눈을 들지 않는다.

그의 심장에 손을 얹어보지만 그것은 뛰지 않는다.[2]

이 구절에서 우리는 엔키두의 사망기사를 읽게 된다. 그의 심장이 정지되었고 그의 가슴에서 쿵쿵 울리던 북소리가 사라지고 말았다. 길가메시는 상실감에 사로잡혀 죽음을 피하기 위해 신들로부터 영생을 얻었다는 우트나피쉬팀Utnapishtim을 찾아가지만 끝내 그가 찾은 영생의 풀을 지키지 못하고 뱀 때문에 잃어버리고 만다.[3] 서사시의 끝부분에서 길가메시는 "누구를 위해 내 팔이 피로해졌느냐? 누구를 위해 내 심장의 피가 말라버렸느냐?"하고 탄식한다. 이렇게 수메르인은 인간의 심장을 인간의 한계와 한정된 생명을 드러내는 기관으로 이해했다. 심장은 또 신적인 존재에 있어서도 그 존재의 본질과 생명을 간직하고 있는 기관으로 받아들여졌다.

〈길가메시와 악카Gilgamesh and Akka〉 이야기는 질 좋은 진흙을 차지하기 위해 우루크와 키쉬Kish 두 도시가 전쟁을 벌인 이야기다. 키쉬의 왕 악카는 우루크에서 만든 흙벽돌로 신전을 재건하고자 점토 채굴장을 내놓으라고 선전포고를 한다. 악카가 군대를 이끌고 와서 우루크를 포위하자 길가메시는 맞서 싸우자고 원로들을 설득하지만 그들은 겁에 질려 굴복하자고 대답한다. 반면 길가메시가 젊은이들에게 호소했을 때 젊은이들은 그를 찬양하며 나가 싸우자고 호

　　　　　　　　　　　　　文화의 교차점에서 심장 읽기

응한다.[4]

전쟁은 키쉬 군인들이 길가메시의 무서운 신 같은 모습을 보고 놀라 흩어지고 악카가 붙잡힘으로써 종결되었다. 이렇게 진흙을 차지하기 위해 전쟁을 벌일 만큼 진흙은 수메르 번영의 가장 기초가 되는 재료였다. 그런데 진흙은 고대 근동 신화에서 사람을 만드는 데 없어서는 안 될 재료로 등장한다. 물론 진흙만 가지고 사람이 완성되는 것은 아니고 여기에 신의 피가 섞이거나 신들의 침이 들어가기도 하고 코에 생명의 바람을 불어넣기도 한다.

신의 노역을 대신할 일꾼으로 창조된 인간
_ 인간의 기원에 관한 두 개의 신화

수메르 신화 중에서 인간의 기원을 설명하는 이야기가 바로 〈엔키와 닌마흐Enki and Ninmah〉 신화다. 이에 따르면 인간이 만들어지기 전에는 신들이 인간을 대신해 노역을 감당했다. 높은 신들은 편안히 쉬었지만 지위가 낮은 신들은 홍수를 막고 농사를 잘 지을 수 있도록 강과 수로 밑바닥의 흙을 파내는 고된 노동을 해야 했다.[5]

점점 노역이 심해지면서 불만으로 가득 차게 된 작은 신들이 소동을 일으키자 지하수의 신 남무Nammu는 지혜의 신 엔키에게 작은 신들의 고통을 알려주고 그들의 노역을 대신할 사람을 만들라고 조언한다.[6] 엔키는 압주Abzu를 덮고 있는 진흙의 심장에 소동을 일으킨 작은 신의 피를 섞어 인간을 만들라고 남무에게 가르쳐준다.[7] 그다음 엔키가 출산 모신들을 만들어내고 모신들은 점토를 떼어 인간의 몸 형체를 만들었다. 그리고 출산 모신들은 산파역을 맡은 여신 닌마흐의 도움을 받아 인간을 생산했다.

　이 모든 일을 완성한 뒤 엔키는 신들을 불러 잔치를 베풀었는데 그 자리에서 엔키와 닌마흐 사이에 다툼이 벌어졌다. 닌마흐가 사람의 형체를 만드는 것은 내 소관이니 그에 따라 그 사람의 운명이 좋게 될 수도, 나쁘게 될 수도 있다고 주장하였다. 그러자 엔키가 과연 닌마흐의 뜻대로 되는지 내기해보자고 했다. 닌마흐가 온갖 종류의 장애를 가진 사람들을 만들어내자 엔키는 그들에게 먹고 살아갈 수 있는 직업을 정해주었다. 닌마흐가 화가 나 흙덩어리를 집어 던지자 이번에는 엔키가 아직 태어날 때가 되지 않은 조산아를 태어나게 하고는 닌마흐에게 먹고살 수 있도록 그의 운명을 정해보라고 했다. 하지만 닌마흐는 누울 수도, 움직일 수도, 빵을 먹을 수도 없는 이 조산아를 어떻게 해야 할지 감당하지 못하고 내기에 진 것을 인정해야 했다.

　이와 비슷한 이야기가 아카드어로 쓰인 〈아트라하시스Atrahasis〉 신화에도 나온다. 대기의 신 엘릴Ellil은 작은 신들에게 운하 파는 일을 시키고 이를 감독하는 일을 맡았다. 어느 날 작은 신들이 운하 파는 일이 너무 고되다고 항의하며 연장을 불태우고 소동을 일으켰다. 이에 놀란 큰 신들이 모여서 회의를 열고, 지혜로운 신 에아의 계획에 따라 모신 닌투Nintu 또는 Mami에게 부탁해서 작은 신들의 고된 노동을 대신할 사람을 만들기로 한다.

　에아가 진흙을 마련하고 소동을 일으킨 주동자 웨일라Weila를 잡아 정결례를 치룬 다음 닌투가 그 살과 피에 진흙을 섞고 나서 신들이 거기에 침을 뱉었다. 신의 살과 피에서 혼이 생기게 하고 한정된 생명을 주어 사람들이 반란을 일으키지 못하도록 했다. 에아가 점토를 밟고 나서 그녀가 주문을 외우며 점토에서 일곱 덩어리를 떼어 남자를 만들고 또 다른 일곱 덩어리를 떼어 여자를 만들었다. 그리고 출산 모신들을 불러 둘씩 짝을 지어주고 열 달 후에 자궁을 열어 이들을 분만하게 했다. 이들은 서로 남편과 아내가 되었고 그 후부터 삽과 호미를 들고 운하 파는 노역을 시작했다.

수메르 신화에 전승되는 인간창조 이야기의 특징은 이처럼 반항한 신의 살과 피를 섞어서 사람을 만들었다는 점이다. 신들에게 대항하다 죽임을 당한 신의 살과 피에 스며 있는 불평과 원망, 부정함을 깨끗하게 씻기 위해서 정결의식을 행한 다음 점토에 신의 살과 피를 섞음으로써 사람에게 생명이 주어졌다. 생명을 얻게 되자 그의 가슴에서 북소리가 들리기 시작하는데, 이 표현은 셈족 계통의 신화에서 심장이 뛰는 것을 의미한다. 북소리는 인간이 한정된 생명을 가지고 있다는 징표가 되는 셈이다.

창조사역을 마치고 신의 심장이 쉬는 날

바빌론의 창조신화인 〈에누마 엘리쉬Enuma Elish〉에는 세상의 창조 이야기에 이어서 인간의 창조 이야기가 이어진다. 마르둑은 모든 신들의 왕으로 군림한 뒤 사람을 만들어 신들의 노역을 대신하게 하고 신들을 쉬게 할 계획을 세운다. 에아는 그에게 신들 중 하나를 죽여 그 피로 사람을 만들라고 조언한다. 신들은 티아마트를 선동하고 싸움을 일으키게 한 장본인으로 킹구Kingu를 지목하고 그를 묶어 에아 앞에 데려온다. 에아는 그에게 처벌을 내려 그를 죽이고 그의 피로 사람을 만들었다. 그리고 사람에게 신들의 노역을 대신하게 했고 신들은 쉬게 했다.

이렇게 신들이 쉬었다는 샤파투Sapattu의 개념은 수메르 신화에서 그 기원을 찾아볼 수 있다. 아카드어 '샤파투'는 달의 절반인 보름을 뜻하는데 이 날은 바빌로니아에서 정결례를 행하는 종교일이었다. 이 샤파투에서 이스라엘의 안식일을 뜻하는 사바트Shabbat라는 단어가 만들어졌다.[8] 바빌로니아의 전승에 따르면 샤파투는 '신의 심장이 쉬는 날um-nuh libbi'이라고 해석된다. 즉 신이 쉬는 날이 안식일인 샤파투였고, 히브리인은 이를 음역하여 샤바트라고 부른 것이다. 심장 속에 모든 계획과 의도와 생각이 들어 있는 것이기에 심장이 쉰다는 것은 모든 노역과 활동을 그치고 휴식을 취한다는 의미다.

에누마 엘리쉬에는 태초에 어떻게 세상이 지어졌는지를 설명하는 부분이 나온다. 이 세상이 창조되기 이전에 땅 밑 지하수를 상징하는 '압수Apsu[9]'와 깊은 바닷물을 상징하는 '티아맛Tiamat'이 그들의 물들을 섞어서 신들을 창조한다. 얼마 후 여러 신들이 마구 춤을 추며 소란을 피우자 압수가 이들을 성가시게 여겨 없애버리려 했다. 하지만 이를 눈치 챈 에아가 주문으로 압수를 잠재운 후 그를 죽였다. 승리를 거둔 에아는 압수 위에 거처를 짓고 거기서 나중에 바빌론의 최고신으로 군림하는 폭풍의 신 마르둑Marduk을 낳았다.

그러자 이번에는 티아맛이 온갖 괴물을 만들어내고 킹구와 함께 군대를 만들어 쳐들어오자 에아와 아누 모두가 당해내지 못하고 마르둑을 찾아간다. 마르둑은 거센 바람과 폭풍을 일으키고 홍수를

　　　　　　　　　　　　　　문화의 교차점에서 심장 읽기

일으키면서 티아맛과 최후의 결전을 벌인다. 마르둑이 티아맛에게 그물을 던져 사로잡고 입을 벌린 티아맛의 입 속에 바람을 불어넣은 다음 그의 활로 티아맛의 심장을 꿰뚫어버렸다Tablet iv 93~104. 이렇게 티아맛을 죽이고 나서 마르둑은 그녀의 몸을 둘로 나누어 하늘과 땅을 만들고 우주의 질서를 세웠다.

신들의 전쟁Theomachy, 특히 우주적 뱀으로 표상되는 티아맛과의 싸움을 끝낸 마르둑이 티아맛의 몸을 해체해서 우주를 창조했다는 신화소mytheme는 고대 근동 신화에서 반복적으로 나타나는 중요한 모티브다. 특히 우가릿Ugarit에서 발견된 토판의 바알 신화에서는 얌Yam과 바알Baal의 싸움으로, 마리Mari에서 출토된 토판에서는 티아맛과 티슈팍Tishpak의 싸움으로 등장한다. 바빌론 신화의 티아맛은 깊은 물, 바다를 상징하며 히브리 신화의 창세기에 등장하는 '테홈Tehom'과 같은 어원[tiham]에서 유래한 것으로 보고 있다.

또한 티아맛은 우주적 뱀으로 형상화되는데 이는 〈시편〉과 〈욥기〉 등에서 리워야단으로 불리는 거대한 괴수(악어)의 모습에서 그 흔적을 찾아볼 수 있다.[10] 마르둑은 티아맛과의 싸움에서 그의 무기인 바람으로 바다를 휘젓고 돌풍을 일으켜 바닷물을 밀어내는 능력을 보여준다. 이 주제는 창세기(1:2)에서도 반복되어 나타나는 부분이다. '하나님의 기운ruah Elohim'으로 표현된 이 구절에서 루아흐ruah는 하나님의 영, 기운, 숨, 바람 등의 의미를 담고 있다. 루아흐는 물 위를 휘돌며 움직이는 바람으로서, 출애굽기에서는 히브리인이 갈대의 바다를 건널 수 있도록 이 바람을 이용하여 바다를 말려서 마른 땅을 드러나게 한다.

이집트 종교 _ 오시리스와 심장

이집트 종교를 한마디로 정의한다면 심장의 종교라 할 수 있다. 그만큼 심장은 중요한 위치를 차지하고 있는데 그 이유는 심장이 부활의 열쇠이기 때문이다. 심장은 심판의 날에 오시리스의 법정에서 인간이 행한 모든 선하고 악한 행실에 대해 증언한다.

이런 관념들은 아직까지 지명에도 그 흔적을 찾아볼 수 있다. 이집트의 베헤이라 주에 있는 스케티스Sketis 계곡[11]은 황량한 사막 지역으로, 기독교 초기의 사막교부들과 수도공동체들의 성소가 되어온 지역이다. 스케티스라는 이름은 콥트어 '슈이-헤트Shi-het'에서 유래했는데 의미는 '심장의 무게를 달다'는 뜻이다. 기독교 초기 저술에는 여행자들이 이곳을 지나다 길을 잃고 죽었다는 기록이 많이 남아 있다. 황량하기 그지없는 이 지역을 지나면서 여행자들은 사람이 죽게 되면 거쳐야 하는 오시리스의 법정을 떠올렸는지도 모른다.

사후 세계를 위해 심장을 보전하다

고대 이집트에서는 인간의 죽음을 어떻게 설명했을까? 이집트의 한 신화에 따르면 인간은 창조신 레Re의 눈물로 만들어졌으며, 또 다른 신화에서는 도공신 크눔Khnum이 질그릇을 만드는 방식으로 인간을 빚어 만들었다고 한다. 크눔이 물레 위에서 진흙으로 인간의 육체인 하Ha를 만들면서[12] 그와 늘 붙어 다니며 그에게 생명과 활력을 넣어주는 생명체인 카Ka를 창조하여 어머니의 자궁 속에 정자와 함께 넣었다고 한다. 따라서 죽는다는 것은 육체인 하에서 그의 카가 빠져나와 분리되는 것을 의미했다.

문화의 교차점에서 심장 읽기

고대 이집트인은 인간의 영혼을 말할 때 카 이외에 바$_{Ba}$라고 하는 개념을 사용했다. 바는 죽음 이후에도 살아남아 미라의 몸에서 밖으로 나와 자유롭게 돌아다니다가 다시 미라에 들어가 머물게 된다고 믿었다. 그래서 이집트인은 바가 계속 머물 수 있도록 미라와 같은 독특한 보존방식을 발전시켰다. 그리고 바가 밤마다 무덤방에서 창문을 통해 세상으로 나갔다가 다시 자신의 육신으로 잘 돌아올 수 있도록 미라에 데드마스크를 씌웠다. 바는 이집트 벽화에서 사람의 얼굴을 한 새의 모습으로 묘사되고 있다.

그 외에도 영혼과 관계된 개념으로 그의 이름을 뜻하는 렌$_{Ren}$, 언제나 그의 신체를 따라다니는 그림자인 셰우트$_{Sheut}$, 그리고 그의 심장인 이브$_{Ib}$도 사람을 구성하는 중요한 부분으로 생각했다.[13] 특히 심장을 뜻하는 이브는 사후세계로 가는 중요한 열쇠로, 사후에 심장의 무게를 다는 의식을 치러야 하는 부분이기에 미라를 만들 때도 다른 장기와는 달리 밖으로 꺼내지 않았다.

이집트인은 지혜나 혼이 깃드는 장소를 뇌가 아니라 심장이라고 생각했다. 심장은 육체적인 활동의 중심이었을 뿐만 아니라 생각과 감정의 근원이기도 했으며, 더 나아가 그 사람의 생전의 행실을 목격하고 듣고 이를 담아놓은 저장소로 이해했다.

이집트인은 미라를 만들 때 다른 장기는 모두 시신에서 빼내고 오직 심장만 사체를 싼 린넨 천 사이 가슴 부위의 구멍에 보존했다. 심장이 함께 있지 못하면 그가 살아있을 수 없다고 믿었기 때문이다. 이집트인은 심장 내부에 진정한 지혜가 숨어 있다고 생각했고 또 생명을 유지하는 본질적인 기관으로 보았다. 심장은 '아브$_{ab}$'와

맨 왼쪽은 의식에서 쓰기 위해 만든 금박으로 된 심장모형신왕국 18왕조, 두 번째는 돌로 된 심장모형, 나머지는 사람의 장기를 보관한 네 개의 카노푸스 단지

'하티hati'라는 두 가지 요소로 이루어져 있는데, 이 아브가 지혜, 정신적인 자아를 구성하는 부분이고 하티는 본능적이고 삶의 업보를 지닌 부분이다. 이 두 부분은 각각 바와 카에 밀접하게 연결되어 있어 심장을 통해 신비적 합일이 이루어진다.

하지만 뇌는 중요하지 않은 것으로 간주되어 사자의 사체에서 제거하였고, 다른 장기들은 네 개의 카노푸스 단지Canopic Jars에 보관하였다. 단지는 사자의 내장을 보호하는 호루스의 네 아들을 형상화하여 만들어졌다. 사람 얼굴의 단지Imsety에는 간, 송골매 머리의 단지Qebekh-sennuef에는 창자, 바분원숭이 머리의 단지Hapy에는 허파, 그리고 자칼머리의 단지Duamutef에는 위를 보관했다.

죽은 자가 치러야 하는 세 개의 의식

미라가 완성되면 이제 죽은 자는 험난한 지하세계를 여행해야 한다. 죽은 자가 두아트Duat라고 불리는 지하세계의 어두운 굴을 지나는 동안 필요한 주문과 마법의 기도를 말할 수 있도록 '입 열기 의식Opening of the Mouth'을 행한다. 입 열기 의식은 죽은 자에게 생명의 호흡을 주기 위해 앙크ankh라고 부르는 기구로 입을 벌리게 해서 신의 호흡을 죽은 자에게 전달한다.

죽은 자는 마아트의 전당Hall of Maat에 이르러 두 개의 청문회 의식을 치러야 한다. 첫째는 정의와 지혜의 여신 마아트Maat[14]의 주재 하에 이루어지는 '죄를 부정하는 고백Negative Confession' 의식, 둘째는 지식과 문자의 신인 토트Thoth에 의해 수행되는 '심장의 무게 달기 Weighing of the Heart' 의식이다.

'죄를 부정하는 고백' 의식은 42명의 신과 심문관들 앞에서 이루어진다. 심문과정은 각 문 앞에서 생전의 행실에 대해 가혹한 질문을 받고 그에 대해 부정의 형태로 대답하도록 되어 있다. 사자는 심문관들 앞에서 '나는 악한 짓을 하지 않았다', '나는 가난한 자에게 폭력을 휘두르지 않았다', '나는 신을 모독하지 않았다'…… 이렇게 모두 42가지의 죄를 부정하는 고백을 함으로써 자신이 올바른 삶을 살았음을 입증해야 한다.

42가지 고백 가운데에는 신을 경멸하거나 신전에서 범하는 죄도 있지만 대부분 살인, 사기, 절도, 간음, 폭행과 같은 사회적 범죄뿐만 아니라 누구를 모욕하거나 화를 내는 행위, 상대방을 울리거나 아프게 하는 비윤리적 행위도 포함되어 있다. 하지만 누구도 이 42개의 질문에 모두 부정의 대답을 할 수 있는 사람은 없을 것이다. 〈사자의 서Book of the Dead〉에는 이 관문을 통과하기 위한 주문들이 세세하게 쓰였다. 그래서 생전에 미리 가이드북인 〈사자의 서〉에서 주문을 외우며 청문회에 대비하고자 했다.

'심장의 무게 달기' 의식은 죽음의 신 아누비스Anubis가 사자를 오시리스 앞에 데려오면서부터 시작된다. 오시리스 신은 그 사람이 살았을 때 쌓았던 악행과 선행을 판단하기 위해서 사자의 심장을 저울에 다는데, 이것이 마지막 관문인 오시리스의 법정Osiris' Court이다. 먼저 오시리스의 아들인 호루스Horus가 그에게서 살았을 때의 행실을 모두 고백하게 한 뒤에 옥좌의 오시리스에게로 데려온다. 오시리스의 뒤에는 이시스Isis와 네프티스Nephthys가 서 있다.

토트는 따오기 얼굴을 하고 있는 신으로 '라의 심장Heart of Ra'이라는 별명을 갖고 있다. 토트가 서기관이 되어 이 모든 과정을 기록한다. 토트의 아내인 마아트Maat는 깃털로 상징되는데, 자칼 모습의 아누비스가 저울의 한쪽에 깃털을 달고 다른 한쪽에는 심장의 무게를 달아 심장이 깃털보다 무거울 경우 오시리스는 사자에게 유죄를 판결한다.

사자가 유죄로 결정되는 순간 저울 옆에서 기다리고 있던 아미트Ammit, Ammut가 그 심장을 먹어치우게 된다. 아미트는 악어의 머리와 사자의 몸, 하마의 뒷다리를 하고 있는 괴물로 아미트에게 심장을 잃어버리면 사자의 영혼은 영원히 사후세계에 가지 못하며 떠돌게 된다.

저울이 평형을 이루면 카는 바와 미라에서 다시 결합해 일종의 부활체인 아크Akh로 살아나게 된다. 고대 이집트인은 오시리스가 사후세계를 관장하며 죽었다가 부활했기 때문에 사자도 오시리스처럼 부활하고 그의 아들인 호루스 신이 자신을 보호해줄 것이라 믿었다. 그래서 사람이 죽었을 때 그가 생전에 했던 행위에 따라 모든 관문을 통과하게 되면 오시리스와 동일시되어 부활하게 된다.

문화의 교차점에서 심장 읽기

마침내 오시리스가 거처하는 사후세계의 낙원인 세케트 아르_{Sekhet-Aaru}에 들어가게 되는 것이다.

"나의 심장아, 제발 나를 고발하지 말아라"

저울에 올린 죽은 자의 심장 무게는 얼마나 가벼워야 깃털의 무게와 평형을 이룰 수 있을까? 욕심과 분노의 감정을 내려놓고 살아가면서 그의 행실에 얼마나 잘못이 없어야 깃털의 무게와 비길 수 있을까? 사자는 두아트에 있는 마아트의 전당에서 관문을 하나하나 거쳐 가면서 그의 결백을 말할 수 있어야 한다.

하지만 과연 누가 이런 결백을 주장할 수 있을까? 그가 아무리 당당하게 결백을 주장한다 하더라도 그것을 어떻게 증명할 수 있을까? 또 그가 자기 행실에 대해 거짓고백을 한다면 그것을 어떻게 판별할 수 있을까? 이 모든 의혹은 심장의 무게를 달 때 모든 진실이 드러난다. 이미 그의 심장이 그의 행실의 옳고 그름을 낱낱이 목격했고 심장에 모든 진실의 무게가 더해졌기 때문이다. 〈사자의 서〉에는 다음과 같은 주문이 기록되어 있다.

오, 어머니가 주신 나의 심장아! 오, 어머니가 주신 나의 심장아!

오, 수많은 세월을 함께 겪어온 나의 심장아!

내게 불리한 증언을 하기 위해 나서지 말아다오. 법정에서 나를 고발하지 말아라.

저울을 담당하는 자 앞에서 내게 적대적으로 행동하지 말아라.

너는 내 몸 속에 있는 카_{Ka}이며 내 몸을 튼튼하게 한 보호자니……

인류문화에서 가장 오래된 심장 상징물로 알려진 풍뎅이 모양의 부적 스카라베
투탕카멘 무덤에서 출토

**머리에 깃털을 달고 있는 진리의
여신 마아트**
19왕조 세티1세 무덤에서 출토

신 앞에서 나에 대해 거짓되이 말하지 말아라, 부디 내 말에 귀를 기울여 주어라.[15]

이집트인에게 심장은 생각하고 판단하며 그가 행한 모든 행실을 기억하는 장소이기에 이 심장을 통해 심판을 받게 되므로 사후에도 심장이 중요할 수밖에 없었다. 이집트인이 현세에 관심을 가지고 있었을 때 심장은 마아트가 정한 질서와 윤리에 따라 살 수 있도록 다듬고 훈육될 수 있다고 믿었고, 심장의 뜻에 따라 살아야 한다고 말할 수 있었다. 하지만 사람이 어찌 심장의 소리에만 귀 기울이고 살 수 있을까? 심장보다는 혀의 달콤한 유혹에 빠지는 것이 인간의 현실이다.

신왕국 시대에 오면서 내면과 내세에 대한 관심이 깊어지자 끊임없는 욕구와 삶의 유혹에 시달리는 취약한 심장보다는 단단하고 흔들림 없는 심장을 이상으로 삼게 되었다. 내세에서 삶의 고통에서 벗어나 정신적 휴식을 얻고자 하는 바람이 커지면서 미라 옆에 돌심장이 등장하게 되었고 〈사자의 서〉는 돌심장을 움직이는 일종의 사용설명서였다.

이렇게 이집트인은 심판의 장소에서 살아생전 자신의 행실을 낱낱이 목격한 심장이 자기에게 불리한 증언을 하게 되면 그것으로 끝장이기 때문에 자신이 가지고 있던 원래의 심장 대신에 심장석을 사용했다. 그래서 돌이나 보석, 도금을 한 심장모형을 만들거나 스카라베Scarabs라고 부르는 풍뎅이 모양의 심장을 만들어 방부처리한 시신의 가슴 위에 올려놓았다. 그렇게 하면 심판의 날에 이 심장 상징물이 죽은 자의 심장을 대신해 저울에 올라가게 되고 자신에게 유리한 증언을 해줄 것이라 믿었다. 그리고 심판을 무사히 통과하면 영혼이 시신에서 일어나 풍뎅이 같이 날개를 펴고 저 세상으로 날아간다고 생각했다. 수많은 이집트의 미라와 무덤에서 발견되는 심장 상징물에는 주술적 문장이 새겨져 있어 이집트인의 내세에 대한 간절한 바람을 보여준다.

〈사자의 서〉에서 죽은 자가 오시리스의 법정을 통과해 오시리스의 복 받은 땅으로 들어가는 과정은 결국 오시리스의 부활을 인간의 죽음에서도 재현하는 과정이라고 할 수 있다. 오시리스 신화는 오시리스가 어떻게 그의 동생인 세트Seth에게 죽임을 당했고 그의 왕권을 빼앗겼는지 이야기한다.[16]

세트가 오시리스를 살해하고 그의 시신을 나일강에 버리자, 오시리스의 아내인 이시스Isis는 페니키아의 비블로스까지 갔다가 거기서 오시리스의 유해를 찾아 이집트로 가져왔다. 하지만 델타습지에 은밀히 숨겨놓은 오시리스의 시신을 세트가 빼앗아 열네 토막을 내어 왕국 전역에 흩어 버렸다. 이시스는 여동생인 네프티스의 도움으로 토막 난 오시리스의 시신을 다시 모을 수 있었다. 이때 이시스는 흩어진 오시리스의 육체 중에서 13개의 토막은 찾아냈으나 마지막 한 조각인 남근 부분은 찾을 수가 없었다.

그래서 이시스는 대신에 남근의 모형을 만들어 다른 육체의 부분들과 함께 놓은 다음 그 위에 신성한 기름을 부었다. 그리고 아누비스의 도움을 받아 오시리스를 미라로 만들고 토트가 가르쳐준 주문을 외워서 오시리스를 다시 소생시켰다. 이시스는 매로 변신하

여 부활한 오시리스의 몸 위에 내려앉아 임신하게 되었고 나일강 습지에서 아들 호루스를 출산했다.[17]

이 호루스가 나중에 세트를 물리치고 빼앗긴 왕권을 되찾았으며, 오시리스는 지하로 내려가 사후세계를 통치하게 되었다. 이와 같이 죽었다가 부활한 오시리스의 속성으로 인해 인간은 죽음 뒤에 험난한 통과의례를 거쳐 다시 소생하고 마침내 오시리스와 합일에 이르게 된다.

히브리 종교 _ 히브리적 인간의 심장

고대 히브리인에게는 오늘날 우리가 생각하는 영혼과 육체, 마음에 해당하는 명사가 있지 않았다. 히브리적 인간관을 제대로 이해하기 위해서는 먼저 그들의 사유가 전제하고 있는 몇 가지 특징을 살펴볼 필요가 있다.

첫째, 일부의 지체로 그 사람 전체를 나타낼 수 있었다. 그들은 인간의 신체기관을 인간의 생활영역에서의 쓰임새와 동일시해서 그 한 기관을 통해 그 사람 전체를 가리키는 말로, 더 나아가 인간의 본질을 설명하는 말로 사용했다. 둘째, 지체를 그 활동과 연결시켜 사고했다. 그들은 신체의 각 기관이나 부위를 그 본질적인 기능이나 활동과 분리하지 않고 서로 연결해서 보았다.

히브리인은 신체의 내부기관을 담고 있는 공간을 케레브kereb, 베텐beten 등으로 불렀는데 이는 그 속에 있는 모든 내부기관을 포괄해서 이르는 말이다. 여기서의 내부기관은 심장, 창자, 쓸개, 간, 콩팥 등이 포함된다. 하지만 히브리인은 인체의 내부기관을 해부학적이고 생리학적인 관점에서 바라보기보다는 심리적이고 정서적인 관점에서 이해하고 있다.

갈망하고 숨쉬는, 그러나 흙으로 돌아갈 인간

히브리 종교에서 인간을 지칭하는 말로 사용된 명사로는 바사르basar, 네페쉬nephesh, 루아흐ruah, 그리고 레브leb, 또는 lebab가 있다.

먼저 '바사르'는 인간의 살을 뜻한다. 그리고 산 동물의 살, 희생제물의 고기에 대해서도 바사르라는 말을 쓸 수 있었다. 사람의 인체를 구체적으로 묘사할 때 바사르는 인체를 구성하는 여러 부분들 가운데 일부로 인식된다. '주께서 내게 가죽(피부)과 살을 입히시고 뼈와 힘줄로 얽어서 그 위에 호흡을 주셨다'욥10:11~12는 표현에서 보는 것처럼, 살과 가죽(피부), 힘줄과 뼈, 여기에 호흡을 더해 다섯 가지 요소로 사람이 이루어져 있다.

바사르는 인간의 육신을 뜻하면서 왕성한 생육 활동을 하는 인간의 성기를 나타내기도 하는데, '살'을 베어(양피를 베어) 언약의 징표로 삼는다거나 '살'이 사정한다고 할 때 이는 남성의 성기를 뜻한다. 〈창세기〉에서는 바사르란 말로 몸 전체를 표현하기도 하고 나아가 일가친척을 나타내는 말로도 쓰인다. 남자가 그 아내와 연합하여 '한 바사르(한 몸을 이룬다)'가 되고 그의 형제와 친척을 '우리 바사르(가까운 골육지친을 가리킨다)'란 말로 서로 연결시킨다. 이런 의미를 모두 함축해서 바사르는 죽으면 흙으로 돌아갈 수밖에 없는 운명을 지닌 육체로서의 피조물을 가리킨다. 더불어 인간의 한계와 무력함

문화의 교차점에서 심장 읽기

을 보여주는 말로 인간의 본질을 드러낸다.

'네페쉬'는 인간의 신체 중에서 구체적으로 목구멍, 식도를 가리킨다. 목구멍은 숨을 들이쉬고 내쉬는 기관이면서 물과 음식물이 지나가는 기관이다. 히브리인의 해부학에서는 네페쉬를 가지고 식도와 기도를 아울러 표현할 수 있었기 때문에 이 둘을 구별할 필요를 느끼지 않았다.

〈창세기〉에 보면 인간이 창조될 때 그의 코에 생명의 숨이 들어가 '살아있는 네페쉬nepesh hayah'가 되었다고 한다. 여기서 네페쉬는 인간의 호흡, 생명을 위한 갈망이라고 할 수 있다.[18] 아카드 어에서 나파쉬우napashu는 '숨을 길게 쉬다'라는 뜻이고 우가리트 어[npsh]에서도 목구멍, 식욕, 욕망, 생명체를 뜻한다. 히브리어의 네페쉬와도 그 어원이 같다고 볼 수 있다. 네페쉬가 신에 대해 적용되는 경우 인간과 같이 갈망하고 피로에 지친 상태를 드러내기도 한다. 야훼Yahweh가 엿새 동안 하늘과 땅을 만들고 이렛날에는 쉬면서 '숨을 돌렸다napas; breathe freely'는 표현출31:17을 추가했는데 이는 신도 인간처럼 그의 창조사역으로 인해 몹시 지쳐서 휴식을 취해야 되겠다는 뜻이기도 하다.

'루아흐'는 무엇보다도 인간의 호흡을 나타낸다. 신이 그의 호흡과 생명력으로 그의 안에 불어넣어주신 것이 바로 이 루아흐다. 루아흐가 사람에게서 나가면 그는 자기 대지의 흙으로시146:4 돌아간다. 한마디로 인간의 생명과 죽음은 이 루아흐에 달려 있다. 루아흐는 원래 바람, 숨, 영으로 번역되기도 하는데, 이 말을 신화적 맥락에서 가장 잘 설명할 수 있는 부분이 바로 창조설화에 나오는 바람이다. 루아흐는 물 위로 떠도는 바람으로창1:2, 홍수의 물을 지면 위에서 줄어들게 한 입김으로창8:1, 그리고 갈대바다를 마르게 한 강한 동풍으로출14:21 묘사된다.

이 루아흐가 구체적으로 인간에게 적용될 때 그것은 인간의 원기를 회복시키는 힘, 지혜와 총명, 예언을 부여하는 권능이자 생명력으로 나타난다. 심장은 루아흐가 머물 수 있는 자리인데 루아흐가 생명을 주는 힘으로 그 사람 안에 들어와 머물게 됨으로써 그의 호흡이 다시 활기를 되찾게 된다. 루아흐가 사람 안에 들어오면 그것은 단순히 '사람의 호흡'이라는 뜻도 있지만 그가 갖는 마음상태, 정서, 자유로운 의지력을 나타내기도 한다.

이렇게 루아흐로서의 인간이 선을 원하고 자원하는 의지로 살아간다는 것은 인간 스스로 된 것이 아니라 그에게 루아흐를 불어넣어주신 하나님으로부터 비롯된 것이다. 루아흐를 거두어가시면 그에게 죽음이 이른다. 루아흐가 그의 안에 머문다는 것은 그가 하나님과 관계를 맺고 있다는 것을 의미한다.

'레브'나 '레바브'는 히브리 종교의 인간관에서 가장 중요한 개념으로 인간의 심장을 가리킨다. 이 말을 대개 마음으로 번역하곤 한다. 이로 인해 히브리인도 육체와 영혼을 서로 분리된 것으로 보거나, 마음이라는 것이 보이지 않는 정신적 영역에 속한 것으로 오해하게 만드는 결과를 초래했다. 히브리인은 오늘날 뇌의 기능이라고 생각한 부분을 심장의 기능이라고 생각했다. 그렇다고 그들이 심장을 머리에 있는 기관으로 본 것은 아니며 육체의 중심부에 위치해 있는 가장 중요한 기능을 담당하는 기관으로 인간의 모든 신경과 감각, 지각작용도 이 심장에 의해 가능하다고 보았다.

구약성서에는 심장의 정지가 곧 그 사람의 죽음과 같지 않다는 것을 보여주는 장면이 나온다.

'나발이 술에서 깬 뒤, 아내에게 모든 이야기를 듣자, 갑자기 그의 심장이 죽어서 몸이 돌처럼 굳어졌다. 열흘쯤 지나 주께서 나발을 치시니, 그가 죽었다.'삼상25:37

이는 나발의 죽음을 묘사하는 장면이다. 이상한 점은 현대의 의학적 지식에서 보면 심장이 정지되고 돌같이 굳었다면 이미 나발은 죽은 것으로 보아야 하는데 열흘 뒤에 비로소 그가 죽었다는 기사 내용이다. 이는 히브리인들이 심장과 맥박을 바로 연결해서 생각하지 않았음을 보여준다. 그가 졸도로 뇌일혈을 일으켜 전신이 마비된 것을 '심장이 죽었다'고 표현한 것이다. 히브리인은 몸의 마비가 심장의 기능이 죽은 데서 오는 결과라고 생각했다.

돌로 된 심장, 살로 된 심장

심장은 이해의 기관인 동시에 의지의 기관이다. 지성의 작용에서 의지의 활동으로 넘어가는 과정을 분리해서 받아들이지 못하는 히브리인의 독특한 사유방식에 근거해서 이해해야 한다. 심장은 물리적 기능 이상으로 다른 사람이 도저히 알아낼 수 없는 그의 은밀한 생각과 행동을 저장하고 있는 곳이다. 그래서 사람은 외모를 보지만 야훼는 그의 심장을 보신다삼상16:17.

심장을 그 기능과 활동으로 연결시켜 생각할 때, 심장은 기쁨과 탄식, 고통과 절망이 일어나는 인간의 여러 정서적 상태의 원천이다. 심장이 흔들리는 나뭇잎처럼 떨면 불안한 상태에 있는 것이고 심장이 약해지면 낙심한 상태에 있는 것이다.

레브는 네페쉬와 마찬가지로 인간의 욕망과 욕구를 말하기도 하는데, 네페쉬가 목구멍에서 갈망하는 것이라면 레브는 심장이 목구멍보다 더 깊은 곳에 위치한 만큼 더 깊고 은밀한 인간의 욕망을 드러낼 때 사용된다. '네 심장 속에서 그녀의 아름다움을 갈망하지 말라'잠6:25는 〈잠언〉의 표현이나 욥이 자기의 결백함을 맹세하며 스스로를 변론할 때 '언제 나의 심장이 나의 눈을 따라갔던가'욥31:7라는 표현은 인간의 숨은 욕망, 은밀한 생각을 가리키는 말이다.

히브리인이 레브, 레바브란 말로 표현하고자 했던 그 말의 범위와 섬세한 뉘앙스를 본래적으로 이해하고자 한다면 인체의 기관을 그 기능이나 활동과 연결해서 바라볼 필요가 있다. 히브리인은 오늘날 머리와 뇌의 기능에 대해서 적용할 수 있는 말을 심장을 통해 표현하고 있다. 눈의 사명이 보는 데 있고 귀의 사명이 듣는 데 있는 것처럼, 심장의 사명은 이해하고 깨닫는 데 있다.

히브리인이 사용했던 심장이란 단어에는 인간의 인식, 이성, 이해, 통찰력, 의식, 기억, 판단과 의지 등도 그 의미에 포함되어 있다. 심장 속에서 이성적 사고와 숙고, 지혜와 통찰력, 그리고 깨달음을 구하는 활동이 일어난다. 더 나아가 심장은 생각에서 행동으로 넘어가는 과정을 포함하는데 이때 심장은 어떤 일을 계획하고 도모하는 의지의 기관이다.

〈창세기〉는 '사람의 심장이 만들어내는 모든 계획'창6:5이 항상 악하다고 말하며, 〈시편〉 기자는 '사람의 심장이 자기의 길을 계획

문화의 교차점에서 심장 읽기

〈친구들에 의해 꾸짖음 당하는 욥〉윌리엄 블레이크William Blake, 1926

할지라도'_{잠16:9} 그 계획의 성취는 야훼에게 달려 있다고 말한다. 예
레미야가 유다의 죄에 관해 말할 때 그 죄는 '심장의 가죽판에 철필
로 기록되고 금강석 촉으로 새겨졌다'_{렘17:1}고 선포한다. 여기서 심장
은 모든 행실과 생각이 남김없이 새겨진, 지울 수 없는 기록판이 된
다. 사람이 진흙으로 빚어졌다는 점에서 점토판에 글자를 새기듯이
사람도 그의 심장이 점토판이 되어 거기에 모든 행실을 빠짐없이
기록한다. 특히 흙벽돌로 신전이 지어지고 주의 말씀이 토판에 새
겨지는 것처럼 사람도 신이 거하는 신전이요 신의 말씀이 새겨지는
마음판이다.

　'레브'는 사람이 행하는 올바른 행실과 행동의 규준으로 양심

〈예언자 이사야〉
지오반니 바티스타 티에폴로Giovanni Battista Tiepolo(1696-1700), 우디네Udine 주교관 소장

을 뜻하는 말이다. 이는 심장 속에서 인간의 온갖 계획과 선택, 행동을 하게끔 만드는 근거를 제공하기 때문에 심장 속에는 그의 의도와 생각이 고스란히 남아 있다. 야훼는 모든 심장을 살펴보시는 분이기에, 사람이 그의 심장을 지키고 깨끗한 심장을 간구하는 것이 구원의 관건이 된다. 야훼는 '너를 낮추시며 너를 시험하사, 너의 심장 속에 무엇이 있는지, 그 명령을 지키는지 지키지 않는지'신8:2 알려고 하신다.

여기서 주목할 것은 레바브란 말이 대부분 지혜문학 분야에서 많이 쓰이고 있다는 점이다. 고대 이집트의 지혜문학에서도 심장을 인간이 지혜를 받아들이는 기관으로 이해했다.[19] 〈잠언〉 서에는 야

문화의 교차점에서 심장 읽기

훼를 '마음을 감찰하시는 분'_{잠21:2}으로 묘사하는데 이는 그 심장을 저울질하신다는 뜻이다.

히브리적 인간관에서 가장 많이 사용된 레브라는 개념의 의미가 구체적으로 인간의 육체에서는 심장을 뜻하는 부분이기도 하지만, 그것이 인간의 정서와 지성, 의지적 영역을 모두 포괄하는 광범위한 뜻으로 다양하게 쓰이고 있음을 알 수 있다. 이렇게 너무도 폭넓게 쓰이는 용례로 인해 그 단어가 정확히 무엇을 의미하는지 오히려 혼란을 줄 수도 있다. 하지만 레브란 말로 히브리인이 포착하고자 하는 본질적인 의미는 인간의 가장 내밀한 중심이 심장에 있으며, 그 심장은 사람을 지으신 분의 뜻을 깨닫는 것이 그 본래적 소임이라는 것이다. 하지만 인간이 스스로 자기의 심장을 깨끗이 할 수 없기에 야훼는 예언자를 통해 '너희에게 새로운 심장을 주고 그 속에 새로운 루아흐를 넣어주며, 그 몸(바사르)에서 돌로 된 심장을 제하고 살로 된 심장을 주겠다'겔11:19고 약속한다.

히브리 종교에서는 레브를 하나님의 심장과 관련해 적용하는 경우, 그 말은 인간을 심판하는 신의 단호한 결의와 의지를 표현하는 말로도 사용되었다. 야훼의 레바브 속에는 인간의 행실을 측정하고 심판하려는 그의 결의가 이미 세워져 있다. 그러나 사람들이 죄악에 빠져서 그를 배신하고 대적할 때, 그가 택한 백성이 고통스런 포로생활에 직면할 때 그의 심장이 아파서 소리를 지른다. 신은 인간이 하는 모든 계획들이 악한 것을 보시고 인간을 창조한 것을 괴로워하기에 그 고통스러움이 그의 심장에까지 미치게 된다.

야훼의 레바브가 이스라엘 앞에 현존한다는 것은 그의 백성을 그가 진실하게 돌볼 것을 약속했다는 뜻이다. 신은 그가 마땅히 이루어야 할 공의를 위해 불타는 진노로 그의 백성을 심판해야 함에도 불구하고 생명의 구원을 위해서 자신의 심장을 뒤집어엎는다. 그는 예언자 호세아를 통해 '나의 심장이 내 속에서 거꾸로 뒤집어져서 나의 긍휼이 맹렬히 불붙는 것 같다'고 말한다. 야훼의 심장은 이제 그가 스스로 정한 심판의 결의와 그의 자유로운 사랑에서 비롯된 결단이 서로 부딪치는 싸움의 장소가 된다. 이런 까닭에 신은 그의 레바브에서 인간을 대신해서 수난을 당하며 그 존재의 가장 깊은 곳에서 상처를 입게 되는 것이다.

그리스 종교 _ 파토스와 심장

고대 그리스시대는 인간이 자기 자신에 대해서 영웅적인 탐구를 시작한 시기다. 호메로스에서 플라톤에 이르는 시기에 인간에 대한 이해가 급격하게 변화했다. 호메로스 시대에 그리스인은 충동과 열정, 즉각적인 감정에 따라 행동하는 인간을 당연하게 생각했다. 그리스인은 자신을 여러 힘들의 통일체로 인식할 수 있었다. 하지만 플라톤 시대로 내려오면 인간의 생각과 자기이해가 깊어지면서 자신의 존재를 육체로부터 분리해서 사고하기 시작했다. 인간에게 일어나는 충동과 욕구, 감정들을 외부에서 들어온 힘이 아니라 내부에서 통제하고 절제해야 한다고 인식하게 된 것이다.

급격한 인간관의 변화가 일어나는 동안 심장에 대한 이해도 달라졌다. 그리스인들도 초기에는 심장보다 간을 더 중시했던 것으로 보인다. 프로메테우스 신화에서 보듯 제우스는 프로메테우스를 쇠사슬로 결박하고 독수리를 보내어 간을 쪼아 먹게 하는 형벌을 내렸다. 하지만 손상된 간은 다시 새 살이 돋아 회복되었는데 이 간의 재생 능력에 그리스인은 매료되었던 것 같다. 그리스에서는 간과 심장, 뇌가 중심장기의 자리를 놓고 치열하게 다투기도 했다.

호메로스적 인간 _ 심장과 대화를 나누다

고대 그리스인은 인간을 이해하기 위해서 어떤 개념을 사용했을까? 오늘날 우리가 알고 있는 육체와 영혼의 개념은 너무나도 많은 오해와 혼란을 준다. 그렇기 때문에 먼저 그리스어에서 인간의 육체를 뜻하는 소마soma와 영혼을 뜻하는 프시케psyche라는 단어부터 살펴볼 필요가 있다.

플라톤 시대에 그리스인은 육체를 자신과 분리시켜 '소유'하는 것으로 이해할 수 있었다.[20] 하지만 그리스인이 처음부터 영혼과 대비되는 육체에 대한 개념을 가지고 있었던 것은 아니다. 호메로스 시대로 거슬러 올라가면 육체를 정신과 분리하거나 영혼의 감옥으로 생각하는 이분법적인 사고방식은 어디서도 찾아볼 수 없다.

호메로스Homeros의 작품에서 '소마'는 '시체'를 일컫는 말이다. 전투가 끝나고 칼과 창에 찔려 전장에 버려진 시체에 대해서 이 말이 사용되었으며, 살아있는 사람의 '육체'에 대해서는 피부, 골격, 무릎, 사지 또는 머리 등 개별적인 몸의 부분들을 가리키는 말로 표현했다. 이렇게 초기 그리스인은 인간의 육체를 여러 몸의 부분들로 이루어진 집합체로 이해했다. 호메로스적 사유방식에서는 개인이 하나의 몸을 가지고 있는 것이 아니라 여러 개의 신체부위들이 모여 서로 다툼을 벌이고 있는 전쟁터를 가지고 있는 것과 같다.

'프쉬케'라는 말도 육체와 따로 분리된 영혼의 개념이 원래 있었던 것은 아니다. 호메로스는 이 프쉬케란 말을 살아있는 사람에 대해서 적용하지 않고 의식을 잃거나 죽을 때 인간에게서 떠나가는 환영 같은 것으로 보았다. 프쉬케는 죽은 자의 입을 통해 떠나가고 하데스로 날아가 유령과 같은 존재로 지내게 된다. 프쉬케의 뜻이 '바람이 불다', '숨을 쉬다'라는 뜻을 가진 동사 프쉬케인psychein에서 온 것임을 고려할 때 프쉬케는 죽을 처지에 있는 생명의 숨으로 이해할 수 있을 것이다. 하나의 통일된 인체를 상정하는 표현이 없었다는 것은 그에 상응하는 하나의 영혼이 성립할 수 없었다는 것을 의미한다.

그리스인은 인간이 겪는 파토스pathos를 내면에서 나오는 것이 아니라 외부의 힘으로 인식했기에 신이 충동질해서 일어난 결과들을 거스를 수 없는 운명으로 받아들였다. 인간의 육체에 대해서도 그들은 자신을 이루는 하나의 단일한 육체를 경험하는 것이 아니라 여러 개별적 신체부위와 그 부위에 존재하는 서로 다른 힘들이 어우러진 복합체로 경험했다. 여러 독립적인 폴리스들이 모여 연맹체를 이루는 것처럼 그리스인은 서로 다른 힘들을 구별하려고 했지만 현대인과 같이 육체와 영혼을 구별하지는 않았다. 인간이 인간에게 다양한 감정과 충동을 일으키는 이 서로 다른 힘들을 제어하고 조화를 이루는 것이야말로 호메로스가 그려낸 영웅적인 인간이다.

호메로스는 영웅들에게 일어나는 다양한 감정과 충동, 의지를

문화의 교차점에서 심장 읽기

튀모스thumos, 크라디에kradie, 에토르etor, 케르ker, 프레네스phrenes 같은 여러 가지 단어를 써서 표현했다. 여기서 크라디에는 심장을, 프레네스는 횡경막이나 폐를 가리키는 말이다. 그리스인은 인간의 머리나 심장, 팔과 다리를 각각 자율성을 가진 몸으로 인식하고 있었기 때문에 호메로스 작품에서 영웅들이 혼잣말을 할 때 신체부위들과 이야기를 나눌 수 있었다.

특히 심장은 이성적 사고nous뿐만 아니라 분노와 원한 같은 복합적인 감정과 충동이 일어나는 곳이다. 억제할 수 없는 충동과 감정에 사로잡힌 영웅들은 실제 전장에서 싸우기보다는 이러한 복잡한 충동과 힘들에 의해 시달리며 이미 전투를 해왔던 셈이다. 오디세우스는 전쟁터에서 자기 심장과 대화를 나누고 분노가 치밀 때는 자신의 심장을 꾸짖으면서 참을 수 있었다. 이렇게 오디세우스의 자의식과 내면적 사유가 깊어지면서 그리스적 사유에서 육체와 영혼이 분리되기 시작한다.

자연철학자들, 우주와 인간을 설명하다

호메로스 이후 우주의 운동원리와 변화의 개념이 자연철학자들 사이에 들어왔다. 더불어 종교적으로는 영혼의 불사The immortality of soul라는 개념이 그리스 사회에 확산되면서 영혼과 육체의 의미가 달라지기 시작했다. 죽은 사람에 대해서만 적용했던 소마는 살아있는 사람의 육체를 전체로 나타내는 말이 되었다. 그리스에 육체와 영혼에 대한 이원론적 사고가 보편화되면서 인간은 육체와 영혼으로 구성되며, 영혼은 인간의 육체를 움직이는 제일의 운동인으로 생각했다. 또한 몸의 기관들을 움직이게 만드는 동력으로 그에 상응하는 영혼들이 그 몸 안에 각각 자리를 잡고 있는 것으로 이해하려 했다.[21]

이렇게 그리스의 자연철학자들은 영혼의 일차적인 성질을 운동과 변화로 보았던 것이다. 고대 그리스의 의학적 관점에서 보면 심장은 사람의 인체에서 가장 뜨거운 장소였다. 끊임없이 운동하며 열을 프네우마(바람, 수증기)의 형태로 발산시키는 기관으로[22] 이해되었다.

그리스의 여러 비의종교에서는 영혼의 윤회를 믿었는데 그에 따르면 영혼은 신적인 것이고 불멸한 것이지만 육체는 유한하고 사멸하는 것이다. 따라서 육체는 영혼을 가두는 감옥이며 영혼에게 내려진 가혹한 형벌이었기에 영혼은 육체를 벗어남으로써 신적인 생명에 이를 수 있다고 보았다.

고대 그리스인은 우주의 기원에 대해 어떻게 생각했을까? 먼저 오르페우스Orpheus, 헤시오도스Hesiodos, 페레퀴데스Pherecydes 같은 신화론자들은 우주가 어떻게 생성되었는지 그 생성과정을 설명한, 우주발생론cosmogony으로 볼 수 있는 기록들을 남겼다. 물론 다양한 신격을 동원해서 자연물을 신화적으로 표현한 것이기는 했지만 카오스와 아이테르(창공), 에레보스(암흑)와 오케아노스(대양), 에로스(사랑), 우라노스와 가이아, 파네스(빛)와 닉스(어둠) 등 근원이 되는 실체들이 어떻게 결합해서 새로운 실체를 낳게 되고 분화되는지를 설명하고자 했다.

이와는 다른 방법으로 우주의 구성물질(요소)이나 구성원리로

문화의 교차점에서 심장 읽기

서의 아르케arche를 탐구하고 이를 우주론cosmology으로 설명하려 시
도했던 자연철학자들도 있었다. 이들은 자연물을 두고 더 이상 신격
화된 표현을 쓰지 않고 자연물을 구성하고 있는 구성요소를 파악하
고자 했다. 서로 탐구하는 방법에는 차이가 있지만 이 두 가지 경향
의 사고방식에서 공통적인 것은 우주의 생성원리를 인간의 생명현
상과 인체에도 상응하는 것으로 보았다는 데 있다. 말하자면 우주발
생론이 생명체의 발생론으로, 우주론이 인간론으로 수용되고 있는
셈이다.

엠페도클레스Empedocles는 우주를 구성하는 요소를 불·물·흙
·공기라는 4원소로 보았다. 이 원소는 인간의 신체에도 그대로 적
용되어 인간의 몸soma도 불·물·흙·공기로 구성되었다고 생각했다.
그리고 4원소는 사랑philotes과 미움neikos이라는 대립되는 두 동력인
에 의해 적절한 비율로 혼합되고 분리되면서 우리 몸을 이루는 살
과 뼈, 피 등이 생기게 되었다고 한다.

엠페도클레스는 인체를 이루고 있는 모든 부분을 4원소의 혼
합 비율 차이로 설명했으며,[23] 그의 영향을 받은 필리스티온Philistion
은 4원소에 각각 그에 대응하는 온·냉·건·습의 힘이 들어 있어서
이 기운들이 인체에서 평형을 이루고 있을 때 건강하며 그 균형이
외부적 환경 등에 의해 깨질 때 질병이 생긴다고 말했다.

엠페도클레스는 인체에 대해서도 개인이 하나의 몸을 가지고
있는 것이 아니라 인체를 구성하는 부위나 장기, 사지가 각각 별도
의 개체성을 이루는 몸으로 보아 마치 레고블록과 같이 여러 가지
형태로 결합하여 생명체를 구성한다고 보았다. 이렇게 수많은 개체

로서의 몸들이 땅에서 생겨나 사랑과 미움의 힘에 의해 이합집산하면서, 어떤 경우는 미노타우로스를 탄생시키고 키메라나 히드라 같은 괴수뿐만 아니라 온갖 종류의 생물을 만들어낸다고 주장했다. 그리고 이러한 무한대의 결합으로 생성된 생물 가운데 생존에 적합한 동물만이 살아남아 진화했다고 생각했다.

처절한 삶의 고통에서 태어나다 _ 자그레우스의 심장

고대 그리스종교에서는 인간의 기원에 대해 어떻게 생각했을까? 아폴로도로스Apollodoros에 따르면 프로메테우스가 물과 흙으로 만물을 다스리는 신들의 모습을 따라서 인간을 빚은 다음 제우스 몰래 감춰두었던 불을 인간에게 주었다고 한다. 또 오비디우스Ovidius의 《변신이야기Metamorphoses》에서는 프로메테우스가 하늘의 씨앗을 품은 흙과 빗물을 섞어서 인간을 만들었다고도 한다.

그리스 신화에는 디오니소스에 얽힌 여러 가지 전승들이 있지만 그 신화의 내용을 구성하는 주된 신화소mytheme는 디오니소스가 신의 몸으로 죽음을 체험하고 다시 태어났다는 점, 그리고 그의 출현으로 그와 얽힌 모든 신과 인간이 광기와 고통에 휩싸이게 된다는 점을 들 수 있다. 여러 전승에서 나타나는 그의 독특한 존재양식은 그의 출생신화와 깊은 관련이 있다. 디오니소스의 출생과 관련된 신화는 여러 전승들이 있지만 보에오티아Boeotia 지방의 '테베 전승 신화'와 트라케Thrake 지방을 중심으로 전파된 오르페우스 비교 계통에서 전승되어온 '자그레우스 신화'로 크게 구분할 수 있다.

'테베 전승 신화'는 디오니소스가 그리스 본토에 들어오기까지 이전에 들어왔던 다른 신들에 비해 얼마나 거센 저항에 부딪치고 혹독한 시련을 겪어야만 했는지를 보여준다. 테베 시의 건설자인 카드모스와 여신 하르모니아 사이에서 세멜레가 태어나는데, 제우스가 세멜레의 아름다움에 반해 매일 밤 그녀를 찾아감으로써 디오니소스를 잉태한다. 헤라가 이에 분노하여 세멜레에게 간계를 써서 제우스가 그날 밤 찾아오면 그의 본모습을 보여달라고 조르게 한다. 세멜레의 성화에 견디지 못한 제우스는 할 수 없이 그의 본 모습을 보였고 세멜레는 그의 번개와 광휘에 타죽고 말았다. 제우스는 재가 된 그녀의 자궁에서 태아인 디오니소스를 건져내어 자신의 넓적다리에 넣었고 달이 차자 아기는 제우스의 넓적다리를 뚫고 세상에 나왔다.

테베 전승은 이와 같이 디오니소스가 인간의 몸과 신의 몸을 동시에 빌어 태어남으로써 이질적인 두 요소의 결합과 그 양면성을 보여준다. 디오니소스는 제우스의 불로 세멜레의 인간적인 요소를 태우고 정화시키는 카타르모스katharmos 제의를 통해 제우스의 아들로 편입되고 이를 기반으로 그리스 본토에 널리 전파됨으로써 그의 신적 요소를 강화시킨다.

'자그레우스 신화'에서는 뱀으로 변신한 제우스와 페르세포네 사이에서 태어난 디오니소스를 자그레우스 신으로 묘사한다. 제우스는 어린 자그레우스를 보호하기 위해서 그를 숨기지만 헤라가 이를 찾아내고 티탄들로 하여금 산양의 모습을 하고 있는 어린 자그레우스를 찢어 죽이게 했다. 자그레우스를 구하러 온 아테나 여신이 겨우 그의 '심장'만을 구했고 아폴론은 여기저기 흩어진 그의 살점

제우스의 허벅지에서 태어나는 디오니소스
B.C.405~385, 타란토 국립고고학박물관

메나드에 의해 몸이 찢기는 테베의 왕 펜테우스
B.C.450, 아테네 붉은 항아리Attic red-figure lekanis, 루브르박물관

을 일부 구해서 델포이 신탁소 근처에 보관할 수 있었다.

또 크레타 섬의 자그레우스 신화에 따르면 제우스가 아직 살아있는 디오니소스의 '심장'을 삼켜 두 번째 디오니소스를 태어나게 했다고 한다. 엘레우시스 전승에서는 페르세포네의 어머니인 데메테르 여신이 티탄들에 의해 몸이 찢긴 어린 디오니소스의 시신을 수습하고 찢겨진 조각 속에서 아직 살아서 뛰고 있는 디오니소스의 '심장'을 구해 재생시켰다고 한다.[24] 또 다른 전승에서는 제우스가 자그레우스의 심장을 세멜레에게 주었고 세멜레는 그 심장에 들어 있는 정수를 마시고나서 디오니소스를 잉태하게 되었다고 한다.

트라케 지방의 오르페우스 비의에서는 심장을 먹는 희생제의를 통해 자그레우스 신의 몸을 간접적으로 맛보고 자신 속에서 신의 부활을 재현하고자 했다. 이 비의는 나중에 신의 육화를 표현하는 동물의 희생으로 대치되었지만 이 지방에서 발굴된 부장품 중에는 어린 자그레우스를 유인하는 장난감이나 흙으로 형상화한 심장, 그리고 오르페우스교의 우주탄생을 상징하는 알과 같은 물건들이 출토된 바 있다.

자그레우스는 티탄들에게 잡아먹힘으로써 첫 번째 죽음을 맞게 되지만 신들이 그 심장을 구해냄으로써 다시 살아날 수 있었다. 디오니소스의 어원적 의미를 "두 번 태어난 자"로 보는 견해는 이와 같이 그의 기이한 출생신화에 근거하고 있다.[25] 고대 이집트에서는 죽은 자의 심장이 미아트에게 훼손되지 않고 온전히 보전되어야만 부활이 가능하다고 보았다. 디오니소스 역시 그의 심장이 신들에 의해 건져져서 잘 보존되었기 때문에 다시 부활할 수 있었다는 점에서 심장은 그의 신적 본질을 담고 있는 장소라고 할 수 있다.

자그레우스 신화에서 가장 중요한 내용은 이 신화가 인간에 대한 기원에 대해서 설명하고 있는 부분이다. 티탄들은 자그레우스의 몸을 찢는 데 그치지 않고 그의 몸을 먹어치운다. 제우스가 이 티탄들을 벼락으로 내리쳤고 그 재에서 최초의 인간이 태어났기 때문에 인간에게는 신적인 요소와 지상의 요소가 함께 있게 되었다고 한다. 이렇게 원초적으로 티탄에 의해 더럽혀지고 정죄 받은 재로부터 인간이 태어났기에 오르페우스 종교에서는 금욕을 통해 육체를 정화시키고 영혼을 구원하는 일이야말로 궁극적인 삶의 목적이라고 강조했다.

오르페우스 비교에는 디오니소스를 추종하는 자들이 밤새도록 산과 들을 떠돌면서 포도주를 마시고 짐승들을 산 채로 찢어 먹으며 광란에 빠지는 모습이 이어진다. 스파라그모스sparagmos, 산 채로 육체를 찢는 의식와 오모파기아omophagia, 고기를 날로 먹는 의식라고 부르는 제의가 그것이다. 이것은 디오니소스가 티탄들에 의해 찢겨 죽으며 겪게 되는 죽음과 재생의 과정을 인간의 삶에서 재현함으로써 인간이 가지는 존재적 한계를 벗어나 신과의 합일을 이루고자 하는 열망을 보여주는 것이다.

디오니소스의 부름을 받게 된 여인들은 가정과 도시를 떠나 광기와 도취에 사로잡힌 채 그들의 신이 먼저 겪은 고통을 그들의 몸에 직접 받아들임으로써 디오니소스와 일체가 된다. 디오니소스를 따르는 신도의 무리인 메나드Maenads는 신들이 정한 질서의 세계를 송두리째 부정하며 도시의 질서를 여지없이 무너뜨린다.

빌헬름 셸링F. Wilhelm Schelling은 저서《계시의 철학Philosophie der Offenbarung》에서 자기 자신을 넘어서는 무한한 능력의 신으로 디오니소스를 상정하였다. 그는 디오니소스가 겪는 고통과 죽음, 부활이라는 존재적 변화를 세 가지 양태의 디오니소스로 정립하고 있다. 첫 번째 디오니소스는 디오니소스-자그레우스Dionysos-Zagreus다. 이는 거칠고 광포하며 고통 속에 흥분하는 신의 모습으로서 스스로 희생물이 되어 온 몸이 찢겨지는 존재를 의미한다.

두 번째 디오니소스는 디오니소스-박코스Dionysos-Bakchos다. 이는 인간에게 포도주와 기쁨을 주는 신으로서 자비롭고 온화한 모습으로 다가온다. 세 번째 디오니소스는 디오니소스-이악코스Dionysos-Iakchos인데, 환호하며 탄성을 지르는 신을 나타낸다.[26] 이는 앞으로 도래할 세 번째 신은 디오니소스의 본질 속에 땅의 요소(데메테르)와 천상의 요소(제우스)가 결합하여 태어나는 모습으로, 엘레우시스 비의의 신비적 합일을 이루게 되는 것을 의미한다.

그리스도교 _ 우주적 사랑과 심장

그리스도교의 영혼과 육체에 대한 관념은 어떻게 형성되어 왔을까? 그리스도교는 히브리 종교와 헬레니즘적 철학, 중세신학 전통, 그리고 근현대의 과학적 사조와 현대신학에 이르기까지 다양한 영향 속에서 영혼과 육체에 대한 논의를 발전시켜왔다.[27]

히브리 종교는 영혼과 육체를 전인적 통일체psychosomatic unity로 바라보았고, 초기 그리스도교 전통에서는 이를 이어받아 그리스의 이원론적 사유방식과 영지주의Gnosis적 관점이 그리스도교에 스며드는 것에 대해 강하게 저항해왔다. 영지주의 분파들은 인간의 육체를 '영혼을 가두는 감옥' '영혼의 무덤'으로 보고 세상과 물질을 악으로 보았다. 그들은 육체로부터 벗어나 마침내 영혼의 해방과 순정한 앎의 단계에 이르는 삶의 최종적 목적을 추구했다.

이러한 이분법적 사유가 지배적인 시대에 그리스도교에서 인간을 바라보는 근본적인 인식의 변화가 일어났다. 이에 따르면 인간의 육체는 영혼의 무덤이 아니라 영혼의 성전이다.

심장으로 믿고 심장에 새겨라

신약에서 인간 이해를 위해 사용되는 여러 단어들은 인간의 구성요소나 부분에 대한 내용이 아니라 전체로 바라본 인간의 여러 측면들을 설명하는 단어들이다.[28] 하지만 그리스 철학은 전인적 인간의 통일성에 대해 아무런 관심이 없었고, 신약은 지적 활동으로 앎에 도달하는 일에 대해 관심이 없었다. 현대에 와서는 실증적이고 분석적인 과학의 언어로 성서의 인간을 바라볼 때 생길 수 있는 의미의 훼손과 이해의 간극을 어떻게 해소할 것이냐 하는 문제가 생긴다.

이와 같은 문제를 해결하기 위해서는 성서 본문을 현대인이 사용하는 개념으로 해석하는 것을 피하고 이와 관련된 개념이 무엇을 의미하는지 본문 안에서 사회적 맥락으로 이해하는 것이 필요하다. 그리스도교의 인간 이해에 있어서 그리스어에서 널리 사용된 단어로는 프쉬케와 소마, 프네우마, 카르디아, 사르크스 등이 있다. 이

가운데 그리스도교에 들어와 더 특징적으로 쓰이게 된 말은 프네우마와 사르크스다.

'프네우마pneuma'는 원래 그리스에서 공기, 호흡, 바람, 수증기 등과 같이 물리적인 현상을 가리키는 말로 쓰이다가 스토아철학에서는 우주와 신체 안에 존재하는 생기로 이해되었다. 갈레노스는 프네우마설을 발전시켜 인체의 내부에 프네우마가 자리 잡은 위치에 따라 세 가지의 원동력이 된다고 설명했다. 영지주의에서는 이 말이 초자연적이거나 정신적인 의미로 확대되어 초월적인 인격신을 가리키거나 신적 영역에 속해 있는 사람pneumatikoi 등 그 의미가 형이상학적으로 확대되었다.

그리스도교에 들어오면서 프네우마는 물리적인 성격의 의미를 벗어나 진리의 영, 하나님의 영, 그리스도의 영을 지칭하는 말로 쓰였다. 그리고 초월적으로 신과 연관되어 하나님의 영을 수용할 수 있는 내적 존재를 의미하는 말로 사용되었다.

'프쉬케psyche'는 그리스어로 번역된 70인역 구약Septuaginta을 보면 히브리어의 네페쉬에 대응하는 단어로 자주 쓰였다. 하지만 신약에 와서는 목숨, 생명, 영혼, 인격 등의 의미로 주로 사용되었다. 프쉬케는 육체로부터 해방되어 신비적 앎을 얻는 데 관심을 집중하는 그리스적 사유와는 달리, 신과 구별되는 피조물로서 인간의 한계성을 드러내는 차원에서 사용되고 있다.

신약에서 프쉬케와 함께 자주 쓰이는 '소마soma'라는 단어도 인간의 구성요소로서의 몸, 즉 플라톤적 이분법에 의해 구분된 물리적인 신체를 뜻하기보다는 살아있는 인격적 실재로서 가시적 형태를 지닌 몸으로 이해될 수 있다.

'사르크스sarx'는 신약에서 육체, 육신, 살, 인간본성을 의미한다. 이 말은 특히 바울서신갈5:16~24에서 많이 나타나는 표현인데, '육체의 욕심' '육체의 일'과 같은 표현에서 보는 것처럼 죄 아래에 있는 인간의 존재 상황과 그로 인해 하나님께 의존할 수밖에 없는 인간성의 한계를 함축하는 말이다. 바울은 이 단어를 통해서 육체적 한계와 인간적인 연약함에서 벗어나지 못하는 허무한 인간 존재, 부패한 인간 본성의 존재 양식을 지칭하는 말로 사용하고 있다. 그러나 사르크스 자체가 죄와 동일시되지는 않는다.

'카르디아kardia'는 70인역에서 구약의 레브, 레바브에 상응하는 단어로 나타난다. 카르디아는 원래 신체기관인 심장을 가리켰다. 하지만 자연철학과 플라톤의 등장 이후 몸과 영혼을 구분하기 시작하면서 그리스인은 인식과 사고 작용을 하는 누우스nous가 머리에 있는 것으로 보고 뇌의 중요성을 강조한다. 반면에 신약에서는 심장 자체를 그 사람의 영혼, 생명으로 받아들여서 그 사람의 내면적 자아와 인격을 형성하는 여러 활동들이 여기에서 일어나는 것으로 받아들인다.

심장이 깨닫고마13:15, 심장에서 생각하고막2:6, 심장으로 믿으며롬10:10, 심장에 기록하고고후3:3, 심장을 굳세게 하고살전3:13 등의 표현에서 보는 것처럼 신약에서도 심장은 이해와 정서, 의지와 통찰력이 발현되는 장소로 언급된다. 따라서 신약에 표현된 카르디아를 구약에 사용된 레브, 레바브처럼 히브리적 사고방식이 전제하고 있는 조건들을 고려하지 않고 추상적인 의미의 정신, 사유작용이나 정서,

감정으로만 획일적으로 이해한다면 오히려 많은 오해를 불러일으킬 수 있다.

성육신 _ 말씀, 살덩이가 되시다

그리스도교의 인간 이해에서 그리스 철학이나 영지주의의 이원론적 입장과는 다른 독특한 부분이 바로 사르크스의 개념이라고 할 수 있다. 사르크스는 쉽게 유혹을 받고 죄를 범하는 연약한 존재로서의 인간이며, 그 인간이 처해진 상황이요 조건을 의미한다. 신약의 주요 그리스도론 전승들은 그리스도가 사람의 몸을 입고 태어났다는 것과, 몸의 수난과 몸의 부활을 말하는 전승을 그 주된 내용으로 한다.

'육화된 말씀logos ensarkos'이란 그리스도교의 인간 이해에서 가장 근본적인 표현으로서 '하나님 아들의 사람 되심'을 의미한다. 〈요한복음〉에 따르면 '말씀(로고스)이 사르크스(육신)가 되어 우리 가운데 거하였다'1:14고 표현하고 있다. 로고스가 그저 몸[soma]이 아니라 살덩이[sarx]가 된 것이다. 철저히 죄 된 인간의 속성에 무방비로 내맡겨져 이 세상에 실재하게 된 것이다.

거룩한 로고스의 육화를 받아들일 수 없는 영지주의 입장에서 볼 때 소마는 로고스가 덧입혀짐으로써 예비적인 거룩한 몸으로 이해될 수 있다. 그러나 분명히 로고스는 그런 절충적인 방식으로 몸을 입은 것이 아니라 타락하고 죄악된 욕구를 떨칠 수 없는 연약한 본성을 지닌 육신을 입고 그 안으로 들어온 것이다. 이 죄 된 인간의 육신 안으로 그리스도의 생명이 들어온 것이야말로 성육신의 신비이고 그리스도의 구속사역의 본질을 보여주는 부분이다. 하나님의 아들이 인간의 육신 안으로 들어와 그 안에 거하였고 그 육체의 약함을 견디고 받아들였다. 십자가의 고난은 이렇게 해서 그의 육체를 통해 받아들여졌고 육체 안에 채워졌다.

그리스도교는 육체 안에서의 영원한 생명을 선포한다.[29] 그것도 죄로 인해 타락하고 정죄 받은 육체 안에서 마지막 성취를 이루고, 인간은 자기에게 주어진 육체적 조건을 고스란히 받아들임으로써 육체와 그리스도의 영은 하나가 된다. 육화는 창조와 마찬가지로 신의 선하심과 자비로 말미암은 하나님의 자기현시, 자기나눔이며 자기를 내어주는 것이야말로 신이 사람의 모습으로 이 세상에 들어온 이유이기도 하다.

헬레니즘 세계에서는 영혼의 해방을 위해서 그토록 벗어나고자 했던 육체였고 영혼의 무덤이기조차 했건만, 신약은 인간의 육체를 그와는 전혀 다른 관점으로 조명한다. 육화라는 낯선 개념은 세 가지 관점에서 육체와 이 세상에 새로운 의미를 부여한다. 첫째, 인간에게 일어나는 온갖 욕망의 담지체인 연약한 육체 속으로 신이 들어왔다. 둘째, 의인이나 현자가 아니라 가망 없는 죄인들 속으로 신이 들어왔다. 셋째, 신이 손수 지어내신 세상을 이처럼 사랑함으로 인해 피조된 세상 속으로 들어왔다.

감옥이었던 플라톤의 육체가 바울에게는 성령이 거하는 거룩한 집, 은혜가 넘치는 장소가 되었다고전3:16, 6:19. 신은 창조 안에서 당신을 공유하고자 '정녕 말씀이 육신이 되어' 우리 안에 거처하였다. 그리스도의 육화를 통해 신이 피조된 세상에 와서 우리 안에 거처

〈예수성심〉
폼페오 바토니Pompeo Batoni,
1708~1787

〈천사들에 둘러싸인 성스런 심장〉
호세 데 파에스jose de paez, 18세기

1930년대에 그려진 한국화된 〈예수성심〉작자미상. 배경에 절개를 뜻하는 대나무 숲을 그림으로써 고난 받는 한국교회를 드러내고자 했다. 한국기독교역사박물관 소장

함으로 우리는 우리 안에서 하나님을 경험한다.

　이렇게 육화는 하나님 창조의 절정을 드러낸다. 그리스도가 세상에 오시고 우리 안에 들어오심으로 모든 피조물이 바뀌었고 모든 피조물 안에서 당신의 현존을 느낄 수 있게 되었다. 그리하여 우리가 이 세상의 작은 자들, 가난하고 억눌린 자들, 굶주리고 옥에 갇혀 있는 자들 사이에서 그들을 만나고 몸으로 부딪치며 함께 살아가는 것이야말로 육화가 우리를 통해서 새롭게 실현되는 것이다.

부활과 심장 _ 인간에게 새로운 심장을 이식하다

그리스도론의 또 다른 핵심은 바로 그리스도의 '부활'이다. 부활의 개념은 그리스도교 이전에도 이집트의 오시리스 종교나 그리스의 비의 종교에서도 발견되는 개념이다. 특히 엘레우시스 종교에는 엘레우시스 의식Eleusian Mystery Cult의 행렬을 이끄는 신 이악코스Iakchos가 등장한다. 이악코스는 디오니소스와 동일시되는 신으로, 디오니소스와 그리스도가 모두 신과 인간 사이에서 태어났으며, 삶에서 고통과 박해를 받고 죽었다가 부활했다는 점, 그리고 제의에서 피와 포도주로 삶과 죽음을 상징하고 있다는 점 등에서 그 유사성을 찾아볼 수 있다.[30] 그러나 그리스도교의 부활은 이전의 고대종교에서 찾아볼 수 있는 부활의 개념과는 차이가 있다.

플라톤적 영혼론에서 보자면 영혼은 육체로부터 분리되어 저승에 있는 망각의 강물 레테Lethe를 마시고 나서 다시 태어난다. 지상 위의 여러 생명체의 육체를 전전하며 끝없이 환생하는 것이다. 따라서 육체로부터 영혼을 영원히 해방시키기 위한 신비의식과 구원에 이르기 위한 수행이 필요하다. 육체는 악한 것이고, 신을 향한 여정에 방해가 되는 것이기에 육적인 요소를 포기하고 정화된 사람만이 신적 지혜에 도달할 수 있다.

이러한 이원론적 세계관에 입각한 부활 개념과는 달리 그리스도교의 부활은 몇 가지 독창적인 특징을 갖고 있다. 첫째, 그리스도교가 극복하고자 하는 죽음은 '삶 이후의 죽음'이 아니라 '삶 가운데 들어온 죽음'에 대한 것이다.[31] '삶 이후의 죽음'은 길가메시가 그의 벗 엔키두의 죽음을 보고 절규하듯 인간이 그의 삶에서 직면하게 되는 육체적 죽음을 의미한다. 이에 비해 '삶 가운데 들어온 죽음'은 하나님이 사람에게서 그의 영을 거두어감으로써 살아있으나 더 이상 살아있는 것이 아닌, 더 이상 하나님과 관계 맺을 수 없게 된 인간의 존재상황을 뜻한다.

둘째, 그리스도교는 부활을 '죽음 이후의 삶'보다는 '죽음 가운데 들어온 삶'에 대한 관점으로 바라보고 거기에 초점을 맞춘다. '죽음 이후의 삶'은 고대종교의 일반적인 내세관이다. 비록 그것이 창백한 하데스의 지하세계를 떠도는 영혼이든, 아니면 마아트의 전당에서 심장의 무게 달기를 통과한 후 오시리스의 낙원에 살게 된 아크든, 거기에는 영혼과 육체는 분리되어 있고 삶과 죽음도 분리되어 있다. 이에 비해 '죽음 가운데 들어온 삶'은 사망의 권세를 정복한, 영으로 충만한 몸의 부활을 뜻한다. 이 세상에 그리스도가 들어왔다는 것, 죄와 유혹에 빠질 수밖에 없는 연약한 인간의 육신 속으로 생명이 들어왔다는 것이야말로 계시적 신비Sacramentum다.

하나님의 심장이 무엇을 바라는지, 인간을 향해 무엇을 이루고자 하는지, 그의 뜻과 사랑의 결의가 어떻게 사람들에게 나타나고 확증되었는지를 보여주는 것이 바로 예수 그리스도의 존재 이유다. 예수는 채찍을 맞으며 가시면류관을 쓰고 십자가에 못 박히고 창으로 옆구리를 찔려 피를 쏟는다. 이렇게 예수는 인간의 죄를 대신 짊어진 희생양이기에 초기 그리스도교에서 그의 피는 구원의 상징으로 이해되었다.

그러다가 르네상스와 바로크시대에 오면 구원의 상징이 피에서 심장으로 대체된다. 이와 같은 변화는 물론 이 시기에 즐겨 소재가 된, 활 쏘는 아모르 신에 영향을 받은 탓도 있다. 그렇지만 무엇보다 피가 의미하는 예수의 수난과 고통, 인간에 대한 사랑을 시각적으로 상징화하기에 그리스도의 심장이 신학적으로도 적절했기 때문이다. 예수의 성스런 심장은 대부분 가시면류관을 쓰고 창에 찔려 피를 쏟는 심장으로 도식화하여 묘사되고 있다. 그리고 심장은 성령의 불로 타오르고 주변에 강렬한 빛이 방사된다.

신약에서 심장을 뜻하는 카르디아는 그 사람 안에 있는 가장 깊은 생명의 원천이자 그의 내적인 태도, 의지, 바람, 계획과 의도가 드러나는 장소다. 그의 심장이 신에게 직접 열려 있게 됨으로써 이 심장을 통해 인간은 하나님을 만날 수 있게 된다. 그러므로 '심장kardia이 깨끗한 사람은 복이 있다. 왜냐하면 그는 하나님을 보게 될 것이기 때문이다.'마5:8 구약의 〈시편〉에서도 죄인이 그의 안에 '깨끗한 심장을 새로 지어달라'시51:10고 간구하는데, 이것은 깨끗한 심장이 되어야만 하나님의 영이 그에게 들어와 머물 수 있기 때문이다. 그러나 인간은 자기의 심장을 스스로 새롭게 할 수 없기에 하나님은 그들에게 '새로운 심장과 새로운 영을 주겠다'겔11:19고 약속한다.

이렇게 새로운 심장을 받은 자만이 하나님의 심장이 뜻하는 대로 행하고 살 것이다. 러시아의 시인 푸쉬킨은 〈이사야〉서에 나오는 '제단의 숯불을 입술에 대어 그 죄악을 없애셨다'사6:7는 구절에 영감을 받아 그의 시에서 이렇게 표현했다.

그는 또 내 가슴을 칼로 가르고 떨리는 심장을 도려낸 다음
벌어진 가슴에 활활 타오르는 석탄을 집어넣었다……

"일어나라. 내 목소리를 듣게 하여라

내 뜻을 바다와 육지로 다니며 전하고

내 말로 사람들의 심장을 불타오르게 하여라."[32]

오늘날 수많은 사람들이 생명 연장을 위해 심장이식과 인공심장을 가슴에 넣는 수술을 하고 있다. 그러나 그리스도교는 전혀 다른 차원의 새 심장을 가슴에 넣어야 함을 말하고 있는 것이다.

참고문헌

- 멜리사 L. 애플게이트, 최용훈 옮김, 《벽화로 보는 이집트 신화》, 해바라기, 2001
- 조철수, 《수메르 신화》, 서해문집, 2003
- 조철수, 《메소포타미아와 히브리 신화》, 길, 2000
- H.딜스, W.크란츠, 김인곤 외 옮김, 《소크라테스 이전 철학자들의 단편선집》, 아카넷, 2005
- C.F. 화이틀리, 안성림 옮김, 《고대 이스라엘 종교의 독창성》, 분도출판사, 1981
- E.R. 도즈, 주은영·양호영 옮김, 《그리스인들과 비이성적인 것》, 까치글방, 2002
- 호세 꼼블린, 김수복 옮김, 《그리스도교 인간학》, 분도출판사, 1985
- 브루노 스넬, 김재홍 옮김, 《정신의 발견, 서구적 사유의 그리스적 기원》, 까치글방, 2002
- 유정원, 〈생태신학이 제시하는 그리스도론〉, 《생명연구》 25집, 서강대학교 생명문화연구소, 2012, 129-194쪽
- 이기백, 〈히포크라테스 의학에서 엠페도클레스의 영향 : 가정(hypothesis)과 인간의 본질(physis) 문제〉, 《의사학》 제22권 제3호, 2013, 879-913쪽
- 이환진, 〈고대 메소포타미아 신들의 전쟁 : 에누마 엘리쉬를 중심으로〉, 《영상문화》 Vol. 7, 한국영상문화학회, 2003, 22-37쪽
- 한스 발터 볼프, 문희석 옮김, 《구약성서의 인간학》, 분도출판사, 1976
- F.W.J. von Schelling, 《Philosophie der Offenbarung》, Paperback, 2011
- G.S. Kirk, J.E. Raven, 《The Presocratic Philosophers》 2nd edition, Cambridge, 1983

- Hermann Fränkel, 《Early Greek Poetry and Philosophy》, Translated by M.Hadas, J.Willis, Basil Blackwell, 1975
- J.B. Pritchard, 《Ancient Near Eastern Texts relating to the Old Testament with Supplement》 ANET 2nd edition, Princeton, 1969
- J.T. Hooker, 《Mycenaean Greece, States and Cities of Ancient Greece》, Routledge & Kegan Paul, 1980
- Jane Ellen Harrison, 《Prolegomena to the Study of Greek Religion》 3rd edition, Cambridge Univ. press, 1922
- Karl Kerenyi, 《Dionysos: Archetypal Image of Indestructible Life》, trans. Ralph Manheim BS LXV. 2 (Princeton: Princeton University Press).
- Nikola Theodossiev, 〈Cult Clay Figurines in Ancient Thrace〉, 《Kernos》, En ligne 9, 1996, p.219-226
- Samuel N. Kramer, 《From the Poetry of Sumer: Creation, Glorification, Adoration》, Univ. of California Press, 1979

이동준

문화비평가이자 실천학자로, 현재 이천문화원 사무국장으로 일하고 있다. 대안학교 인 '맑은샘솟는학교'를 설립하였고, 장애인 교육기관 베다니학교 교장을 역임했다. 90년대 한국의 경제를 견인해온 대기업과 저임금 외국인노동자들의 노동현장을 직접 체험하였으며, 환경·교육·복지·문화 등 다양한 분야의 직업을 경험하며 통섭하는 활동을 해오고 있다. 최근에는 과학기술과 물질문명, 자본주의가 팽배한 이 시대에 지역공동체를 기반으로 새로운 삶의 양식을 모색하는 일에 주력하고 있다.

심장과 순환의 기능
상식과 지식의 간극

들어가는 말

의학이라는 창문을 통하여 사람들이 이해하는 심장은, 끊임없는 박동을 통하여 우리 몸의 혈액순환을 일으키는 순환기관의 중심이자 정교한 자동펌프이다. 이처럼 심장은 생명의 상징이면서 나아가 마음과 사랑의 이미지로도 여겨진다. 평소에는 그 존재를 느끼지 못하지만 긴박한 상황이나 심리적 동요, 사랑의 감정과 함께 가슴 안쪽에서 두근거리는 심장의 박동을 제대로 느끼게 될 때 그런 상징은 자연스럽게 다가온다.

동아시아 전통의학에서도 심장은 '마음을 담당하는 장부[心臟]'로 여겨졌고, 한자인 마음 '心'은 심장의 해부학적 형상에서 유래했다고 한다. 고대 그리스에서도 심장을 뜻하는 kardia라는 단어는 영혼이 깃든 장소라는 의미였다. 이 단어는 라틴어에서는 cor로 바뀌었다. 격식을 갖춘 영문편지 말미에 '충심을 담아서'라는 말을 'Cordially' 또는 'cordial greeting'과 같이 쓰는 점에서 아직 그런 흔적이 남아 있음을 알 수 있다.

파리를 여행하는 사람이라면 누구나 한번쯤 몽마르트언덕을 찾게 되는데, 그 언덕에는 하얀색이 유난히 인상적인 성당이 서 있다. 성당의 이름은 사크레 쾨르Sacré Cœur인데, 우리말로는 성심聖心, Saint Heart성당으로 번역된다. 영어에서 심장을 말하는 일반적 단어인 heart는 북부유럽에 살던 고대 튜튼족의 단어인 herton에서 유래되었고, 그 의미는 kardia나 cor와 같다고 한다.

생명의 원리가 과학적으로 연구되면서, 특히 신경과학에 대한 관심이 어느 때보다 높은 지금은 마음과 생각의 장소를 물으면 누구나 뇌라고 답할 것이다. 하지만 과연 그런 논리, 즉 해부학적인 '뇌'가 우리의 생각과 감정을 모두 담당한다고 단순히 동의해버리기는 쉽지 않다. 논리회로나 반사적인 신호전달 자체는 뇌에서 일어날지 모르나, 우리가 결국 마음의 변화라고 '느끼는' 것은 몸의 다른 부위에서 일어나는(심장의 두근거림, 내장이 꼬이는 느낌, 몸이 굳는 것) 현상을 통해서 말하는 것이기 때문이다.

그러니 심장은 단순한 혈액의 펌프가 아니다. 여전히 심장의 의미는 여러 겹의 맥락에서 생각해봐야 한다. 심장과 순환기능에 약간의 문제가 있을 때 어떤 증상과 느낌이 오는지만 생각해보아도 그렇다.

심혈관질환으로 뭉뚱그려 말하는 다양한 병들은 세계적으로 사망원인 1위로 꼽히는 것들이다. 가족과 주변 사람들 중에 심혈관 질환으로 고생하는 경우는 예외없이 목격되고 그런 만큼 심장에 대한 사람들의 관심은 클 수밖에 없다. 그런데 다들 고혈압이나 관상동맥 막힘, 뇌출혈 등에는 관심을 가지면서도 정상적인 기능과 구조에 대하여 생각해볼 동기가 얼마나 있는지는 의문이다.

현역시절 끊임없이 그라운드를 달렸던 박지성 선수는 '두 개의 심장을 가진 사나이'라고 불리었다. 하지만 화려한 플레이보다는 보이지 않게 팀의 승리를 이끌었기에 '공개적으로 칭송받지 못한 영웅unsung hero'이 프리미어 리그에서 그의 애칭이기도 했었다. 일평생 30억 번 뛰면서 총 2억 리터의 혈액을 뿜어내는 우리의 심장은 그 자체로 'unsung hero'이다. 당연한 일을 하는 것처럼 보인다고 해서 쉽고 단순한 과정이라 말할 수는 없다.

이 글을 통해 의과대학에서 전문적으로 배우는 내용은 아니더라도 미처 생각해보지 못한 심장에 대한 오해나 상식의 허점에 대하여 함께 생각해보고자 한다. 그리고 심장 그 자체에만 머물지 말고, 연결된 기관들인 폐와 혈관 등의 관계까지 살펴보려 한다.

이해하기 어려운 일로 가득한 세상 속의 인간은 자기에게 닥친 일, 마주칠지 모르는 상황에 대하여 어떤 식이건 '설명'을 기대하는 심리가 있다. 맞건 틀리건, 정확한 이해여부와 상관없이 방송이나 신문에서 말해주면, 심지어는 아무 근거 없는 이야기를 전해들은 것만으로도 내심 안도하듯 따라서 반복하고 자신을 설득해간다. 수많은 '비방'과 '특효 건강제품'의 공통적인 영업 성공 방정식은 친근한 개념으로 비유하면서 단순한 설명을 반복하는 데 있다.

과학적 엄밀성으로 이야기하자면 한도 없이 복잡한 것이 우리 몸의 기능임을 아는 생리학자 입장에서는 이런 '쉬운' 주장들이나 단순논리 설파가 사실은 억지스럽고 때로는 고통스러울 지경이다. 하지만 그럼에도 불구하고 환자와 주변사람들 그리고 일반 시민들에게 어떤 방식으로건 설명해줄 수밖에 없는 것이 의학으로서 생리학의 숙명이기도 하다.

미래에는 오해가 될지 모르지만 현재로서는 일단 이해가 될 수 있기 바라면서, 몇 가지 내용들에 대하여 자문자답하듯이 풀어가보자. 그러기 위해선 예전에 학교에서 공부했던 기억을 되살려 익숙한 내용부터 시작해보면 좋겠다.

심장의 구조

학창시절 심장의 구조에 대하여 배울 때 좌심방-좌심실, 우심방-우심실이라는 이름을 들어보았을 것이다. 사람을 포함하는 포유동물의 심장 내부는 네 개의 구획으로 이뤄져 있다. 좌측과 우측은 심장근육으로 이뤄진 벽으로 나뉘어져 있는 반면, 위-아래, 즉 심방과 심실 사이는 판막이라는 섬유성 판구조물로 나뉜다.

심장의 판막

판막은 심장이 이완할 때 열려서 심방에서 심실로 혈액이 전달될 수 있게 하지만, 심장이 수축할 때는 닫혀서 심실의 혈액이 동맥으로만 나갈 뿐 심방으로 되돌아가지는 못하게 막아준다.

한쪽 방향으로만 흘러서 되돌아오는 혈류의 순서는 어디서부터 정리해보면 좋을까? 혈액과 적혈구의 기능은 산소 전달이니, 산소를 받아들이는 폐에서부터 시작해보자. 폐—폐정맥—좌심방—좌심실—대동맥—온몸의 미세순환—대정맥—우심방—우심실—폐동맥—폐로 돌아오는 순환circulation을 보인다(옆쪽 그림 참조).

시작점과 귀환점이 같은 운동이 순환이다. 위의 혈류 순서를 살펴보면, 심장은 폐순환과 별도로 신체순환(체순환)이라는 두 개의 순환고리를 연결하는 역할을 하고 있다. 순환이 꾸준히 일어나려면 역류가 일어나지 않는 것이 중요하다. 특히 산소를 폐에서 받아 운반하는 과정에서 역류가 일어나면 이는 마치 하류의 오염된 물이 상수원으로 올라가는 것과 같은 재앙이다. 한쪽 방향으로만 혈액의 흐름이 지켜지려면 반대방향의 혈류가 생기지 않도록 막으면서 원래 방향만 허용해주는 '문'이 어느 단계에서는 꼭 필요하다. 이런 '문'을 심장판막cardiac valve이라고 한다.

심장에는 좌심방과 좌심실 사이, 좌심실과 대동맥 사이, 우심방과 우심실 사이, 그리고 우심실과 폐동맥 사이 등 네 곳에 판막이 있다. 일생 동안 심장이 30억 번 박동한다는 것은 곧 이들 판막도 각각 30억 번씩 여닫는 운동을 잘 해나가야 한다는 의미이다. 고장이 안 나는 것이 차라리 신기할 지경이다. 댐의 수문에 문제가 있으면 역류가 일어날 수도 있고, 잘 안 열려서 하류로 가야 하는 흐름이 어려워지는 경우도 있다. 판막질환에 따라 막힌 판막을 좀 더 뚫어주면 해결되기도 하지만, 때로는 인공판막을 아예 교체해줘야 하는 수술도 필요하다.

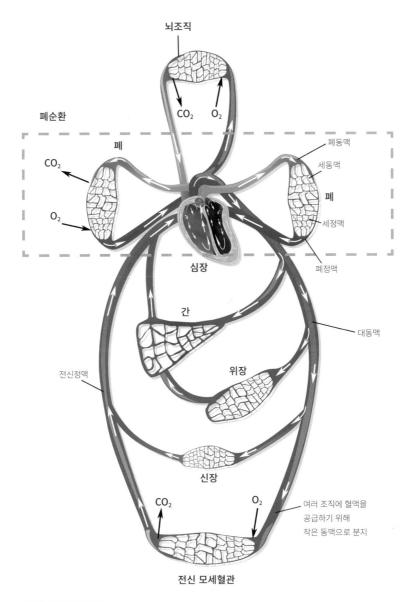

뇌조직

폐순환

폐

CO$_2$

O$_2$

CO$_2$ O$_2$

폐동맥

세동맥

폐

세정맥

폐정맥

심장

간

위장

대동맥

전신정맥

신장

CO$_2$

O$_2$

여러 조직에 혈액을
공급하기 위해
작은 동맥으로 분지

전신 모세혈관

인체 순환계 모식도

혈류 방향은 화살표로 표시되어 있다. 폐를 거쳐서 산소로 포화된 동맥혈은 붉은색으로, 조직을 거치면서 산소 분압이 낮아진 정맥혈은 푸른색으로 표현되었다. 전신 정맥이 다소 굵게 그려진 것은 정맥 벽의 탄성이 낮기 때문에 혈액량이 많이 분포될 수 있다는 점을 표현한 것이다. 비상시 정맥의 수축은 심장의 혈액 박출량을 높이는 예비적 동원 기능을 한다.

좌심장과 우심장의 구분이 필요한 이유는?

심장이 단순한 펌프라면 혈액이 들어오는 곳과 나가는 곳으로 둘로만 나뉘어도 될 것 같은데 더 복잡하게 넷으로 나뉜 이유는 뭘까? 위에서 두 개의 순환고리가 있다고 하였는데, 팔다리와 뇌신경, 그리고 내장으로 가는 순환 말고 폐로 가는 혈액순환을 별도로 유지해야 하기 때문이다.

왜 폐순환은 따로 순환펌프를 배정해야 하는 것일까? 폐순환은 체순환보다 훨씬 낮은 압력으로 보내져야 하기 때문에 별도의 펌프가 필요한 것이다. 폐순환을 담당하는 오른쪽 심장(우심실)이 왼쪽 심장(좌심실)보다 더 얇은 것도 필요한 힘이 적어야 하기 때문이다. 그렇다면 폐순환계는 왜 낮은 압력으로 유지되어야 할까? 기왕이면 강하고 힘차게 순환시키면 더 좋지 않을까? 그렇지 않다. 폐는 정말 섬세하고 다치기 쉬운 구조이기 때문에 조심스럽게 작은 힘으로 순환시켜야 한다.

공기가 들락거리는 폐의 작은 주머니들(허파꽈리들)은 숫자도 매우 많지만 하나하나의 허파꽈리들은 지극히 얇은 벽으로 구성되어 있다. 벽이라기보다는 비눗방울 비슷한 매우 얇은 벽지에 해당한다. 이 벽지 바로 옆에는 폐의 모세혈관들이 그물처럼 깔려 있다. 허파꽈리 안쪽의 공기와 모세혈관의 혈액 사이에서는 산소와 이산화탄소를 주고받는 확산이 일어난다. 이런 확산이 잘 일어나려면 벽지와 모세혈관이 매우 얇아야 하는데, 그러면서도 모세혈관의 혈액이 허파꽈리 안쪽으로 새어나오면 안 된다.

난방을 위한 온수관이 새면 온 집에 난리가 나는데, 허파의 모세혈관에서 액체가 새어나오면 그보다 훨씬 심각해진다. 산소가 확산되질 못하니 숨이 막히는 느낌이 들고 곧 죽게 될 수도 있다. 강물에 빠진 것도 아닌데 폐에 물이 차서 익사하는 것과 마찬가지 상황에 처하는 것이다. 이런 상태를 '폐부종'이라 부른다. 2015년에 큰 이슈가 되었던 메르스 바이러스처럼 폐렴이 일어나면 그저 기침이 심해서 힘든 게 문제가 아니라 폐부종 상태가 되어서 산소공급이 안 되는 것이 문제이다. 도저히 해결이 어려울 때는 임시로 기계장치를 폐의 혈관에 연결해서 폐 기능을 대신해주는 순환을 만들어줘야 한다. 지금은 벌써 기억에서 사라지고 있지만, 메르스 사태 당시에 온 국민이 알게 된 에크모ECMO가 바로 그런 장치이다.

물에서 빠져나오는 과정 _ 포유류의 진화와 출생의 유사성

사람의 폐에 해당하는 산소공급 장기가 물고기에서는 아가미이다. 하지만 물고기의 아가미에서 모세혈관은 공기가 아니라 바닷물에 닿아 있기 때문에 훨씬 안전하다고 말할 수 있다. 굳이 별도의 아가미 (폐)순환을 만들어서 약하고 조심스럽게 돌려주는 펌프가 필요 없다는 얘기다. 따라서 물고기 심장은 1심방 1심실 구조이다. 물고기가 포유류로 진화하는 중간 단계인 양서류, 즉 개구리는 2심방 1심실이다.

그러면 여기서 응용문제를 한번 제시해보겠다. 자궁의 양수에 잠겨서 보호받고 있는 태아는 어떠할까? 폐는 있지만 뱃속에 있는 아기는 물고기와 같은 상태이다. 산소공급은 엄마의 혈액과 연결된 탯줄과 태반을 통해서 받고 있으며, 태아의 폐는 공기가 아니라 양수로 차 있다. 실질적으로 폐호흡은 일어날 수 없는 상태이므로 불필요한 혈류를 줄이려고 태아의 폐혈관은 수축된 상태이다. 그러면 우심방과 우심실에 있는 혈액의 상당 부분은 폐를 거치지 않고 좌심방이나 대동맥으로 직접 가게 된다.

출산일이 되어 세상에 나온 아기는 물속에서 꺼내진 물고기처럼 버둥대다가 첫 울음을 터뜨린다. 이 울음은 바로 폐 속에 차 있던 양수가 몸 안으로 흡수되면서 허파꽈리에 처음으로 공기가 들어갔다 나오는 과정을 상징한다. 아이가 첫울음을 터뜨릴 수 있도록 도와주려고 입속에 있는 양수를 흡입해서 없애주기도 하고, 엉덩이를 두드려서 자극을 주는 것이 분만현장의 모습이다.

앞서 태아순환의 경우 우심방이나 우심실에서 폐를 거치지 않고 바로 좌심방, 대동맥으로 연결되는 지름길이 존재한다고 언급했다. 태아일 때는 정상이었던 이런 지름길 통로들은 출생 직후 정상 폐호흡을 하면서 저절로 막히게 된다. 그런데 가끔 이런 통로가 남아 있는 경우가 생기는데 바로 이것이 선천성 심장기형의 예가 된다. 이런 아이들은 정맥피가 폐로 가서 산소를 공급받지 못한 채 곧장 동맥피에 섞이게 되는데, 산소가 낮은 정맥피가 전신에 돌기 때문에 얼굴과 몸이 퍼렇게 보인다. 흔히 청색증이라 불리는 증세가 그것이다.

글쓴이가 고등학생 때 같은 반 아이 중에 이런 친구가 있었다. 조금만 운동을 하려 해도 산소가 부족하니 뛰어놀지도 못하던 그 친구는 안타깝게도 집안 형편이 어려워 제때 수술을 받지 못하였다. 당시 1980년 즈음에는 수술에 필요한 비용에 비하여 보험도 제대로 없던 시절이라 우리나라의 심장수술 자체가 별로 많지 않았다.

담임선생님께서 안타까운 심정으로 여기저기에서 모금을 하고 병원에서도 특별혜택을 주어 어렵게 수술을 할 수 있었지만, 결국 며칠 지나서 버티지를 못하고 세상을 떠나고 말았다. 하지만 그 친구의 부모님은 평생 퍼런 얼굴을 하던 아이가 단 며칠이었지만 수술을 하자마자 발그레한 모습을 보여주었다는 사실만으로도 한을 풀었다며 눈물짓던 모습이 기억난다.

이런 이야기에서 알 수 있는 것처럼 심장과 폐는 함께 가는 단짝이다. 폐순환을 마친 혈액이 좌심방-좌심실로 돌아가야 하는데, 만약 심한 고혈압이나 관상동맥이 막히는 등의 이유로 좌심실 기능이 떨어지면 어떻게 될까? 결국 폐의 혈관에서 정체가 일어날 것이고, 심해지면 이 또한 폐부종으로 이어진다. 심부전 환자들이 완전히 누워서 잠들지 못하고 베개를 높여서 반쯤만 누울 수밖에 없는 것은, 이렇게라도 해서 폐의 위치를 높여줘야 그나마 폐혈관 혈액이 아래쪽(심장쪽)으로 돌아가는 것을 도와주기 때문이다. 물이 낮은 곳으로 흘러가려는 원리에 해당한다.

혼자서도 끊임없이 뛰는 심장

어린 시절의 기억 중에는 유난히 오래 가는 것들이 있다. 그 중에 하나가 '공룡의 심장'에 대한 것이다. 스티븐 스필버그가 만든 〈쥬라기공원〉이라는 영화 자체도 이미 고전이 되어버렸지만, 이 영화의 원작은 마이클 크라이튼의 소설이었다.

그런데 다시 이 소설의 모티브는 더욱 고전인 코난 도일(셜록홈즈 시리즈의 저자)의 공상과학 모험소설 〈잃어버린 세계The Lost World〉에서 따왔다. 지층변화 덕분에 외부와 고립된 남미의 어느 밀림을 탐험하게 된 주인공들이 중생대로부터 남아 있는 공룡들과 맞닥뜨리면서 원주민들과 함께 온갖 모험을 겪는 이야기이다. 1970년대에 초등학교 남학생이던 글쓴이에게는 한번 손에 잡으면 놓을 수 없던 줄거리였다.

이 소설에서 가장 기억에 남는 내용은, 원주민들과 협동해서 함정에 떨어트린 티라노사우루스를 잡은 다음 가슴을 열어 심장을 꺼내는 부분이다. '그 괴물의 심장은 몸 밖에서도 꿈틀거리기를 며칠 동안 계속했다.' 정확한 문장은 아니지만 대략 그렇게 묘사되어 있었다. 단지 큰 짐승의 어마어마한 생명력을 표현하려는 내용만이 아니라, 뭔가 심장이라고 하는 장기가 갖고 있는 기이한 힘에 압도되는 느낌이었다.

생명의 상징으로서 심장의 박동

앞에서 말한 그 기이한 느낌의 근원은 무엇이었던가? 심장은 몸 밖에서도 스스로 계속 규칙적으로 수축이완을 반복하는, 즉 자발적으로 박동하는 능력을 갖고 있다. 소설의 이런 내용은, 예로부터 동물을 사냥하고 도살하는 과정에서 잘라낸 심장이 몸 밖에서도 한동안 스스로 뛰는 현상을 본 사람들의 느낌에서 유래한 것이겠다.

이처럼 심장이 생명의 상징으로 여겨진 것은 단순히 몸의 한가운데 있어서라기보다 자발적 박동성에서 나온 것이다. 고대 중남

문화의 교차점에서 심장 읽기

미의 인신공양 의식을 보면 희생자의 심장을 꺼내어 하늘에 들어 보이는 행위를 함으로써 꿈틀거리는 심장의 역동성을 상징적으로 강조하였다. 현재의 의료현장에서는 정교한 수술을 통해서 심장을 분리해내고서 곧바로 대동맥에 관을 연결하여 적절한 식염수와 영양분 및 산소를 공급해준다. 그러면 심장은 여러 시간 동안 문제없이 뛰는 것을 볼 수 있고 심지어 다른 사람의 몸에 옮겨서 연결하면 죽어가던 사람을 살릴 수도 있다.

그런데 도대체 어떻게 그럴 수 있을까? 심장 어딘가에 작은 시계장치가 달려 있어 1초마다 스위치를 켜주는 것일까? 이런 질문은 수많은 연구자들을 매료시켰고 지금도 여전히 그러하다. 필자 또한 생리학을 연구하게 된 계기가 의과대학 1학년 때 이런 현상에 대해 공부하면서 그 원리에 빠져든 것이기도 하다.

1987년 본과 1학년 생리학 실습시간이었다. 개구리의 심장을 꺼낸 다음 생리식염수에 담근 상태에서 수술가위로 조각을 내어 보았다. 어떤 부분은 여전히 꿈틀거림을 반복하고, 어떤 부분은 멈추었다. 심장의 어느 곳에서 리듬이 생기는 것인지 궁금해하며 계속 잘라나가다 보면 특정 부위가 리듬을 만들어낸다는 것을 알 수 있다. 너무 단순하게 말한 것이지만 이런 식의 연구에서 시작하여 20세기 후반의 집중적인 심장세포 연구를 거쳐, 지금은 매우 자세한 메커니즘들을 알게 되었다.

정맥이 심장으로 연결되는 근처인 우심방의 경계선에 있는 세포들의 무리(동방결절)가 반복적으로 전기신호를 만들어낸다. 이 신호가 심장 전체로 쫙 퍼지면서 큰 수축을 일으킨다. 전기신호가 심장의 수축으로 이어지는 과정은 그것만으로도 여러 페이지에 걸쳐서 설명해야 하는 복잡한 이야기이니 여기서는 생략하기로 하자.

핵심단어 하나만 말해놓자면, 전기흥분은 심장세포 안으로 칼슘이온Ca2+이 들어가는 통로를 열어준다는 점이다. 세포 안에 Ca2+의 농도가 올라가면 수축을 일으키는 세포내 기구들(액틴, 미오신 등의 이름이 붙은 단백질들)의 움직임이 시작된다. 칼슘은 뼈를 만들고 골다공증을 예방하는 것으로도 중요하지만, 이처럼 우리 몸의 온갖 세포들에서 전기신호를 세포의 반응(수축이나 호르몬 분비 등)으로 연결시키는 고리 역할을 한다.

자발적 심장박동의 기원

다시 동방결절로 돌아가보자. 심장의 동방결절은 구성 세포를 하나씩 떼어놓고 보더라도 스스로 리듬을 만들면서 꿈틀거리는 것을 볼 수 있다. 이제 현대 생리학자들은 이런 세포 하나에 특수한 미세전극과 증폭기를 살짝 연결시키고서 어떤 일이 벌어지는지 마치 다큐멘터리를 찍듯이 관찰할 수 있다.

그런 연구의 결론은 무엇인가? 얇디얇은 세포막을 경계로 양방향으로 작은 전류가 반복해서 왔다 갔다 하면서, 세포막 사이에 전압의 진동이 계속 일어나고 있다는 것이다. 비유하자면 배구 네트를 마주 본 두 사람이 뜨거운 감자를 서로 던지고 받는 것과 같다. 감자의 움직임(전류)과 감자를 받는 순간 손바닥이 뜨거워짐(전압의 변화)이 무한한 반복 행위를 만들어내는 것과 같다. 여기서 세포가 살아있는 한(감자에 에너지를 공급하는 한) 뜨거움과 반복 운동은 계속

문화의 교차점에서 심장 읽기

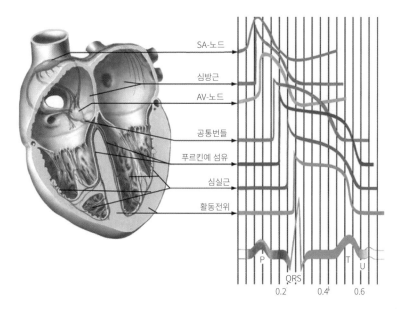

심장에서 전기적 흥분 리듬을 만들어내고 전파시키는 조직의 분포

맨 위의 푸른색이 동방결절(SA노드)에 해당한다. 아래쪽의 심실벽 좌우로 갈라지는 푸르킨예 섬유를 통하여 빠르게 전파되는 신호는 심실근세포들을 동시에 흥분시키는 고속연락망이다. 오른쪽에 표시된 곡선들은 세포막전압이 매 심박동마다 변화하는 모습들을 시간 순서대로 표현한 것이다. 오른쪽 맨 아래에는 인체 표면에서 기록된 심전도를 표시하였다. 심실근의 흥분이 시작될 때 심전도에 가장 큰 변화가 보인다.

된다. 사실 알고 보면, 우리 몸에는 이와 같은 주기적인 세포막전압 진동oscillations of membrane voltage을 만들어내는 특별한 세포들이 몇 군데 더 있다.

  마라톤 경기에서 선수들이 지나치게 에너지를 소진하지 않도록 일정한 수준으로 뛰어주는 역할을 맡은 특별한 선수들이 있는데 이들을 페이스메이커라 부른다. 마찬가지로 생리학에서는 자발적이고 반복적인 전기리듬을 만드는 세포를 '페이스메이커 세포'라고 부른다. 페이스메이커 세포는 뇌에도 여러 곳에 있고, 위장관이 음식을 소화시키려고 꿈틀거리는 것도 그런 세포들이 위, 소장, 대장의 곳곳에 분포하고 있기 때문이다. 이런 사실을 말하고 나니 왠지 심장이 갖는 특수성이나 신비감이 좀 사라지는 느낌이지만 할 수 없는 일이다. 그래도 창자들이 보이는 불규칙적이고 좀 둔해 보이는 꿈틀거림보다 심장의 박동은 훨씬 멋지고 신뢰감이 있다.

줄기세포를 키워서 일부가 심장세포로 분화하게 되면 그 세포들 덩어리가 저절로 규칙적인 꿈틀거림을 보인다. 배양액 속에서 꼼짝 않던 세포가 어느 순간부터 박동을 시작하면 그 모습이 매우 인상적이다. 그래서 줄기세포연구에서 특정 인체장기를 시험관에서 만들어내는 가능성을 보여주는 상징적인 현상으로 심장세포 같은 꿈틀거림을 우선 꼽게 되는 것이다.

페이스메이커로부터 전기흥분의 전파

왜 심장의 움직임은 창자보다 인상적인가? 가슴 한가운데 뭉쳐 있는 근육덩어리의 질량감도 있겠지만, 더 중요한 것은 그 움직임의 신속함과 단호함이다. 수없이 많은 근육세포들로 이루어진 심장이 그런 신속한 동작을 보이려면 빠른 지시 신호가 심장의 구석구석으로 순식간에 전파되어야 할 것이다.

우리 심장의 안쪽에는 전기신호가 빠르게 전파될 수 있는 특수 고속전달경로가 아주 잘 발달되어 있다. 동방결절에서 시작되어, 심방과 심실 사이의 한 지점에서 한번 모여서 잠시 전열을 가다듬은 다음, 다시 순식간에 심실 구석구석으로 가지를 뻗어가는 이 전기고속도로는 원래 심장의 근육세포였지만 수축 기능은 갖지 않게 된 그런 놈들이다. 푸르킨에 섬유Purkinje fiber라 불리는 심장의 전기고속도로 덕분에 심방과 심실은 각각 순서대로 단호한 움직임을 보일 수 있다.

그러나 이런 기간 통신망은 그 자체로 전파 기능은 훌륭한데 가끔 혼선이 일어나서 순서를 꼬이게 만들고, 혹은 국소적인 되돌이 신호만 만들어서 심장운동을 망치기도 한다. 이것이 소위 부정맥이라고 부르는 심장질환의 한 원인이다. 복잡한 도로에 부실공사가 있거나 차량사고가 나서 길이 막혔는데 우회로로 차들이 몰리고 엉키다가, 왔던 길을 다시 가면서 더욱 혼란이 파급되는 현상이다. 그런데 차량 도로의 경우 다시 복구공사를 하면 되겠지만, 미세하고 복잡한데다가 눈에 보이지도 않는 심장의 전기전도망을 일일이 복구한다는 것은 불가능하다.

예전에는 차량흐름을 전체적으로 줄여주는 역할을 하는 부정맥 약을 사용해 보았으나 효과가 썩 좋지는 않다. 그래서 요즘에는 혈관을 통해서 심장 내부에 전선을 잠시 집어넣은 다음, 문제가 있는 전도로와 그 주변의 혼선 부위를 전기열로 살짝 지져서 끊어주는 시술이 많이 사용된다. 잘못된 교통신호와 교차로를 아예 좀 멀리서부터 막아버려 혼란의 파급을 방지하는 것과 비슷한 목적이다. 다소 맹목적인 시술처럼 들리지만, 경험 많은 의사가 정확하게 길목을 짚어주면 언제 급사할지 몰라서 불안하던 환자에게는 새 생명을 준 것과 같은 일이다.

심장마비라는 말은 어떤 느낌을 주는가? 긴박한 응급실 또는 정신없이 달리는 구급차에 누워 있는 환자가 떠오를 것이다. 팔다리에 연결된 전선을 통해서 기록되는 심전도가 모니터에서 불안정한 움직임을 보인다. 삐익-삐익 하는 소리가 생명이 꺼져가는 듯이 들리다가 마침내 멈추는 순간, 의료진은 환자의 가슴을 드러내고는 작은 다리미 같은 도구를 움켜쥐고 부착한 다음 주위 사람들에게 뭔가 구호를 외치면서 스위치를 누른다. 환자는 경련하듯 펄쩍 몸을 솟구쳤다 떨어지고, 천만 다행히 다시 심전도는 제 모습을 되찾으면서 삐익삐익 소리도 다시 들린다.

여기서의 이 도구는 제세동기defibrillator라 불리는데, 이제는 공항이나 역 등 공공시설 곳곳에 비치되어 있어서 익숙할 것이다. 심장마비라는 말은 마치 심장이 정지해 있다는 느낌을 주고, 제세동기는 잠들거나 기절해버린 심장을 다시 뛰게 만드는 자극기로 들린다. 하지만 이건 좀 오해다. 실제 심장마비의 대부분은 위에서 말했던 전기신호로의 혼선이 곳곳에서 동시다발로 벌어진 대혼잡 상태이다. 사거리와 로터리 주위에서 차량과 사람들이 이리저리 움직여보려고 시도하면서 골목길을 빙빙 돌고 있지만, 결국 제대로 된 움직임은 없는 상태이다.

이런 심장을 들여다보면 여기저기 꿈틀거리는 수축이 마치 벌레가 자루에 들어 있는 모습과 같다. 혈액은 보내지 못하고 그저 무의미한 미세운동만 있다고 해서 이런 상태를 심실세동fibrillation이라 부른다. 이런 심장에 전체적으로 전기충격을 가하면 심실세동을 일시에 다 마비시켜버리는 효과가 있다.

그렇지 않아도 위험에 빠진 심장에게 왜 이런 전기충격 처치를 할까? 일단 모두 마비시켜 놓으면 원래 정상적으로 작동해야 하는 동방결절의 신호가 먼저 다시 나오면서 순서를 다잡아줄 것을 기대하기 때문이다. 컴퓨터가 가끔 프로그램 오작동이 날 때 전원을 껐다가 다시 켜보면 문제가 해결될 때가 있는 것과 같은 기대이다.

심전도는 무엇인가

앞에서 상상해본 응급실 모습의 필수 요소 중 또 하나 빼놓을 수 없는 것이 모니터에 나오는 심전도 파형이다(163쪽 그림의 우측 아래, 169쪽 그림의 중간 기록이 이에 해당됨). 가슴속에 감춰져 뛰고 있는 심장을 바깥에서 눈으로 볼 수 있게 해주는 심전도는 어떻게 기록되는 것일까? 우리는 그 기록에서 어떤 정보를 얻을 수 있을까?

위에서 페이스메이커와 전기흥분의 전파에 대하여 설명하면서, 심장의 전기고속도로(퍼킨지섬유) 덕분에 심방과 심실이 차례로 신속하게 뛸 수, 즉 수축할 수 있다고 했다. 이런 흥분의 전파는 우리 몸을 기준으로 볼 때 가슴 중앙에서 약간 왼쪽 아래로 진행되는 방향이다. 심장의 흥분(박동)이 생길 때마다 우리 가슴에 배터리가 켜졌다가 잠시 후 다시 꺼지는 일이 되풀이되는 것이다. 잘 알려진 유행가 중에 〈사랑의 배터리〉라는 노래가 있지 않던가. 배터리에 충전된 정도가 연인에 대한 애정의 깊이라는 은유일 텐데, 배터리에 충전만 해서는 의미가 없고 규칙적으로 스위치를 켜줘서 전기신호를 보내주는 것이 필요할 것이다.

다시 심전도로 돌아가서 살펴보자. 이처럼 전기흥분파가 왼쪽 아래로 박동에 맞춰 일어나면 그것은 심장에만 퍼지지 않는다. 사실 우리 몸의 조직은 생리식염수에 해당하는 체액이 세포 사이사이에 빈틈없이 차 있다. 소금물은 전기를 잘 통하기 때문에 심장의 전기

흥분파는 주변의 조직액을 따라 쉽게 퍼져서 피부에도 전기파동이 일렁이게 된다.

물론 심장을 벗어나면 그 파동은 미약해지기 때문에 다른 장기나 피부의 기능에 직접 영향은 없어서 우리가 느끼지 못할 뿐이다. 하지만 팔목, 발목, 가슴벽 등에 전극을 부착하고 증폭기에 연결하면 그런 파동을 보여줄 수 있다. 이것이 심전도 기록이다. 이를 통해서 심장이 얼마나 규칙적으로 어떤 빈도로 뛰는가 등을 알 수 있다. 소위 부정맥을 진단하는 가장 기본 소견이 얻어지는 것이다.

여기서 조금 다른 질문이 생길 수 있다. 우리 몸의 장기들 중에서 사실 전기적 흥분이 중요하게 작용하는 대표적인 곳이 뇌다. 수많은 뇌신경세포들은 심장세포보다 더욱 빠르고 더욱 빈번하게 전기적 흥분파를 만들어낸다. 그렇다면 뇌파는 심전도와 어떻게 다른 모습을 보일까?

뇌는 심장처럼 일정 패턴으로 전기파동을 진행하는 것이 아니라서, 머리 주변에 전극을 붙여보아도 불규칙한 잡파noise처럼 보일 때가 많다(169쪽 그림의 맨 위). 오히려 깊이 잠들어서 활동이 좀 잠잠해지고 뇌의 특정 부위의 활동만 나타나거나 할 때 비로소 눈에 띄는 패턴이 드러난다. 그 때문에 수면이상 환자들에게 수면검사를 할 때 뇌파 측정을 하곤 하는 것이다.

또 다른 경우는 간질발작 같은 상황이다. 뇌의 특정 부위에서 비정상적인 강력한 파동이 뻗어가는 일이 발생하면 몸에 경련이 반복되는데 이것이 간질 발작이다. 이런 현상이 일어나면 실은 그보다 앞서 이미 뇌파에서 특정 패턴이 크게 나타나게 된다. 이건 마치

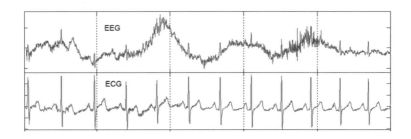

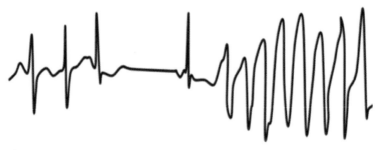

위) 뇌전도와 심전도의 동시 기록 사례
아래) 정상 심전도를 보이다가 심실세동으로 바뀌는 사례

정상적인 심전도와 비슷한 상황이다. 거꾸로 말하자면, 심장의 여러
부위에서 불규칙하고 제멋대로 흥분파가 발생하면 우리가 아는 정
상적인 심전도 파형이 아닌 작은 떨림만 보이는 형상이 된다. 이것
이 바로 심실세동이라는 치명적인 부정맥 상황이다.

　뇌는 여러 곳에서 동시다발적인 흥분이 불규칙하게 나타나는
것이 정상이지만, 심장은 일정한 순서에 따른 전기흥분파의 진행이
규칙적으로 반복되어야만 정상이다. 위의 그림을 보면, 위쪽 기록은
한 사람의 뇌전도와 심전도를 동시에 기록한 예이다. 그리고 아래쪽
기록은 정상적인 심장박동이 심실세동으로 변해가는 모습을 보여
주는 심전도이다.

혈압은 좋은 것인가, 나쁜 것인가?

"요즘 건강은 어떠신가요"라는 질문에 "그냥 저냥 괜찮지만 혈압이 좀 있어서 걱정입니다"와 같은 대화가 오가는 경우가 많다. "누구만 보면 혈압이 올라!"와 같은 말도 종종 듣는다. 이를 보면 혈압이라는 말은 주로 부정적인 의미로 사용되는 것 같다.

하지만 원래 혈압의 의미는 혈액순환의 힘을 반영하는 지표이다. 물이 높은 곳에서 낮은 곳으로 흐르는 것은 중력의 영향을 받아서 만들어진 수압 차이 때문이다. 마찬가지로 심장의 수축에 의하여 만들어진 압력, 곧 혈압이 있어야만 우리 몸 구석까지 혈류가 이어지고 다시 정맥을 거쳐서 심방으로 돌아갈 수 있다.

혈압의 중요성은 수술실에서 그야말로 극적으로 드러난다. 무의식 상태에서 수술 받는 환자의 호흡은 인공호흡기로 유지되고 있지만, 혈압은 측정만 될 뿐 인공심장을 돌리는 것이 아니다. 그러나 수술 전이나 수술 중에 출혈 등의 이유로 혈압이 떨어지기 시작하면 비상이다. 정맥주사로 수액을 넣어주고, 강심작용을 하는 약물을 주고, 정 안 되면 남의 혈액이라도 수혈하면서 혈압이 최소한도 이상 유지되도록 갖은 애를 쓴다. 그렇지 않으면 뇌나 중요 장기의 혈액순환 부족, 다시 말해 산소 부족이 와 돌이킬 수 없는 손상을 입기 때문이다.

어지럽고 눈앞이 캄캄해지는 때

햇볕 아래 오래 서 있다가 어지럼증을 느끼는 경우나 심리적 충격을 입은 사람들이 갑자기 눈앞이 캄캄해지면서 쓰러지는 일이 있다. 시야가 갑자기 어두워지는 것은 눈(망막)으로 가는 혈류가 부족하기 때문이다. 한 마디로 혈압이 부족한 것이다.

쓰러지는 것은 뇌혈류가 부족하기 때문인 것도 있지만, 그 자체가 일종의 보호 반응이다. 심장보다 위에 있는 뇌로 혈액을 보내려면 중력을 거슬러야 하기 때문에 평소에도 심장 아래쪽 장기보다 힘이 더 든다. 그런데 혈압까지 낮으면 더욱 어려워지니 바닥에 눕는 것이 그나마 뇌혈류에 도움이 되는 것이다. 옆에서 도와준다면 다리를 몸보다 높여서 당장 생명에 필요하지 않은 하체 혈액이 뇌쪽으로 더 갈 수 있게 한다. 무릎을 접어서 배 쪽으로 눌러주면 복부의 정맥에 있는 혈액을 심장으로 더 보내주는 작용도 할 수 있다.

언젠가 교내에서 와인을 시음하는 특별행사가 열린 적이 있다. 그때 실제로 겪었던 사건이다. 처음 온 어떤 여학생이 와인을 한두 잔 마시다가 갑자기 메슥거리고 어지럽다면서 복도로 비틀거리며 나가는 것이었다. 그 모습을 보고 걱정이 되어 동급생에게 빨리 따라 나가라고 일렀고 나 역시 함께 나가보았다. 그 여학생은 건물 문 앞에 쓰러져 있었다. 손목의 맥을 짚어보니 실처럼 가늘었다. 얼굴이 허옇게 질린 상태에서 불러도 대답을 겨우 하는 상황이었다. 바로 옆의 숙직실로 사람들과 함께 들어 옮긴 다음 다리를 높여주고 진정시키니 5~10분 정도 지나자 의식과 혈색이 돌아오는 것이었다. 달리 출혈이 있는 것도 아닌데 왜 혈압이 갑자기 낮아졌을까? 심장에 마비가 온 것일까?

평소 건강하던 젊은이에게도 나타날 수 있는 이런 현상은 주로 소동맥(작은 동맥)들의 갑작스런 이완이나 심장박동이 지나치게

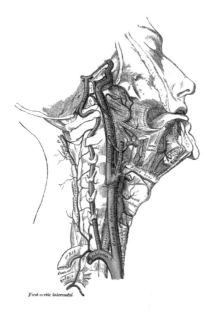

유럽의 고전적인 인체해부도에 표현된 목 부위 동맥들. 심장에서 뇌로 가는 혈류의 통로이다. 가운데 굵게 올라가던 동맥이 중간에 갈라지는 부위에 살짝 두툼한 곳이 경동맥동carotid sinus이다.

느려지면서 생긴다. 소동맥들은 정상적인 상황에서도 반쯤 또는 그 이상 잠겨 있는 일종의 수도꼭지 역할을 한다. 우리 몸의 조직과 장기들은 항상 최대 혈류를 필요로 하지 않는다. 활동이 많아질 때만 산소와 영양 공급을 맞추면 되기 때문에, 그런 요구조건에 맞춰서 소동맥이라는 수도꼭지는 더 잠기기도 하고 활짝 열리기도 한다. 즉 평소에 어느 정도 잠겨 있어야만 산소공급이나 영양공급에 대한 수요가 커질 때 더 열어줄 여지가 생기는 것이다.

이처럼 혈관은 그저 심장이라는 몸통에서 나온 단순한 관들이 아니라 다양한 굵기 변화가 다이나믹하게 일어나는 조직이다. 우리가 보통 말하는, 그리고 감지하는 '혈압'은 펌프인 심장과 수도꼭지인 소동맥들 사이의 압력을 말한다.

문화의 교차점에서 심장 읽기

만약 정서불안이나 자율신경 이상, 중독 등의 이유로 곳곳의 소동맥이 한꺼번에 완전히 열려버리면 어떻게 될까? 펌프가 많이 돌아간다 하더라도 압력이 뚝 떨어지면서 가장 높은 곳(보통 뇌)까지 혈류가 못 올라가는 상황이 벌어진다. 그 다음 결과는 앞에서 말한 것처럼 기절하거나 혼절하였다고 표현되는 상태가 된다. 이런 때는 섣불리 들쳐 업고 가려다보면 뇌혈류가 더 부족하게 되니 위험하다. 머리를 낮추고 다리를 높여주거나 무릎을 가슴 쪽에 접듯이 해주면서 다리 쪽의 혈액을 심장으로 더 보내주도록 조처해야 한다.

우리 몸에서 적정혈압은 어디에서 체크하고 있을까

관련해서 소개할 만한 또 한 가지 현상은 혈압과 혈액량을 감지해서 심장과 내분비계에 적정 수준의 조절을 요구하는 혈관의 기능이다. 목과 턱의 경계부위 양 옆으로 호흡기관 바깥쪽을 지나는 동맥을 경동맥이라 부른다. 이는 심장에서 뇌로 가는 혈류의 주요 길목이다. 이 부위는 경동맥동carotid sinus이라고 불리는데, 이곳의 동맥벽에 가해지는 압력이 오르내리면 심장박동을 반대 방향으로 조절하도록 자율신경계에 신호를 보낸다.

침대에 누워 있다가 갑자기 일어나는 경우 일시적으로 눈앞이 핑 돌거나 어지러움을 느끼기도 하지만 곧 다시 괜찮아진다. 자세를 세우면 혈액이 아래로 쏠리는 중력의 이유로 경동맥동 압력이 살짝 떨어지기 때문이다. 뇌혈류가 부족해질 것이라는 신호에 해당하는데, 이런 경동맥동의 압력감소를 감지해서 반사적인 자율신경계 신호가 내려오면 금세 심장의 박동이 좀 더 빨라지게 된다. 이렇게 부족한 혈압(혈액을 보내는 힘)을 보충해주는 것이다. 누우면 반대 방향의 변화가 일어나면서 심장박동이 살짝 느려진다.

만약 뒤에서 턱 바로 아래쪽의 목을 조르면 어떤 일이 벌어질까? 경동맥동 위쪽이 눌리면 실제로 뇌혈류는 부족하지만 경동맥의 혈액이 빠져나가지 못하면서 경동맥동의 압력은 갑자기 올라간다. 이는 일종의 오작동 신호로 작용하면서 심장 박동을 느리게 하고 심지어는 거의 멈추게까지 하는 부교감신경 활성을 일으킨다. 체육시간에 장난삼아 목 조르기를 하다가 큰 사고가 날 수 있다. 당하는 사람은 미처 뭐라 말하기도 전에 심장이 멈추고 뇌혈류 부족으로 정신을 잃을 수 있는데, 그것도 모르고 계속 목을 조르다보면 정말 큰 일이 생긴다.

이런 빠른 반사작용 말고, 더 느리지만 혈액의 양 자체를 점진적으로 바꿔주는 반사작용도 있다. 이런 반사작용은 콩팥으로 가는 동맥의 잔가지들이 맡고 있다. 콩팥 소동맥들에 대한 압력이 약해진다는 것은 혈액량이 부족하다는 의미인데, 이런 경우 레닌이라는 호르몬이 이곳에서 분비된다. 레닌은 연쇄적으로 안지오텐신과 알도스테론 호르몬을 분비시키고, 알도스테론은 물과 염분 배출을 줄여서 혈액량을 늘린다. 그런데 가끔 이런 조절에 문제가 생겨서 과잉의 체액이 몸에 쌓이면 혈액량과 혈압이 올라가게 된다. 이런 상태가 고혈압의 이유가 된다.

물론 고혈압의 원인은 이보다 훨씬 복잡하고 다양하다. 적정 혈압을 넘은 상태가 장기간 지속되면 펌프 역할을 해야 하는 심장에 무리가 될 것이다. 심장벽은 두꺼워지면서 이를 극복하려 하지만, 몸짱 근육이 보기 좋은 것과 달리 심장근육의 과잉 비대는 정상적인 리듬이나 기능에 오히려 방해가 될 때가 많다. 팔다리 근육은 잠깐 힘쓰고 쉴 수 있지만, 정교한 힘 조절을 끊임없이 반복해야 하는 심장은 입장이 다르다. 혈액을 보내려면 일단 받아들여야 하는데, 너무 두꺼워져서 이완이 부족해지면 오히려 단위 시간당 혈액순환이 더 못해질 수도 있을 것이다.

맥을 짚어본다는 것

앞에서 작은 동맥가지들인 소동맥은 마치 수도꼭지처럼 국소부위의 혈류를 조절한다고 비유했다. 그렇다면 굵은 동맥인 대동맥은 큰 수도관에 비유될 수 있을까? 비슷하긴 하지만 이보다는 탄성이 있는 고무관에 비유하는 것이 더 적절하다.

길고 말랑말랑한 고무관의 한쪽은 살짝 막아놓고 물을 채운 다음, 반대편에 큰 주사기로 갑자기 물을 추가로 주입하는 상황을 생각해보자. 주사기 쪽의 고무관은 일시적으로 팽창하겠지만 그 팽창은 곧 아래로 파도처럼 전달될 것이다. 심장이 박동할 때마다 이런 일이 대동맥에서 일어나서 팔다리의 동맥들로 전파된다. 우리가 '맥을 짚어본다'라고 표현하는 것은 이러한 파동(맥파)을 감각이 예민한 손끝으로 느끼는 것이다. 진단장비가 없던 옛날 의사들은 이처럼 맥을 짚으면서 심장박동의 규칙성이나 혈압의 수준을 짐작할 수 있었다.

고무관으로 비유했던 동맥들이 말랑말랑하지 않게 되면 어떤 일이 일어날까? 나이를 먹거나 혈관질환이 있게 되면 동맥의 유연성이 떨어지면서 맥파가 빨라지게 된다. 맥을 짚는 감각이 뛰어나거나 잘 훈련된 사람이라면 그런 차이도 어느 정도 느낄 수 있을지 모른다. 하지만 흔히 사극이나 만화에서 나왔던 것처럼 왕비나 공주의 손목을 잡을 수 없어서 실을 묶어서 맥을 짚었다는 것은 말이 안 되는 이야기이다.

심장의 통증

영화나 드라마에서 인물들의 심한 갈등이 마침내 파국을 향해 나아갈 때 주요 인물들이 왼쪽가슴을 움켜쥐고 고통에 몸부림치며 쓰러지는 경우가 있다. 어떤 문제가 있는 것일까?

끊임없이 뛰는 심장은 신체 어느 부위보다도 꾸준한 산소공급과 에너지원(당분과 지방성분)의 보급이 필요하다. 심장 스스로의 순환을 담당하는 혈관을 관상동맥coronary artery이라 부른다. 심장에서 혈액이 분출되는 대동맥의 초입부에서 가장 먼저 갈라져 나오는 동맥들이 심장을 감싸면서 가지 쳐 내려오는 모습이 마치 왕관과 비슷하다 하여 불리는 이름이다. 서양에서 왕이 즉위하는 행사를 대관식coronation이라 부르는 것은 왕관을 공식적으로 쓰게 되는 것이기 때문이다. 그 관상동맥의 일부가 막히면 그 아래 부위의 심장에 혈액부족(허혈)과 산소부족 상태가 온다. 이는 심장근육세포 자체의 기능저하도 일으키지만, 이를 통증으로 감지하게 해주는 감각신경도 자극하기 때문에 흉통이나 협심증이라 부르는 심근경색 증상으로 나타난다.

관상동맥 혈류부족이 일시적이면 그나마 다행이지만, 산소부족이 지속되면 심장에 돌이킬 수 없는 손상이나 조직괴사가 일어난다. 이런 허혈성 심장질환에 대한 진단이나 치료는 여기서 말하기에는 너무 복잡하니 섣부른 지식검색에 의존하지 말고 의사의 상담을 받는 것이 필요하다. 심장이 워낙 중요하다 보니 가슴 부위의 통증이 오면 덜컥 겁이 난다. 사실 이 부위의 통증은 심장의 이상 외에도 워낙 다양한 이유들, 심지어는 소화불량이나 위산과다, 식도역류 등의 원인도 있기 때문에 자주 겪게 되는 통증이다.

모세혈관, 심장의 최종 목적이 이뤄지는 곳

급하게 서류나 책갈피를 넘기다 가끔씩 손끝을 그야말로 살짝 베이곤 하고, 얼굴에 뾰루지를 짜내기만 해도 핏방울이 맺히는 것을 볼 수 있다. 부끄러움에 얼굴이 화끈 달아오르며 붉어지는 것을 보면 피부 바로 아래까지 혈관들이 이어져 있는 것 같다. 사실 피부뿐만 아니라 우리 몸 전체가 혈관들 특히 모세혈관들이 얽힌 덩어리라고 보아도 될 정도이다. 우리 몸에 모세혈관은 왜 이렇게 많을까?

'확산diffusion'이라는 말을 들어보았을 것이다. 물이 높은 곳에서 낮은 곳으로 흐르듯이, 어떤 물(분자들)이건 농도가 높은 곳이 있으면 자연스럽게 흩어져서 더 낮지만 균일한 농도가 되어가는 현상을 말한다. 운동장 한 구석에 남자아이들을 빼곡히 모았다가 자유롭게 풀어주면 저절로 운동장 전체에 퍼져서 뛰어노는 것과 마찬가지의 분자운동 결과이다.

우리 몸의 수많은 세포들에 필요한 산소나 영양분, 노폐물들 또한 혈액에서 확산되어 오가고 있다. 그런데 이런 확산은 가까운 거리까지는 그야말로 순식간에 일어나지만 거리가 조금만 멀어지면(예를 들어 세포들 10개의 폭만큼만 멀어져도) 급격하게 시간이 많이 걸린다. 그러니 세포들의 활발한 생명현상을 위해서 구석구석까지 혈류가 이어지는 것이 중요하다. 그러면서도 활동이 많지 않은 때에는 그쪽 혈관을 조이는 조정이 끊임없이 일어나는 것도 필요하다. 펌프 역할을 하는 심장에 무리가 가지 않도록 하기 위해서이며, 바로 앞에서 말한 소동맥들의 역할이기도 하다.

소동맥에서 이어지는 모세혈관들은 단 한 층의 세포들(내피세포)로 이루어진 초미세관이다. 내피세포들 사이로 영양분과 노폐물의 교환이 이뤄지는데, 만약 주변에 세균과 같은 유해 인자들이 있으면 세포들 사이의 틈새가 더 넓어지면서 면역세포나 항체 단백질들이 쉽게 나올 수 있도록 해준다. 간단한 구조라고 우습게 볼 것이 아니다. 어찌 보면 바로 이곳이 심장과 순환의 최종 목적이 이뤄지는 곳이기 때문이다.

심장의 존재 가치는 단순히 혈액을 순환시키는 것이 아니며, 모세혈관에서 산소·이산화탄소의 교환과 영양분·노폐물의 교환이 궁극적 목적이다. 순환만 시키는 것은 마치 무의미한 명령에 따라서 땅을 파고 덮는 것만 반복하는 삽질일 뿐이다.

일상생활에서 국소적으로 모세혈관의 틈새가 넓어지는 반응을 가장 자주 느끼는 대표적인 경우가 바로 모기에 물리거나 염증이 생겼을 때이다. 빨갛게 되고 부어오르면서 면역세포에서 나온 히스타민이 가려움을 일으키기도 한다. 그런데 만약 이런 반응이 전신적으로 일어나면 어떻게 될까? 어떤 사람들은 모세혈관의 확장과 투과성 증가 반응이 특정 물질에 유난히 강한 경우가 있다. 단순히 여기저기 붓고 가려운 정도면 시간이 지나면 괜찮을 텐데, 우리 눈에 보이지 않는 호흡기 안쪽이나 폐가 붓게 되면 당장 숨을 못 쉬게 되는 것이다.

또 혈액이 여기저기 빠져나오면 혈압이 급격히 떨어지면서 순환장애도 오게 된다. 추석 때 벌초하다가 말벌에 쏘여서 쇼크로 사망하는 사건들이 이런 이유에 해당된다. 소위 '아나필락시스 anaphylaxis' 반응이라고 부르는 것이다.

나가는 말

혈액의 자동펌프라는 이미지를 갖는 심장은 단순한 기계장치를 넘어서서 인간의 신체와 생명현상을 이해하는 키워드이다. 왜 그런가? 여기까지 살펴본 것처럼 결국 심장은 그 자체로 박동하는 것이 중요한 것이 아니라, 수많은 혈관계를 혈액과 혈류로 연결시켜주는 '순환'과 '소통'의 핵심이기 때문에 중요한 것이다.

혈액을 따라 전달되는 호르몬, 면역세포, 산소와 영양성분(물론 노폐물까지도) 이외에도 수많은 성분들과 물리적 힘은 우리의 심신을 조화롭게 한다. 이런 순환과 소통 그 자체가 우리 자신을 형성한다. 발그레한 뺨이라든지 눈 아래 다크서클도 혈액순환의 외관상 표현이면서, 감정과 심신 상태의 소통방식이기도 하다. 고대로부터 마음

과 영혼의 상징으로 다뤄온 바, 우리의 생각과 언어생활 곳곳에 심
장이 자리 잡은 영향은 헤아릴 수 없다. 심장은 계속 뛰어야 한다.

김성준

서울대학교 의과대학 생리학교실 교수. '심혈관생리-이온통로연구실'을 운영하면
서 인체 순환계에서 생물학적 미세전류의 역할을 연구하고 있다. 세포막의 전기통
로인 이온채널들은 다양한 생체내외 환경 변화를 감지하고 조절한다. 이에 패치클
램프(patch-clamp) 기법이나 미세혈관 수축-이완 측정을 통하여 혈압-혈류 조절의
새로운 기전을 밝히려 한다. 인체생리학 분야의 교육과정 개발에도 관심이 많다.

심장은 마음의 장기인가?
심장의 존재론

한 개의 심장인가?

우리말의 '마음'에 해당하는 한자어인 심心은 고대 중국 갑골문에서 '심장心臟'을 형상화한 것이라고 한다. 보이지 않는 무엇인 '마음'을 보이는 신체장기인 '심장'과 은유적으로 연결하여 이해하려는 시도라 할 수 있겠다.

우리가 오랫동안 사용해온 '마음'이란 단어와 한자어 '심心'이 개념적으로 항상 일치했는지는 알 수 없다. 심장에 해당하는 우리말인 염통의 '염'은 '소금 염鹽', '불꽃 염炎', '생각할 념念' 등으로 다양하게 해석되기도 한다. 어쨌든 심장이란 장기는 동아시아뿐 아니라 여러 문화에서 오랫동안 보이지 않는 마음과 밀접히 연결된 장기로 여겨져 왔다.

영어 단어인 heart는 장기로서의 심장과 마음의 정서적 측면을 표현하는 중의어로 쓰인다. 반면 mind는 마음의 이성적 측면을 표현하는 단어로 쓰이고 있다. 영어에서 이렇게 뇌가 담당하는 이성과 심장의 영역인 정서를 구분한 것은 비교적 최근 일이다. 오래 전에는 영어에서도 우리말 '마음'과 같이 heart가 정신의 모든 측면을 표현하였다. 과학적으로는 정서의 중추가 두뇌라는 것이 밝혀졌지만, 여전히 heart가 정서를 담당하듯 표현되고 있는 이유는 문화적 개념이 과학의 진보보다 느리게 변해서 그런 것 같다.

말레이시아 언어에서는 심장이 아니라 간을 뜻하는 단어인 'hati'가 '마음'을 뜻하는 단어로 쓰인다. 고대 바빌로니아 문명에서도 인간의 장기 가운데 '간'을 가장 중요하게 생각했다. 피로 가득 찬 커다란 간은 생명력의 근원으로 여겨졌으며 미래에 대한 비밀이 감추어져 있다고 생각해 미래를 예언할 때 사용하기도 했다. 남아시아나 폴리네시아 문화에서는 감정 중추가 배나 콩팥에 있다고 믿었다. 호주의 한 부족에서는 감정은 복부에 있고 이성은 귀와 연결되어 있다고 믿었는데, 그 이유는 배에 들어간 음식이 육체와 영혼의 건강에 영향을 주고 귀를 통해 모든 정보가 들어온다고 믿었기 때문이다.

한 단어의 의미는 언어마다 다르고 시대에 따라서도 달라진다. 즉 단어의 개념은 그 언어 사용의 전체 맥락에 의존한다. 단어의 의미 혹은 개념이라고 하는 것은 독립적으로 존재하는 것이 아니라 다른 개념들과의 상호관계성을 통해서만 밝혀질 수 있기 때문이다. 서로 밀접히 연결된 개념들은 그 문화 혹은 분야에서 통용되는 이

문화의 교차점에서 심장 읽기

론을 만들고 이론들이 모여 관점을 형성한다.[2]

　예컨대 위에서 언급한 신체에 대한 이론들이 각 문화권에서 은유를 통해 마음에 대한 이론과 연결되어 그 문화의 관점을 이룬다. 관점을 형성하는 이론들의 내용과 이론들이 연결되는 방식이 다르기 때문에, 예를 들어 의사의 관점과 환자의 관점에서 같은 단어라도 서로 다른 의미를 가질 수 있다. 이 장에서는 '심장', 그리고 심장과 매우 밀접히 연관되어 있는 '마음'에 대한 개념의 존재론, 즉 '심장'의 온톨로지[3]에 관해 다루고자 한다.

　이 장에서는 우리 몸의 일부로서 보이는 세계에 속하는 '심장'과 보이지 않는 '마음(혹은 정신)'의 세계를 다양한 문화에서 어떻게 개념 지어왔는지 살펴보고자 한다. 문화는 한 사회의 사상, 언어, 예술, 종교, 과학, 관습, 규범, 가치관 등으로 형상화된 것이다. 즉 그 사회 구성원들의 집단의식이 체화embodiment되어 삶의 형태로 보이는 모습이 바로 문화이다. 오늘날 현대의학 덕분에 우리는 눈으로 볼 수 있는 객관적이고 유일한 '심장'의 개념을 가지게 되었고, '마음'이라고 하는 보이지 않는 현상은 더 이상 심장과 아무런 관계도 없이 그 자리를 두뇌에게 내어주게 되었다.

　그럼에도 여전히 다양한 언어에서 '심장'을 뜻하는 단어가 없으면 '마음' '정신' '영혼' '느낌' '사랑' '분노'와 같은 보이지 않는 것들을 표현할 수 없다. 또한 언어들마다 심장과 연결되는 개념들 간의 관계가 매우 다양하고 복잡하게 나타난다. 시대와 지역에 상관없이 인류문화에 보편적으로 나타나는 심장에 대한 개념적 특성이란 것이 있을까? 심장 개념에 있어서 문화적 차이는 왜 생긴 것이며 어떤 식으로 사람들의 삶의 방식에 영향을 주었는가? 보이는 세계와 보이지 않는 세계를 이어주는 심장이란 개념을 만들게 된 인간의 근본적인 물음은 어디에서 유래하는가?

현대의학은 몸의 일부인 심장을 관찰하고 연구하고 기술하는데 객관적이고 일치된 하나의 관점만 허용한다. 심장은 해부학, 생리학, 병리학적으로만 설명될 뿐 정신적 현상이나 문화적 현상과 연결 지을 수 있는 여지가 없다. 현대의학에서는 두뇌와 정신 현상과의 관계도 철저히 자연주의적이고⁴ 환원주의적⁵ 관점에서만 기술되어야 한다. 하지만 옳고 그름을 떠나서 일상에서 우리가 사용하고 있는 심장과 관련된 풍부한 언어 표현과 상상들은 여전히 살아 숨쉬고 있고 더 다양한 옷을 입기를 원한다.

그렇다면 우리는 완전히 다른 두 개의 심장 개념을 가지고 있는 것인가? 현대과학에서는 그 분야의 연구 커뮤니티에서 인정하는 방식으로 관찰 가능하고 논리적으로 추론 가능한 설명만 허용된다. 여전히 동양의학과 대체의학에서는 심장을 정신 현상과 어떻게 해서라도 연결하려 하는데, 이들이 관찰하고 설명하는 심장은 어떤 개념의 심장인가? 우리가 심장과 연결해서 생각하는 마음이란 개념은 일상언어와 과학 간에 서로 동일한 개념인가? 여러 언어들 간에도 마음에 대한 개념체계가 다르고, 과학으로서의 심리학과 통속심리학⁶에서의 마음의 개념도 다를 수밖에 없다.

위에서 던진 심장과 관련된 여러 질문들은 문화사적, 언어학적, 심리학적, 신학적, 그리고 철학적 관점에서 깊이 있게 다루어져야 한다. 이런 질문들에 대하여 상세히 답을 하는 것은 이 책의 범위를 넘어서는 것이다. 우리가 일상에서 흔히 쓰는 단어에 대한 개념[7]도 깊이 들어가서 살펴보다 보면 사람과 사회와 역사와 우주에 대한 이해의 폭이 넓어지게 된다.

그 중에서도 심장과 마음에 대한 개념은 인류가 지금까지 풀려고 했던 가장 어렵고도 진지한 문제와 직접적으로 연결되어 있다. 다음 절에서는 인류역사상 최초의 철학자들로부터 지금에 이르기까지 가장 근원적인 질문들과 심장의 개념이 어떤 관계를 갖고 있는지에 대해 살펴보겠다.

심장, 두 개의 세계를 이어주다

아이가 태어나서 눈을 뜨는 순간부터 앎의 여정이 시작된다. 앎, 곧 인식의 출발은 구별(대상 간의 차이를 인식)하는 것이고, 학습은 구별된 것들을 어떤 기준에 따라 일반화하여 구분하는 것이다. 이것과 저것, 나와 너, 안과 밖, 몸과 마음, 선과 악, 하늘과 땅, 주체와 객체를 구별하고 구분 짓는 것은 아이가 태어나서부터 하는 생존을 위한 활동인 동시에 가장 깊이 있는 철학적 사유 활동이다.

이 세계를 두 개로 구분 짓고 싶어 하는 인간의 철학적 본능이 이원론을 낳게 한 것 같다. 인류 최초의 철학적 이원론은 눈에 보이는 자연적 현상 이면에 있을 것 같은 보이지 않는 초자연적 원인을 사유하면서 시작되었다. 고대 그리스를 포함하여 인류의 문명을 이끌어 온 철학적 사유의 출발점은 모든 것이 변하는 이 세상에서 불변의 것을 사유하고, 보이는 것들을 통해 보이지 않는 것들을 이해하며, 구체적으로 존재하는 여러 것들에 내재되어 있는 공통되는 특성을 찾아내는 노력에 있었다.

하지만 이원론은 반드시 두 개의 세계를 이어주는 무엇인가를 필요로 한다. 보이는 세계와 보이지 않는 세계를 연결해주는 지점에 바로 종교가 있어왔다. 앞에서 언급하였듯이 '심장'의 개념도 보이는 현상으로서의 '몸'과 보이지 않는 '마음'을 연결하는 은유적 매개 역할을 한다. 심장은 또한 너와 나로 구별된 두 개의 자아를 이어주는 감정의 교량 역할을 하고, 자연적 현상과 초자연적 현상을 하나로 묶어주고 신성을 받아들이는 신앙의 중심이 되는 장소로 여겨져 왔다.

근대 철학의 창시자라 알려진 데카르트의 심신이원론이 세상에 소개되기 훨씬 이전에도 사람들은 육체와 영혼은 서로 다른 실체라고 믿었다. 물리학, 해부학, 생리학을 공부한 데카르트는 '심장' 대신에 뇌 속에 있는 작은 내분비 기관인 송과선pineal gland을 정신현상에 속하는 의지와 물리현상에 속하는 몸의 움직임을 이어주는 곳이라 하였다. 이는 철학적으로도 의학적으로도 잘못된 견해로 밝혀졌다. 하지만 사람들은 이 세상에는 두 종류의 서로 다른 차원의 존재가 있고, 무엇인가 이 둘을 연결해주는 것이 필요하다고 생각해왔을 것이다.

우리의 감각기관에 들어오는(보이거나 들리거나 하는) 현상을 넘어 인류는 보이지 않거나 초월적인 세계에 대해 왜 그렇게 관심을 갖게 되었는가? 심장은 어떻게 해서 두 개의 서로 다른 존재적 차원을 이어주는 역할을 하게 되었는가? 그리고 어떤 방식으로 심장이

　　　　　　　　　문화의 교차점에서 심장 읽기

그런 역할을 하게 되었는가?

　최초의 문자 기술은 기원전 4000년경 고대 이집트에서 발명되었다. 메소포타미아와 이집트에서 시작된 서양의 문명은 그리스로 이동하여 비로소 철학, 수학, 과학의 형식을 갖추면서 꽃을 피우기 시작하였다. 철학은 기원전 585년에 일어난 일식을 최초로 예측한 탈레스로부터 시작했다. 고대 이집트에도 천문학과 기하학이 있었지만 주로 경험에만 의존하였다. 이집트를 여행하고 돌아온 탈레스는 연역적 사고와 추상화하는 방법을 통해 일반적 자연법칙을 찾아내는 서양과학의 문을 연 사람이다. 탈레스는 "만물의 근원은 물"이라는 철학적 가설을 설파한 사람으로 유명하다.

　탈레스의 뒤를 이어 아낙시만드로스도 만물의 근원이 되는 제일 실체primary substance가 있다고 믿었지만, 물과 같이 보이는 실체가 아니라 무한하고 영원한 우리가 알 수 없는 실체라고 주장하였다. 탈레스와 아낙시만드로스와 함께 밀레토스 학파에 속한 아낙시메네스는 제일 실체가 공기라고 하면서, 영혼은 공기이며 불은 희박해진 공기라고 주장하였다. 그는 압력에 의해 공기가 응축되면 물이 되고, 물이 응축되면 흙이 되고, 흙이 응축되면 돌이 된다고 하였다. 이처럼 최초의 그리스 철학자들은 보이는 세계를 구성하는 근본 실체와 물질들 간의 관계와 변화에 대해 관심을 갖고 이를 논리적으로 설명하려 하였다.

　이오니아 출신으로 기원전 500년경에 활약한 헤라클레이토스는 "만물은 유전한다"라는 격언을 남겼다. 그는 세상은 끊임없이 변하고 모든 것은 서로 대립되는 힘들 사이의 조화를 통해 통일된다고 믿었다. 정These과 반Antithese이라고 하는 대립물이 종합Synthese으로 이르는 끊임없는 과정에 대한 철학을 만든 헤겔은 헤라클레이토스 철학과 일맥상통하는 점이 있다. 철학자들은 이런 끊임없는 변화의 과정에도 진보 자체와 진보의 내적인 목적은 영원히 변하지 않는다고 믿었다. 즉 철학자는 만물이 변하는 시간흐름의 영속성이 아니라 시간의 전체 과정 밖에 있는 영원성의 개념을 추구한다. 고대 그리스 철학은 이런 영원한 존재를 추구하고자 하는 욕구에서부터 출발하였다.

원자론자인 데모크리토스는 만물은 더 작게 분리될 수 없는 원자로 이루어졌다고 믿었다. 그는 플라톤이나 아리스토텔레스 철학에서 나오는 목적이나 목적인⁸과 같은 개념을 거부하고, 현대 기계역학 이론에서처럼 엄격한 결정론에 기초한 자연법칙으로 원자들의 운동을 설명하려 하였다. 데모크리토스는 불과 영혼도 구형의 작은 원자들로 이루어진다고 생각했다. 그는 뇌와 심장에 불의 요소가 가장 많고, 사유도 일종의 운동이기 때문에 뇌와 심장에서 시작하여 신체에 인과적 영향을 준다고 믿었다.

데카르트의 심신이원론의 원조는 유물론에 가까운 데모크리토스의 기계론이라 할 수 있다. 이처럼 인류 최초의 철학자들은 다양하고 변화하는 현상계 이면에 있는 보편적 진리를 찾기 위해 이성적으로 사고하는 여러 방법들을 사용하고 발전시켰다.

피타고라스의 정리로 유명하고 연역 논증에 기반한 수학을 창시한 피타고라스는 합리주의와 신비주의를 결합한 사상을 만들어낸다. 그는 철학과 수학을 학문적으로만 연구하지 않았다. 그가 신

문화의 교차점에서 심장 읽기

봉한 신비주의적 종교는 이후 세대에 번성하다가 오늘날까지 여러 신비주의 종교집단에 많은 영향을 주었다. 피타고라스는 내세를 믿었고, 영혼의 윤회, 영혼과 신적인 것의 합일가능성에 대해 믿었다. 눈에 보이는 세계를 허상, 환상, 혼탁한 것이라 여기고, 수학은 신과 합일을 이루는 영적 정화淨化의 수단이라 생각했다.

수학적 깨달음은 황홀경 속에 드러난 계시와 동일시되었다. 수학자는 질서정연한 미의 세계를 창조하는 음악가와 같이 물질세계의 한계에서 해방감을 맛보는 자유로운 존재라 여겼다. 보이는 세계와 보이지 않는 세계를 이어주는 수학은 일상의 이면에 숨겨진 우주의 질서를 찾아내는 역할을 한다. 예를 들어, 가장 처음으로 시작하는 네 개의 자연수의 합(1+2+3+4=10)인 테트락티스tetraktys는 정삼각형의 도형으로서 모든 현상의 기본 구성원소(물, 불, 흙, 공기)를 의미한다. 그리고 10은 '만물을 포괄하며 만물의 경계를 이루는 어머니'인 가장 완전한 수이다. 또한 홀수와 짝수는 모든 현상의 상응관계를 나타내는데, 홀수는 남성성, 수직선, 오른쪽, 빛, 선善, 통일성에 상응하며, 짝수는 여성성, 수평선, 왼쪽, 어둠, 악, 다양성에 상응한다고 믿었다.

많은 종교에서 기도나 주문을 홀수로 하거나 마법의 매듭을 홀수로 매는데, 이러한 전통도 홀수를 우위에 두는 믿음에서 유래되었다. 이슬람의 예언자 마호메트는 단식기도를 끝내면서 대추야자 열매를 홀수로 먹었다고 한다. 피타고라스의 신비주의적 수학은 주역의 음양오행과 팔괘 사상과도 매우 흡사하다. 보이는 현상 이면에는 우주의 질서가 있고 여러 형태의 수의 대칭성을 발견함으로써 보이지 않는 세계에 접근 가능하다고 믿는 것이다.

보이는 세계와 보이지 않는 세계를 이어주는 것은 연역이 아니라 바로 은유metaphor이다. 이렇게 은유는 문학이나 예술에만 존재하는 것이 아니라 우주의 근본을 밝히는 학문과 궁극적 존재를 만나는 종교의 효율적 수단이 되었다. 철학자들과 수학자들이 일반적으로 사용하는 연역적deductive 추론과 추상적 사고가 순수한 이성의 영역에 속한다면, 유비적analogical 추론과 은유는 서로 다른 두 개의 세계를 이어주는 감성적 직관을 필요로 한다.

비록 가장 합리적인 연역 수학이라는 체계의 문을 열었지만 피타고라스의 신비주의적 종교는 비합리주의의 단면을 보여준다. 합리성이 인간의 지성(이성)에 속한 특성이라면, 감성과 감각은 인간의 비합리성을 대표한다. 야만에서 문명사회로 발전하면서 인간은 사유를 하는 합리적 존재로 진화하였다.

하지만 문명사회는 법, 관습, 종교를 통해 야만 상태에 있던 본능적 충동을 억제하게 되는데, 이에 대한 반동으로 일어난 것이 디오니소스 숭배였다. 바쿠스 종교의식은 감각적, 정서적 도취 상태에 빠지게 하는데, 종교적 열광에 이르게 되면 신이 그를 숭배하는 사람 속으로 들어온다고 믿게 된다. 이 때 일상의 걱정과 근심은 사라지고 기쁨과 해방감을 맛보게 된다.

원형의 디오니소스 숭배에 있는 야만적 요소가 혐오스럽다고 여긴 오르페우스(그리스 신화에 나오는 시인이자 악사)는 육체적 도취를 정신적 도취로 대체하는 금욕적인 새로운 디오니소스 숭배를 시작하였다. 오르페우스가 세운 종교는, 영혼은 윤회하고 현세의 삶에

문화의 교차점에서 심장 읽기

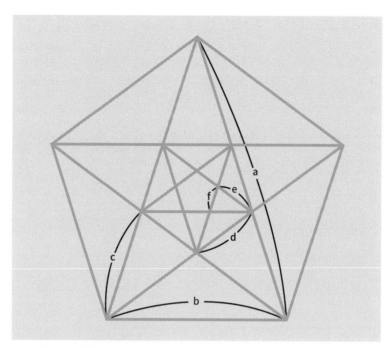

피타고라스의 오각형과 황금비율

따라 내세에서 축복을 받거나 고통을 받는다고 믿었다. 오르페우스
교는 피타고라스를 거쳐 플라톤의 철학에 유입되었다. 육체적, 감각
적 열광을 추구하건 정신적 황홀경에 빠지건 종교의 신비주의적 특
성은 합리적 이성의 차원과는 거리가 있다. 그런 점에서 피타고라스
의 수학은 인간의 합리성과 비합리성을 연결하는 지점에 있다.

　　현대 수학자이며 1982년 수학의 노벨상이라 불리는 필즈상을
수상한 알랭 콘Alain Connes은 수학이 사색의 학문이라기보다는 느낌
과 직관의 학문이라고 하였다. 수학은 자연에 있는 규칙성과 패턴을
발견하는 학문이자, 수많은 종류의 대칭을 품고 있는 자연과 심장으

로 주고받는 언어인 것이다. 달팽이는 피보나치 수열[9]에 따라 자신의 껍질을 키워가고, 꿀벌은 인동덩굴의 오각형 대칭과 클레머티스의 육각형 대칭, 그리고 해바라기의 방사형 대칭에 대해 강하게 인식한다고 한다.

수많은 자연현상에서 발견되는 황금비율[10]은 모든 사람에게 공통적으로 가장 아름답다고 느껴지는 기하학적으로 조화를 이룬 분할이다. 피타고라스학파 사람들이 사용했던 휘장에는 정오각형 안에 별 모양이 있고 그 속에 오각형이 있으며 다시 또 그 안에 별 모양이 있는 등 무수히 반복되는 기하학적 도형을 상징으로 사용했다. 각 대각선은 다른 대각선과 교차하며 길이가 다른 두 부분으로 분할되는데, 분할된 대각선의 긴 부분과 짧은 부분의 비율은 황금분할을 이룬다. 피보나치 급수의 연속된 두 항의 비는 극한값인데 인접한 두 수의 비율 또한 두 수가 커질수록 황금비에 근접한다.

초기 인류는 5,000년 전 세워진 스톤헨지와 같이 매우 복잡한 대칭을 갖는 수많은 형상을 만들어냈다. 초기 원시미술에서도 대칭에 대한 감성이 매우 풍부하게 표현되었다. 아일랜드 무덤 벽돌에서 흔히 발견되는 나선무늬의 대칭들에서부터 "일곱 태양의 돌"이라 불리는 대칭들은 신석기인들이 터득한 천문학적 지식을 미적 형상으로 표현한 것이다.

중국의 역사학자 사마천의 기록에 의하면 기원전 1000년경에 어떤 왕이 말하기를 "성인은 심장에 7개의 구멍이 있다"라고 하였다. 고대 이집트에서는 태양과 7개의 구멍을 가진 심장을 동일시하였다. 동아시아에서는 북두칠성을 우주의 심장으로 여겼다.

문화의 교차점에서 심장 읽기

만다라 이미지

　불교나 중세 기독교 문화에서 흔히 발견되는 만다라는 복잡하게 얽힌 무수히 많은 원들을 그린 모양으로서 다층 구조의 우주를 표현하였다. 만다라는 열반을 성취하는 과정에서 겪는 인간 조건의 여러 요소들을 여러 종류의 패턴으로 상징한다. 즉 마름모는 마음을, 팔각 바퀴는 열반에 이르는 경로를, 16개의 꽃잎을 가진 연꽃은 열반을 상징한다. 만다라 의식에서는 긴 시간 동안 집중해서 만다라의 대칭을 만들지만 끝에 가서는 세상이 덧없듯이 한순간에 만다라를 무너뜨리게 한다. 정신분석학자인 칼 융에 의하면 만다라는 자아를 표현하는 것이라 하였다. 또한 만다라는 무의식의 세계 안에서 우주와 자아가 만나는 곳이다.

　일반 과학자들이 연구 대상을 나누고 쪼개어 분석하는 데 집중한 반면, 노벨상을 수상한 여성 유전학자인 바바라 매클린톡Barbara McClintock[11]은 연구결과를 옥수수라는 생명 전체의 관계 속에서 해석하려고 하였다. 그는 현미경 속에 있는 "대상이 하는 말을 귀 기울여 들을 줄 알아야 한다. 생명을 있는 그대로 온전히 느껴야 한다"라고 말했다. 그가 강조한 "생명에 대한 느낌"은 머리로 하는 것이 아니라 가슴으로 받아들이는 것이다. 이렇게 영원한 존재에 대한 탐구는 머리와 가슴이 함께하는 작업이다. 인류역사상 창의적인 업적을 이룬 수많은 인물들은 지성과 감성을 겸비하고 지식과 상상력이 풍부했었다.

고대 그리스 철학자들 중 플라톤과 아리스토텔레스는 고대, 중세, 근대에 속한 모든 철학자들에게 가장 많은 영향을 주었다. 플라톤은 감각적 세계에 속하는 '현상phenomena'과 영원의 세계에 속하는 '실재reality'를 구분하는 이데아 철학을 주창하였다. 헤라클레이토스와 마찬가지로 플라톤은 감각적인 세계는 영원한 것이 하나도 없고 환상과 같은 것이라 여겼다. 철학자는 진리를 통찰하고 지혜를 사랑하는 사람이어야 하는데 개별 사물이 가지고 있는 특성을 통해서는 절대적인 진리에 대한 지식을 얻을 수 없다는 것이다.

예를 들어 절대의 아름다움에 대한 지식은 아름답게 보이는 개별 사물들을 감상하는 것으로 얻을 수 없는데, 그 이유는 개별 사물은 그와 반대되는 속성도 가지고 있기 때문이다. 예컨대 특정 공간과 시간에 한정되어 있는 "야옹이"와 "나비"는 실재하지 않는 감각적 현상에 지나지 않으며, 일반 명사인 '고양이'는 보편 고양이 universal catness로서 초감각적인 영원한 세계에 속한다. 이를 플라톤은 이데아idea라고 불렀다. 합리주의적 신비주의자인 피타고라스의 영향을 받은 플라톤에게 철학은 순수한 지성의 활동이 아니라 사유와 감정의 친밀한 합일을 통해 이루어지는 순간의 깨달음이다.

인류 역사상 물리학, 천문학, 생물학, 논리학 등 수많은 학문의 체계를 만드는 데 가장 큰 영향을 준 철학자는 아리스토텔레스라고 해도 과언이 아니다. 그는 이전 철학자의 신비주의에서 탈피한 것처럼 보인다. 플라톤과 반대로, 그는 개별자가 실체인 반면에 보편자라 불리는 형용사(붉음)나 일반명사(사과)는 홀로 실존할 수 없고 특정한 사물(내 손에 있는 이 사과)들에 의존하여 존재한다고 주장하였다.

아리스토텔레스에 의하면 질료matter로서의 물, 대리석 같은 대상이 어떤 형상form을 가질 때, 즉 물의 일부가 그릇에 담기어 나머지 물과 구분되거나 대리석이 어떤 사람의 형상을 가진 조각상이 될 때 현실성이 증가된다. 사물이 형상의 측면이 커지고 질료의 측면이 작아지면 현실성이 더욱 커지고 인식의 내용은 많아진다. 예를 들어, 동물, 포유류, 사람, 동양인으로 갈수록 구체성이 증가하고 인식되는 속성의 수가 더 많아진다.

아리스토텔레스는 육체와 영혼은 분리될 수 없는 질료와 형상과 같은 것으로, 영혼은 육체와 함께 소멸한다고 하였다. 그에 의하면 영혼은 이성적인 요소와 비이성적인 요소로 이루어져 있는데 비이성적인 요소는 동물의 욕구와 심지어 식물의 생장에서도 발견된다. 우리가 가질 수 있는 최고의 이성적 상태의 삶은 관조의 삶으로서 이를 통해 영원한 신성에 다가가고 완전한 행복의 상태에 도달할 수 있다.

아리스토텔레스가 말한 관조의 삶도 단지 나누고 쪼개고 분석하는 이성이 아니라 피타고라스와 플라톤이 추구했고 스피노자가 표현한 "신에 대한 지적 사랑"과 일맥상통한다. 차가운 머리로 하는 이성적 사고와 뜨거운 가슴으로 느끼는 감성적 사랑이 영원의 세계 앞에서는 하나로 통일됨을 그 당시 철학자들은 알았던 것 같다.

심장의 문화사[12]

수메르인의 심장

인류의 역사에서 가장 오래된 심장 이야기는 5,000년 전 메소포타미아 지역에서 전해져온 사랑과 전쟁의 여신 이슈타르에 관한 서사시이다. 이 지역에서 구전되어온 신화와 전설들은 기원전 2000년경 쓰인 것으로 추정되는 〈길가메시 서사시〉[13]로 우리에게 전해지고 있다. 이 이야기에 의하면 길가메시는 지상에서 가장 강력한 왕으로 3분의 2는 신, 3분의 1은 인간인 초인超人이다.

폭군인 길가메시를 길들이기 위해 신은 자연에서 태어나고 자라서 문명의 영향을 전혀 받지 않은 '고결한 야만인'인 엔키두라는 영웅을 만든다. 길가메시가 인간이 만든 문명과 힘을 상징한다면, 엔키두는 평화주의자이며 생태친화적 자연보호자를 대변한다. 야만인과 문명인의 또 다른 구분은 감각이 뛰어나고 순수한 감성을 가지고 현재의 시간에만 살고 있느냐, 아니면 이성적으로 사고를 하고 미래를 계획할 수 있느냐는 것이다. 신이 계획한 대로 길가메시와 엔키두는 서로 싸우게 되는데 예상 외로 길가메시가 이기게 된다. 그리고 이 둘은 친구가 된다.

싸움에 능한 길가메시는 엔키두와의 싸움에서는 힘으로 억누르지 않고 정신을 제압하는 심장의 힘과 세련된 사랑의 기술을 사용하려 한다. 길가메시는 사랑의 여신인 이슈타르의 여사제 헤타이라를 통해 엔키두를 유혹하게 하고, 엔키두는 성적 사랑과 문명이 주는 감각적 만족에 빠져들게 된다. 그의 심장은 기쁨으로 가득 차오르고 얼굴은 열정으로 빛나게 되지만, 결국 심장을 찌르는 양심의 가책을 느끼고 다시 자연의 삶으로 돌아가고자 한다. 하지만 자연세계의 동물과 식물들은 그를 낯설어하게 되고 길가메시는 승리하게 된다.

길가메시 또한 이 싸움에서 양심의 가책을 느끼고 엔키두와의 우정을 회복하면서 동시에 폭군에서부터 선한 덕을 갖춘 영웅으로 변하게 된다. 자연인의 심장과 문명인의 심장이 서로 통하게 된 것이다. 길가메시의 이런 활약상에 매력을 느낀 사랑의 여신 이슈타르는 길가메시를 유혹하고, 이슈타르의 변덕을 아는 길가메시는 단호히 유혹을 거절한다. 이에 격분한 이슈타르는 하늘의 황소를 보내이 두 영웅을 공격하지만 이들은 힘센 황소를 물리치는 데 성공한다. 그리곤 황소의 배를 갈라 심장을 꺼내 태양의 신에게 제물로 바친다.

이들이 제물로 바친 심장은 신과 하나로 연결되기 위한 통로가 되는 것이다. 이 두 영웅을 이어주는 것도 심장이었고, 심장의 모습을 가진 태양의 신과 그들을 하나로 연결해주는 것도 심장이었다.

하지만 신들은 하늘의 황소를 죽인 데 대해 분노하여 엔키두를 죽인다. 길가메시는 자기 친구가 죽음에 대해 두려워하고 있다는 것을 그의 눈을 통해 읽고 자신의 심장으로 그 두려움의 실체를 깨닫게 된다. 불안한 심장을 가진 채로 길가메시는 불멸의 존재가 되기 위해 대홍수에도 살아남아 신성한 존재가 된 우트나피쉬팀을 찾아 나선다. 고생 끝에 우트나피쉬팀을 만나 영생에 대한 비결을 듣지만 결국 만물은 영원하지 않고 모두 헛되다는 깨달음만 가지고 고향으로 돌아온다.

길가메시는 심장으로부터 친구의 순수함과 그가 가진 지혜를 발견하고, 죽음에 대한 두려움과 불안을 느끼지만, 반면에 자신의 운명과 우주의 신성한 법칙도 깨닫게 된다. 또한 〈길가메시 서사시〉에는 "네 노래로 내 심장을 터뜨리지 말라"는 표현이 나온다. 셰익스피어의 문학에서부터 우리의 트로트 가요 가사에 나오는 깨지고 부서지고 산산조각 나는 심장의 이미지는 이미 5,000년 전 수메르인의 마음속에도 있었던 것 같다.

고대 이집트인들이 보는 심장

고대 이집트인은 심장이 영혼과 밀접한 관계가 있다고 생각했다. 그래서 사후에 심장을 제외한 모든 장기는 단지에 넣어 시신 옆에 놓아두었지만 심장만은 시신과 함께 방부 처리하여 몸속에 다시 넣었다. 이들은 심장과 태양을 동일시하여 함께 숭배하였다. 매일 새롭게 태양이 떠오르듯이 죽은 자는 부활하고 심장은 심판의 날에 죽은 자를 위해 증언한다고 믿었다.

문화의 교차점에서 심장 읽기

풍뎅이 모양의 부적 스카라베

수많은 이미지와 상징들로 가득한 이집트 문화에서 발견되는 풍뎅이 형상은 이들의 우주론을 상징화한 예이다. 위의 그림에서와 같이 풍뎅이는 작은 쇠똥구슬을 쌓아놓고 그 안에 알을 낳고 알들을 보호하기 위해 자신의 뿔로 태양 모양의 쇠똥구슬을 굴린다. 태양이 매일 떠오르듯이 알은 쇠똥구슬 안에서 부화한다.

태양신을 섬기던 고대 이집트인들은 태양과 은유적으로 연결된 심장을 통해 신의 음성을 듣는다고 생각했다. 이집트인들은 고대 중국인들과 같이 맥박을 짚을 수 있었고 맥박이 심장의 기능이라는 것도 알았다. 주기적으로 박동치는 심장을 느끼고 태양의 주기적인 활동을 관찰하면서 사람과 우주의 생명이 하나로 연결됨을 믿었다. 그들에게 심장은 인간의 중심이고 내면의 핵심이었다.

오늘날과 달리 심장은 감성보다는 지성이 자라고, 기억이 저장되고, 자기통제와 분별을 하는 기능을 한다고 생각했다. 또한 심장은 귀와 혀를 가지고 있는 것처럼 묘사되기도 한다. 신의 목소리를 듣고, 죽은 후 심판의 날에 죽은 자를 위해 증언을 한다고 기록되어 있다. 그리고 믿음직한 심장은 단단하고 차가운 돌과 같다고 이들은 여겼다. 고대 이집트인들은 아직까지 내면의 세계와 외부의 세계가 분리되어 있음을 강하게 인식하지 못하였던 것 같다. 개인의 독립된 정체성보다는 사회나 신과 연결된 정체성이 더 강하기 때문에 심장은 그들에게 집단의식을 느끼는 데 매우 중요한 관념으로 자리 잡았다.

고대 그리스인들이 보는 심장

철학이 발달한 고대 그리스에서는 내면과 외부의 세계를 분리시켜 생각하게 되었고, 육체와 정신, 감성과 이성이 서로 다른 차원으로 존재한다고 생각하기 시작했다. 고대 그리스 인들은 심장, 간, 폐, 심지어 두뇌와 같은 장기들이 하나의 육체 안에서 서로 다른 정신적 기능들과 연결되어 활동한다고 믿기도 했다. 철학자들이 활동하기 전에 쓰인 호메로스의 서사시에서는 다양한 감정, 열정, 충동, 의지, 생각들이 육체의 여러 부분에서 각자의 목소리를 내면서 하나의 육체에서 각축을 벌이는 것처럼 묘사되기도 한다.

그리스인들의 정신활동이 내면화되는 과정을 예로 보여주는 영어 단어가 있다. '패닉panic(공황, 공포)'이란 단어의 어원은 다음과 같다. 양치기 신인 뿔 달린 '판Pan'이 동물적 충동에 휩싸여 에로틱한

문화의 교차점에서 심장 읽기

디오니소스 축제에서 처녀들이나 님프들을 겁탈하고 다녔다. 판이 뒤에서 갑자기 나타나 여자들이 안절부절못하고 소리를 지르며 느끼는 감정을 표현할 때 'panic'이라고 하였다.

이렇게 정신적 현상이 내면에서 일어나는 것을 깨닫게 되면서 심장과 관련된 여러 단어들이 사용되었다. '케르', '에토르', '크라디에'라는 단어들이 심장을 뜻하는 것으로 사용되었는데, 하나의 심장을 지칭한다기보다는 다양한 정신적 힘과 연결되어 복합적으로 사용된 것 같다.

지성과 이성을 뜻하는 단어로는 '누스'와 '투모스'가 있는데 '누스'는 '전반적인 모든 상황을 한꺼번에 보는 능력', '투모스'는 '피의 마음blood mind'으로 번역되기도 한다. 호메로스의 작품을 번역할 때 누스와 투모스는 영어로 모두 'heart'로 번역된다.

횡격막과 위장도 이성적인 기능을 한다고도 생각했다. 폐는 호흡을 뜻하는 '프네우마pneuma'와 관련이 있는데 프네우마는 정신과 영혼을 의미한다. 플라톤 이후에 영혼의 개념은 사고 혹은 의식과 동일시되고 주관적 정체성을 부여하는 개념이 되었다. 해부학을 연구하기도 한 아리스토텔레스는 심장이 혈액을 생산하는 장기이고 이로부터 육체 전체가 발달한다고 생각했다.

심장과 간은 문화에 따라 생명과 영혼의 중심 장기로서의 지위가 달라지기도 한다. 기원전 5세기 피타고라스학파에 속한 알크마이온은 최초로 과학적 해부를 실시하였는데, 그는 심장이 아니라 뇌가 감각과 이성을 관장하는 장기라고 주장했다. '누스'가 존재하는 곳은 머리에 있는 회색물질 덩어리라고 하였다.

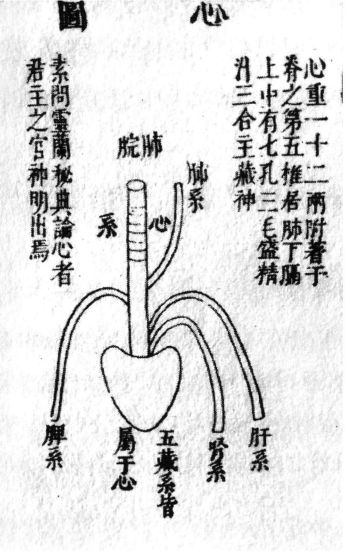

圖　　　　　心

心重十二兩附著于
脊之第五椎居肺下膈
上中有七孔三毛盛精
汁三合主藏神

素問靈蘭秘典論心者
君主之官神明出焉

脘肺
系
心
肺系

脾系　屬于心　五藏系皆　腎系　肝系

심장 그림《삼재도회三才圖會》중에서

실험생리학의 창시자인 갈레노스는 혈류의 흐름에 대한 개념을 세웠고, 간에서 심장으로 흐르는 혈류가 만들어내는 열의 근원을 심장이라고 했다. 폐와 심장은 상호작용하는데 폐에서 혈액은 프네우마(숨)와 접촉하면서 덥혀지고 깨끗해진다고 믿었다. 갈레노스는 당시에 펌프가 없었으므로 심장이 펌프와 같이 박동하는 기관이라고 생각하지 못했다.

고대 중국인들이 보는 심장

하지만 갈레노스보다 훨씬 오래 전인 기원전 2000년경에 28가지의 맥박 유형을 구분한 고대 중국인들은 심장이 몸 전체로 혈액을 순환시키는 펌프라고 생각했다. 그들은 병이란 먼저 심心에서 발생하여 폐를 지나 간에 이르고 비에 이르면 죽는 것으로 생각했다.

인체의 해부에 취미가 있었던 은나라의 주왕은 해부 생리학을 발전시켰다. 그의 의학서에는 심장의 형태를 설명하면서 "심장의 무게는 12량이고 속에 일곱 구멍과 세 개의 터럭이 있다"라고 하였다. 또한 "이 구멍은 천진天眞의 기와 통하고 신神이 머무는 곳이다"라고 하였다.

도교 의학에서는 구멍을 지혜와 연관시켰는데 "지혜가 아주 뛰어난 사람은 심장에 일곱 구멍이 있고, 중간 정도 되는 사람은 다섯 구멍, 그리고 그 아래로는 세 구멍, 보통 똑똑한 사람은 두 개의 구멍, 평범한 이는 한 개의 구멍이 있고, 어리석은 사람은 구멍이 없다"라고 하였다. 관자는 심장을 깨끗하게 만들기 위해 "사욕을 버리고 침묵하면 신명神明은 자연히 존재한다"라고 하였다. 중국사상에서 '신'은 '초월적인 존재자'이면서 '초인간적인 뛰어난 능력'이라는 의미로 쓰였다.

중국 고대 문헌에서는 "심心이 중앙에 바로 자리 잡혀있으면 귀와 눈은 총명하고 팔다리는 튼튼하여 정精이 머무는 곳이 될 수 있는데, 정이란 기의 정미精微로운 것이다. 기가 통하면 살고生, 살면 생각할 수 있고思, 생각하면 알 수 있고知, 알면 올바른 자리에 멈출 수 있다止"라고 하였다. 기와 정의 구분은 서양의 혼soul과 영spirit의 구분과 매우 흡사하다.

순자는 감각기관을 천관(신하), 사유기관인 심을 천군(왕)이라 여겨 심을 신체의 중추기관이라 생각했다. 현대생리학의 아버지이며 혈액순환론을 실증적으로 밝힌 윌리엄 하비William Harvey도 아리스토텔레스의 소우주론에 영향을 받아 "심장은 우주의 태양과 같고 국가의 군주와도 비교된다"고 하였다.

종교에서의 심장 개념

이번에는 문화에 스며들어 있는 문학과 신화, 그리고 일상생활에서 사용되는 언어적 표현을 넘어서서 동양과 서양의 전통 속에 깊이 뿌리박힌 종교적 관점에서 심장 개념을 살펴보겠다. 종교에서의 여러 개념들은 서로 다른 존재론적 세계관을 반영한다. 세계관의 차이는 같은 종교를 믿는 사람들 사이에서도 어떻게 경전을 해석하고 어떤 신앙의 관습을 이어왔느냐에 따라 매우 다르다.

특히 경전에 나오는 개념과 사실들을 문자적으로 해석할 때와 은유적으로 해석할 때가 일관성 있지 않은 경우가 많다. 은유적 해석이라도 어떤 깊이에서 해석하느냐에 따라 세계관이 달라질 수 있다. 완전히 다른 종교적 신념과 다른 개념 체계를 가지고 있는 종교들 사이에도 표현의 차이가 있지만 어떤 면에서는 매우 흡사한 부분도 발견된다. 실제 역사적으로 과거에는 오늘날보다 서로 다른 종교들 사이에 더 많은 교류가 있었다.

기독교에서의 심장

기독교는 어떤 종교보다 '믿음belief'을 강조한다. 기독교 입장에서는 유태교를 포함한 타 종교들에서 가르치는 삶의 방식the way은 구원(혹은 해탈의 경지)에 이르지 못한다. 비록 예수도 천국에 가는 좁은 길the way을 강조했지만, 구원에 이르는 기독교의 핵심 신앙faith은 '하나님이 살아 계시다는 것'을 믿는 것이다. 아울러 '성경이 하나님의 계시라는 것'을 믿는 것이며, '하나님의 아들이신 예수가 우리 죄를 위해 죽으셨다는 것'을 믿는 것이다. 이러한 믿음의 조항들beliefs을 마음으로 믿을 때 비로소 하나님으로부터 의롭다라고 칭함을 받고 구원에 이른다로마서 10:10.

그런데 마음으로 믿는다는 것이 무슨 뜻일까? 죽음 앞에서도 신앙을 지켰던 초기 기독교인들은 믿음의 조항들을 단순히 복음이라는 것으로 정리해서 이를 머릿속에 집어넣어 외우게 하는 것이 곧 신앙이라고 여기지는 않았을 것이다. 그들에게는 신앙이 단지 머리의 문제가 아니라 가슴 곧 심장의 문제였던 것이다. 심장으로 믿는다는 의미는 생각, 느낌, 의지보다 훨씬 더 깊은 차원의 내용을 담고 있다.

마커스 보그Marcus J. Borg는 그의 책 《기독교의 심장The Heart of Christianity》에서 기독교를 심장의 길the way of the heart로 설명하고 있다. 그는 "하나님을 믿는 것은 하나님을 사랑하고 하나님께서 사랑하시는 모든 것을 사랑하는 것"이라고 하였다.

'어떤 명제에 동의한다'는 현대적 의미의 '믿는다'라는 영어 단어believing와 그 말의 어원이 되는 라틴어 '크레도credo'의 원래 의미에는 차이가 있다. 크레도는 '나의 심장을 바칩니다'라는 의미로 쓰였으며 지성보다 깊은 차원의 충성된 마음을 뜻한다. 따라서 믿음이란 심장을 통해 인격적으로 연결된 관계성을 의미하며, 기독교에서는 이를 '사랑'이라고 한다. 기독교 신앙은 하나님을 사랑하는 것만이 아니라 이웃과 피조물 전체를 나의 심장으로, 즉 마음과 생명을 다해 진실되고 충성스럽게 사랑한다는 윤리적 의미를 포함하고 있다.

기독교 성육신incarnation 사상의 중심에는 예수란 인격체가 있다. "말씀이 육신이 되어 우리 가운데 사신"요한복음 1:14 예수를 믿는다는 것은 예수의 죽음을 의미하는 십자가를 믿는 신자의 육신의 삶에서도 똑같이 실천되어야 한다는 것이다. 다시 말해 예수만 역사적으로 성육신했던 것이 아니라 그리스도의 사랑을 통해 새롭게 태어난 믿는 자들도 매일의 삶에서 성육신을 경험한다는 것이다. 바울이 빌립보 교회에 쓴 편지에는 "예수 그리스도의 심장으로 너희 무리를 얼마나 사모하는지"란 표현이 있다. 여기서 심장은 인간 영혼에 담긴 신성을 육체화한 것을 의미한다.

문화의 교차점에서 심장 읽기

예수가 십자가에서 죽임을 당할 때 심장이 창에 찔려 파열되었다고 전해진다. 비록 성경이 예수의 심장을 명시적으로 언급하지는 않지만 피와 심장이 동일시된 것은 역사적 사실인 것으로 알려진다. 성경에서 심장은 사랑과 열정, 그리고 고통과 연민을 품고 있는 장기이다. 그리스도의 피는 인간의 죄를 정화시키고 모든 죄에서 자유롭게 한다. 기독교에서 십자가는 하나님이 인간을 향한 사랑의 결정체, 곧 하나님의 심장으로 상징된다.

성경의 가르침은 예수의 죽음 이후에 성령이 믿는 자의 육신에 거하게 되고, 이로 인해 믿는 자의 개별 몸이 교회가 되며, 동시에 믿는 자들이 사랑으로 연결된 집합체가 교회가 된다. 구약의 〈아가〉서에는 매우 노골적인 남녀 간의 에로틱한 사랑을 묘사하는 표현이 많이 등장한다. 심장으로 연결된 하나님과 교회의 뜨거운 사랑을 은유적으로 표현하는 것이라 해석된다. 에베소 교회에 보낸 바울의 서신에 나와 있는 교회는 그리스도의 사랑(심장)으로 전 우주 차원에서 성도들이 하나로 연결된 그리스도의 몸이다.

바울의 서신에서 "그 아들의 영을 우리 마음 가운데 보내사"^갈라디아 4:6란 표현이 있다. 심장은 성령을 받는 '마음의 가운데'인 것이다. 성경의 다른 곳에서는 "중심을 보시는 하나님"사무엘상 16:7이란 표현이 있다. 마음의 가운데, 곧 중심은 의식보다 깊은 내면의 세계를 뜻한다. 밖으로 드러나는 행위보다 내면을 향한 정직한 성찰을 강조하는 기독교의 핵심은 하나님의 마음과 믿는 자의 마음이 하나로 연합되는 사랑의 신비를 깨닫는 데 있다고 할 수 있다. 하나님의 눈으로 나의 중심을 볼 수 있을 때 비로소 (머리가 아닌) 심장으로 하나님과 세상을 사랑하게 되는 신비에 들어갈 수 있다.

그런데 정직한 성찰은 어떻게 가능한가? 정직함으로 번역할 수 있는 영어 단어로 'frankness', 'honesty', 'integrity'가 있다. 먼저 'frank'하다는 것은 솔직함으로도 번역되는 언어적 차원에서의 정직함이다. 즉 내가 A라고 생각하면 B가 아니라 A라고 얘기하는 것을 말한다. 'integrity'는 진실성으로도 번역할 수 있는데, 앞뒤가 다르지 않게 말만 그럴듯하게 하는 것이 아니라 말과 행동이 일치하는 것을 말한다. 'honesty'는 나의 의식의 수면 위에 보이는 것뿐만 아니라 내면 깊이 있는 무의식까지도 의식 위로 올려서 바라볼 수 있는 정직함을 의미한다. 이때 정직함은 의식차원의 정직함인 동시에 존재차원의 정직함이다. 깊은 내면을 바라보는 정직함은 밖의 세계에 대한 합리적이고 객관적 시각과도 통한다.

중심을 보시는 기독교의 하나님은 인간의 내면에 깊이 숨겨진 이기적 욕망을 마치 선한 것처럼 합리화하여 그럴 듯하게 포장하는 것을 싫어한다. 지금은 사라진 종로서적에서 유신에 항거하던 시절의 데모사진을 본 적이 있는데 거기에 쓰인 글귀가 기억난다. "주관적 충국忠國이 객관적 망국亡國이다."

분석심리학을 주창한 칼 융은 의식적인 지각, 기억, 사고, 감정으로 이루어진 자아ego와 의식과 무의식을 포함하는 정신psyche 전체의 중심인 자기self를 구분하였다. 자아는 의식으로 느껴지는 나 자신에 대한 이미지이며 감각을 통해 정보를 받아들여 사고하는 주체이다. 융에 의하면 자기self는 자아ego가 의식하지 못하는 자신의 무의식 상태를 포함하고, 자아가 태어나는 토대이며, 시공을 초월한 궁극적인 실재이다. 자기는 인간 영혼의 중심이면서 동시에 내 안에 있는 하나님이다. 마음의 중심을 담고 있는 장기인 심장은 사람이 하나님과 연합하는 장소이다.

그런데 문제는 의식의 중심인 자아를 통해서만 자기를 이해할 수 있다는 것이다. 정신의 전체이며 마음의 가운데(중심)인 자기는 칸트의 물자체thing itself와 같이 온전히 알 수는 없다. 하지만 정직하게, 그리고 침묵 가운데 내면의 깊은 곳으로 내려간다면 '우리 안에 있는 하나님'을 만날 수 있는 것이다. 중세의 수도사인 마이스터 에크하르트Meister Eckhart는 영혼의 작은 불꽃을 통해 하나님과의 합일을 이룰 수 있다고 했다. 내 안에 있는 불꽃의 중심은 자기이고, 정직함은 불꽃을 켜는 스위치이며, 이 작은 불꽃이 숨 쉬는 장소가 심장이다.

이슬람교에서의 심장

이슬람교에서 심장은 단순한 상징을 넘어서 감각, 지각, 인지의 중추로서 신의 영감을 받는, 객관적으로 존재하는 장기로 여겨진다. 마음의 열정은 신이 들려주시는 목소리이고 이에 따라 행동하는 것을 매우 중요하게 생각했다. 마호메트는 자신의 심장에 무엇인가 새겨지는 느낌을 받았고, 심장은 신의 말씀을 받고 전달하는 채널이라는 것을 알아차렸다. 마호메트가 승천할 때 천사가 마호메트의 심장을 꺼내 깨끗하게 했다라고 전해진다. "신은 인간의 영혼이 그 안에서 무엇을 속삭이는지 알고 있으며, 그리고 나는 경정맥보다 더 가까이 그에게 있다"라는 쿠란의 표현은 신과의 내밀한 영적 관계의 중요성을 강조하는 것이다.

쿠란 원문을 해석하는 방법에는 크게 두 가지가 있다고 한다. 문자적 의미를 명확하게 해석하는 '타프씨르'라고 하는 방법과, 비유적이고 상징적인 해석을 강조하는 '타으윌'이 있다. 이슬람의 한 분파인 수피즘은 타으윌적 해석을 더 중요하게 여긴다. 즉 신과의 합일을 통한 신비적 체험을 강조하는데, 쿠란과 자연, 그리고 역사 속에 은밀히 숨어 있는 뜻을 찾아내는 것을 신앙의 길이라 생각한다.

종교의 위선과 폭력성은 자신의 이기적 욕망에 들어맞게 경전을 문자적으로 해석하고 외부를 향해 행위로써 드러날 때 생기는 것이다. 유태교 율법주의, 기독교 근본주의, 이슬람 원리주의의 공통점은 경전에 대한 내용을 문자 그대로 받아들여 절대적으로 준수하려 하는 것이다. 이슬람 원리주의자 입장에서는 정치권력의 욕망에 순응적으로 따라가는 행위 중심이 아니라 신앙의 내면적 탐구를 추구하는 수피즘은 이단 종파가 된다.

수피는 위에서 언급하였듯이 개인의식의 중심인 자아ego가 아니라 욕망을 초월한 자기self를 찾아가는 것을 영적 순례라 생각한다. 즉 신비적 직관을 통해 사랑이신 신과 하나가 되는 체험을 추구하는 것이다. 신은 자신을 사랑하는 사람의 마음속에서 자신을 드러낸다. 사람의 마음이 신의 사랑으로 가득 채워지는 순간 회개(타우바)가 일어나면서 신과 하나 되는 체험을 하게 된다. 회개와 동시에 시작되어 죽을 때까지 지속되는 신앙의 여정은 자신을 비우는 고통스러운 과정일 수 있지만 신과 연합되는 신비체험과 구원의 통찰력으로 충만해지는 기쁨의 과정인 것이다.

회개에서 시작한 신앙의 여정은 삶에서의 실천과 신을 알아가는 과정인 '타우히드'를 거쳐 자기소멸과 신과의 합일을 이루는 '파나'에서 끝나게 된다. 이는 기독교에서 구원을 회개에서 출발한 '칭의justification'와 삶을 통해 거룩해지는 과정인 '성화sanctification', 그리고 천국에서 신령한 몸이 되는 '영화glorification'의 단계로 구분하는 것과 비슷하다. 이슬람에서의 자기소멸 체험은 불교의 열반nirvana을 연상하게 한다. 하지만 불교의 열반체험이 윤회에서 벗어난 소멸 자체를 의미한다면, 파나는 자신의 존재가 신 안에서 소멸되면서 신 안에 들어가 영원히 존재하는 불멸을 체험하는 것을 의미한다. 한마디로, 자신을 죽이는 것이 곧 산 것임을 체험하는 것이다.

수피즘에서는 사랑이 단순히 상징으로서가 아니라 신체적으로도 심장 안에 존재한다고 믿었다. 신의 사랑은 자신을 사랑하는 인간의 심장 속에 스며들어 있고 인간의 마음을 통해 세상에 대한 자신의 사랑을 드러낸다. 창조력과 상상력이 살아 숨 쉬는 심장은 감각과 정신의 본질을 인식하는 기관인 동시에 신체의 장기로서 실재한다. 심장에서 나오는 신성한 마음의 창조력을 '힘마'라 부르는데, 소크라테스가 명상 중에 듣곤 했던 다이몬의 목소리, 그리고 기독교에서 신자의 삶 가운데 은밀하게 들리는 하나님의 목소리인 '레마'와도 비견될 수 있다.

수피들은 신과의 합일이 이루어지는 방법을 찾기 위해 '심장의 과학'을 발전시켰다. 그들은 "알라"라고 부르면 그 외침이 심장에서 나온다고 믿고, 심장이 알라를 찾게 되면 심장에 있는 혼이 알라를 찾는 것이라 믿었다. 그들은 신앙의 외적 의무를 지키는 것뿐

만 아니라 직접적이고 황홀한 체험을 통해 내면의 불을 밝혀 그 빛
이 심장으로 들어와야 제대로 신앙을 실천하는 것이라 생각했다. 이
러한 신앙의 내면적 측면을 '심장의 활동'이라 하였다.

이슬람의 의학은 중세시대에는 서양뿐 아니라 동양의학에도
상당한 영향을 미쳤다. 이슬람의 신학과 의학, 그리고 거의 모든 학
문에서 큰 업적을 남긴 이븐 시나Ibn Sina, 980~1037는 그의 저서《의학
정전》을 통해 병리현상과 심리현상을 통합적으로 관찰한 '심신의학
psychosomatic medicine'을 주창하였다. 이븐 시나는 알코올을 소독제로
추천한 최초의 의사이며, 늑막염과 폐렴 및 간염을 정확히 구별하
고, 폐결핵의 전염성, 피부병, 신경병에 관한 임상병리학적 관찰과
치료법을 발전시켰다.

특히 이븐 시나는 영혼을 네 종류로 구분하였는데, 심장에 있
는 영혼은 모든 영혼의 기원이 되고, 다음으로 뇌에 있는 영혼, 간에
있는 영혼, 생식기관에 있는 영혼으로 구분하였다. 그는 건강한 신
체와 건강한 영혼은 서로 밀접한 연관이 있다고 믿었다.

서양보다 250년 앞서 심장 중심의 혈액순환론을 주창한 알 나
피스Ibn al-Nafis, 1213~1288는 이븐 시나의 영향을 받아 혈액이 허파에서
공기로부터 무엇인가를 받아 좌심실로 온다고 하였다. 그는 피와 심
장은 공기로부터 영혼과 관련된 어떤 것을 흡수하여 정신작용을 하
는 것으로 생각했다. 이슬람에서도 심장은 사람과 신을 이어주는 통
로인 동시에 자기self의 중심이고 신이 거하는 곳이다. 심장은 신학
과 과학의 탐구 대상이며 마음과 몸으로 구분될 수 없는, 실재하는
장기이다.

기원전 1500년경에 쓰였다고 알려진 고대 인도의 베다[14]에는 당시 사람들의 심장 개념에 대해 언급하고 있다. 〈우파니샤드〉에 의하면 심장은 자아(여기서 자아는 융의 자아ego라기보다는 자기self와 더 비슷한 개념이다), 곧 아트만이 존재하는 곳이다.

　　자아는 육체의 장기인 심장에 존재하면서 정신의 형태를 취하고 육체의 움직임과 감각을 이끈다. 심장은 소우주인 아트만이 존재하는 곳인 동시에 대우주인 브라만이 거처하는 곳이다. 심장 내에 있는 빈 공간(마음의 중심)에서 진정한 자아인 아트만과 창조주며 절대자인 브라만이 만난다. 모든 지식의 근본이지만 스스로 형태를 갖지 않는 브라만을 '나'라고 하는, 의식이 시작되는 아트만이 만났을 때 주관과 객관의 구분은 사라지고 영원한 깨달음 속에 들어간다.

　　베다에서는 심장을 브라만의 집이라고 하고 아트만을 심장 속의 빛이라 표현하기도 했다. 심장은 육체적인 공간일 뿐 아니라 영적인 내면의 공간이다. 〈우파니샤드〉에서는 심장에 존재하는 자아를 인식하는 길이 해탈에 이르는 길이라고 하였다. 자기 존재의 뿌리가 되는 심장은 명상의 대상으로서 세상과 자신을 이해하는 관문이다. 심장은 죽음 앞에서는 저 세상으로 떠나는 영혼의 문턱이다. 〈우파니샤드〉에서 죽음과 윤회를 설명하면서 "자아는 심장의 빛에 의지하여 심장의 문을 통과한 후에 육체를 떠난다"라고 하였다.

　　베다에는 오늘날의 해부생리학과 유사한 인체의 구조에 대한 지식과 구체적인 해부방법들도 기록되어 있고, 장腸의 봉합술, 결석 수술, 코 성형술, 백내장 수술과 같은 외과적인 수술기도 발견된다. 하지만 현대 서양의학과 달리 인체를 음양오행의 우주관에 따라 이해하였다.

고대 인도인들은 심장을 "아홉 개의 문이 달린 연꽃"이라고 불렀다. 그들의 관찰에 의하면 심장은 신경에 둘러싸여 연꽃 봉오리처럼 아래를 향해 매달려 있고, 끝에는 섬세한 신경이 있는데 여기서 만물의 존재가 나온다. 그리고 그 중심에는 위대한 불이 있어 사방으로 퍼져나간다고 생각했다.

인도인들의 요가수행 중 궁극의 상태인 삼매Samadhi에 이르는 방법도 그들이 발전시킨 심장 생리학의 이론에 기초한다. 즉 심장의 연꽃에 집중함으로써 파도 없는 대양처럼 고요하고 무한한 자의식만이 존재하게 되는데, 이것이 곧 삼매의 상태이다.

불교에서의 심장

불교의 영향을 받은 도교의 경전인 《태을금화종지太乙金華宗旨》에 이런 얘기가 나온다.

암탉은 언제나 품고 있는 알의 심장을 듣기 때문에 알을 부화할 수 있다. 닭은 심장을 통해 그 기운을 내면으로 인도하려 한다. 닭은 자신의 온 신경을 심장에 집중한다. 만약 심장에 침투되면 그 힘도 관통하게 되고, 그래서 어린 것은 따뜻한 기운을 받아서 살아나게 된다. 이런 이유 때문에 암탉은 종종 자신이 품던 알을 떠나지만, 언제나 몸짓은 잔뜩 귀를 기울인 채로 있다. 정신의 집중은 멈추지 않고 계속되는 것이고, 그래서 따뜻한 기운이 밤낮으로 멈추지 않고 계속되어야 정신이 소생한다. 만약 심장(마음)을 한 점에 붙들어둔다면 어떤 것도 불가능하지 않을 것이다.

《태을금화종지》에서는 호흡은 심장에서 비롯되는데, 심장의 활동이 변화되어 호흡이 생겨난다고 했다. 수없이 많은 들숨과 날숨으로 인해 부지중에 많은 환상들이 생겨나고 정신의 청명함도 사라지게 된다. 숨을 쉬지 않을 수 없으므로 마음을 집중하기 위해 심장과 호흡을 서로 연결하여 심장이 호흡 소리를 듣도록 해야 한다는 것이다.

불교에서의 심장 개념은 감각적 마음보다는 지성을 깨우는 심원한 의식의 상태와 연결되어 있다. 불교는 인간의 욕망에서부터 자유로운 상태가 되어 마음이 온전히 비워진 해탈의 경지에 이르는 방법을 가르친다. 심장 곧 마음에 관한 불교의 경전인《반야심경般若心經》은 일반인들과 불교를 처음 접하는 사람들에게 가장 널리 알려진 책이다.

불교는 베다 전통과 힌두교에서 관심을 갖고 있던 해부생리학적 의미가 실재하는 장기인 심장에는 특별한 관심이 없다. 그런 점에서《반야심경》에서 다루는 마음의 문제는 상징적 의미에서 심장과 관련이 있을 뿐이다. 오히려 '심'은 깨달음의 핵심이나 정수를 의미한다. 반야prajna-는 지혜, 말씀, 진리를 뜻하고 동시에 크고 깊고 영원하고 빛나고 우렁찬 존재이다. 반야는 근본 마음, 맑고 밝은 마음, 한결같은 마음, 무엇이든지 다 이룰 수 있는 마음이다. 인간이 고통과 번뇌에서 벗어나는 길은 우주의 진리와 하나 된 지혜인 반야를 깨달음으로써이다.《반야심경》의 핵심인 공空 사상은 무수히 많은 원인과 조건에 의해 시시각각으로 변화하는 것이 현상이므로 변하지 않는 실체는 있을 수 없다라는 것이다.

반야와 의미적으로 매우 밀접하게 연관되어 있는 불교 개념이 '보리'이다. 인간이 처음부터 갖고 태어나는 부처의 마음이 보리인데, 보리란 깨달음, 즉 각覺으로 번역된다. 깨달음은 안다는 것인데 느낌을 가지고 환히 비추어서 본다는 의미에서 관조觀照라고도 한다. 반야는 큰 지혜인데 보고 아는 것이고, 보리는 깨달음으로서 알고 보는 것이다.

불교에서 '시타'는 정신과 영혼을 뜻하는 단어인데 '보리'와 결합한 단어인 '보리시타'는 깨달음에 이른 '부처의 마음'을 뜻한다. 보리시타의 핵심은 자비와 사랑, 생명존중 사상이다. 불교에서 지혜인 반야는 자비의 마음인 보리와 동전의 양면과 같이 하나이다. "지혜같아 보여도 사랑과 자비가 없다면 지혜가 아니다. 사랑처럼 느껴져도 지혜롭지 않으면 사랑이 아니다." 이 점은 기독교 사상에서 "말씀(곧 지혜)"과 "사랑"이 예수라는 하나의 인격체로 나타난 것과 매우 흡사하다.

결론

지금까지 '심장의 존재론'이란 주제로 심장의 개념이 시대적, 문화적으로 어떤 공통점과 차이가 있었는지 분석하였다. 현대의학의 관점과는 다르지만 실재하는 몸속 장기로서의 심장에 대한 다양한 관점의 해부생리학 이론이 동서양 문화에 널리 퍼져 있었다. 사이비 과학이라고 무시하기에는 심장의 개념이 종교적 수행과 깨달음을 위해 반드시 필요한 핵심 요소가 되었다.

또한 심장을 단지 문학적 상상력을 위한 표현의 수단으로 그 의미를 축소해버린다면 마음과 관련된 일상의 개념들은 신경과학적 기능을 표현하는 단어들로 모두 대체해야 할 것이다. 과학의 진보와 무관하게 인간의 삶에 중요한 가치를 부여하는 개념들은 계속 존재할 것이다. 어쩌면 과학도 물리적으로 실재하는 세계를 넘어 보이지 않는 세계에 대해 궁금해하고, 보이는 세계와 보이지 않는 세계의 간극을 좁히려는 노력을 할 것이다.

심장에 대한 탐구는 측정하고, 연역하고, 분석하는 것으로 끝날 수는 없을 것이다. 보이는 현상으로서의 '몸'과 보이지 않는 '마음'을 연결하는 은유적 매개 역할을 하는 심장을 알아가는 과정은 일상의 신비를 체험하는 것과 통할 수 있다. 심장은 너와 나로 구별된 두 개의 자아를 이어주는 감정의 교량 역할을 하는 곳이다. 다시 말해 자연적 현상과 초자연적 현상을 하나로 묶어주고 신성을 받아들이는 신앙의 중심이 되는 장소이기 때문이다.

참고문헌

- 손주영,《이슬람 : 교리, 사상, 역사》, 일조각, 2005.
- 가노우 요시미츠,《몸으로 본 중국사상》, 소나무, 1987
- 올레 회스타,《하트의 역사》, 도솔출판사, 2007
- 에머 악첼,《무한의 신비 : 수학, 철학, 종교의 만남》, 도서출판 승산, 2002
- 마커스 드 사토이,《대칭》, 도서출판 승산, 2008
- 버트런트 러셀,《러셀 서양철학사》, 을유문화사, 2009.

- 로빈 로버트슨, 《융의 원형》, 집문당, 2012
- 문석윤, 《동양적 마음의 탄생》, 글항아리, 2013
- 강형철, 〈아트만(ātman)과 푸루샤(puruṣa) 개념의 교차점〉, 《인도철학 제40집》 203~227쪽, 2014
- 마커스 보그, 《기독교의 심장》, 한국기독교연구소, 2009.
- 칼 융, 리하르트 빌헬름, 《황금꽃의 비밀》, 문학동네, 2014
- 이블린 폭스 켈러, 《생명의 느낌》, 양문, 2001
- Li, J., Ericsson, C., and Quennerstedt, M., The meaning of the Chinese cultural keyword xin, Journal of Language and Culture, Vol. 4(5), 75-89, 2013.
- Kim, H., A Psychologically Plausible Logical Model of Conceptualization. Minds and Machines, 7(2), 249-267, 1997.
- Niemeier, S. What's in a heart? Culture-specific concepts of emotionality and rationality, Proceedings of the 9th International Cognitive Linguistics Conference, Seoul, 2005
- Swan, T. Metaphors of Body and Mind in the History of English, English Studies Vol. 90, No. 4, 460 - 475, 2009.
- Wierzbicka, Anna. "Soul and mind. Linguistic evidence for ethnopsychology and cultural history". American Anthropologist 91(1): 41-58, 1989.
- Wierzbicka, A. Semantics: primes and universals, Oxford: Oxford University Press. 1996.

김홍기

현재 서울대학교 치의학대학원 의료경영과 정보학 전공 주임교수이며, 인지과학 협동과정, 컴퓨터공학부, 융합과학기술대학원, 인문대 기록학 전공에서 겸무교수도 맡고 있다. 인공지능과 빅데이터 처리기술을 활용하여 임상의학과 생명과학 데이터로부터 새로운 과학 지식을 찾아내는 연구를 하고 있다. 다양한 학문적 배경을 가진 연구원들과 함께 학문들 간의 경계를 허물기 위해 노력하고 있다.

II.

우리 시대의 심장

심장이 모든 인간 개체에게 존재하는 것처럼 심장의 의미는 통합될 수 없는 미세한 차이들 위에서 흐른다. 이것은 같음과 다름 사이에서 줄타기하는 모든 현대예술의 존재론적 딜레마와 일치한다. 심장의 논리는 심장의 의미를 포착하려는 모든 관점들에서 그러한 차이들을 보여준다. 거기에는 낭만주의의 심장이 있고, 욕망의 심장이 있으며, 기만과 충격을 야기하는 심장이, 그리고 기계의 냉정한 심장이 있다.

또한 그러한 심장의 의미들은 공감에 대한 통찰을 포함한다. 심장의 운동에 대한 우리의 가장 진솔한 감각 경험은 공감에서 보편적인 의미를 갖는다. 그것은 감각지각과 두뇌 활동으로, 나아가 사회적 형식으로 확장된다.
예술은 바로 이러한 공감을 경험하게 해주는 가장 예리한 표현이다.

상호작용예술은 지난 수십 년간 아방가르드 미학, 사이버네틱스와 정보
과학, 컴퓨터과학과 미디어의 영향 아래서 인간과 기계의 낯선 관계에 대
해 수많은 물음들을 던져왔다. 그리고 그것의 가장 기본적인 질문 방식이
자 의미생산 방식인 상호작용성은 심장의 운동에서 어떤 통찰을 얻는다.
심장의 운동이야말로 서로 다른 개체들로 이루어진 몸이 항상성을 지향
하기 위해 실현하는 혈액순환 운동의 중심에 있다.

들어가는 글 _ 심장(心臟)과 심장(深藏)

우리말 '심장'은 한자어 '深藏(심장)'과 '心臟(심장)'의 동음이의
어다. 여기서 '深(심)'은 횃불을 들고 들어가야 할 만큼 깊숙한 동굴
속이나 혹은 들여다보이지 않는 물속을 가리키는 말이다. '心(심)'은
가운데를, 그리고 겉이 아닌 속을 가리킬 때 사용하는 말이다. 몸과
관련해서 이것에 오롯한 우리말 '마음'이 대응한다. '마음'은 용비어
천가에도 등장할 만큼 오래된 것이다. '藏(장)'은 전쟁에서 지고 돌
아온 신하를 벌하기 위해 눈을 찔러 멀게 한 뒤 앞을 못 보게 한다는
데서 유래한 말이다. 때로는 숨은 것, 숨겨놓는 곳을 가리킨다.

'臟(장)'은 '藏(장)'에 '살月'이라는 말을 덧붙여 썼는데, 눈에 보

이지 않을 만큼 가려진 곳에 있는 신체기관을 가리킨다. 서로 다르게 표기된 말들이지만 일상에서 무수히 발음되는 사이에 미묘한 차이를 지닌 의미들이 비슷한 소리와 함께 나타났다 사라진다. 우리는 심장을 심장이라 부른다. 그리고 심장은 눈에 보이지 않은 채 은폐된 것, 한가운데에 있는 살이자 마음이 된다.

그런데 반대 경우도 마찬가지이지만 '마음'을 '살'이라는 의미로 받아들일 때마다 우리는 심장이라는 말에서 이상한 긴장을 느낀다. 왜냐하면 심장외과 전문의가 아닌 이상 '살로서의 심장'은 일상에서 흔하게 경험되는 내용이 아니기 때문이다. 예를 들어 나는 심전도 검사를 위해 테이블 위에 누워 있다. 심전도 측정기계에 연결된 10개의 전극이 피부에 닿는다. 그 순간 평소에 의식되지 않았던 나의 '마음'이 두근거린다. 단위 시간당 전압의 변화 폭과 강도가 좁은 그래프용지 위에서 시각적 리듬으로 표현된다.

여기서 나는 심장의 전기적 변화를 의식하는 것일까? 아니면 불안한 마음의 변화를 의식하는 것일까? 낯선 경험은 바로 그것이 무엇인지를 묻는 물음이 발생하는 장소이다. 바로 그곳에서는 식상한 사고 습관이 무너지는 불균형과 긴장의 짧은 시간이 발생한다.

그래서 이처럼 불균형, 즉 불안과 긴장의 가시적인 신체 상태가 즉각적으로 경험되지 않는다면 심장의 의미 또한 발생하지 않을 것이다. 세포의 특정 장소에서 이루어지는 탈분극화의 시간처럼, 살이자 마음인 심장의 의미들이 불안정한 동요 상태에서 발생하고 소멸한다. 반대로 지각작용에 접속되지 않는 대상, 그리고 감정의 동요에 포함되지 않는 대상은 도서관에 안치된 건조한 기록물과 다를

우리 시대의 심장

바 없을 것이다. 그런 심장은 종류와 분류의 규칙에 따라 도서관 사서의 손에서 정리된 기호일 뿐이다.[1]

우리가 언어를 사용하는 한에서 의미들은 적어도 언어의 형식적 요소와 결합될 것이다. 하지만 의미들은 형식과 완전한 결합체 혹은 통일체일 수 없다. 이것은 이미 잘 알려진 사실이다. 더욱이 언어에서 떨어져 나온 수많은 이미지의 물질적 형식들도 존재한다. 이것들의 상호작용 과정에서 결합과 이탈로부터 의미가 발생한다는 것도 이미 충분히 이해 가능하다.

오래전에 니체는 이러한 상황을 간파하고 이렇게 말했다.

"인간들은 자기 자신을 보존하기 위해서 우선 사물들에 가치를 부여했다. 그들은 먼저 사물들에 의미를 창조했다. 즉 인간적 의미를 부여했다! 그래서 그들 자신을 '사람', 다시 말해 '가치를 평가하는 존재'라고 부른다. 가치 평가는 곧 창조이다. 그대 창조하는 자들이여 귀담아듣도록 하라! 가치 평가 자체는 평가된 모든 사물에게 가장 소중한 보물이요 귀중한 물건이니. 평가하는 것에 의해 비로소 가치가 존재한다. 그리고 그런 평가가 없다면 현존재라는 호두는 알맹이 없는 껍데기에 불과할 것이다. 이 말을 들으라, 그대 창조하는 자들이여!"[2]

이 문장들에서 소위 니체의 관점주의perspectivism가 예상된다. 하나의 원리 아래로 모든 사물을 흡착시켜 버리고 계산의 정합성을 통해 그 사물들로 구성된 단일한 우주의 엄청난 힘을 구축하려는 세계관, 그리고 다시금 모든 사물에게 근접 거리를 허락하지 않음으로써 그 사물들을 지배하려는 힘, 이것이 니체가 해체시키고 싶었던 히드라이다. 반면 현실의 인간적인 관심들은 분열된 그러나 고유한 여러 관점들의 가치를 용인하게 한다. 다양한 관점들은 우리와 대상 사이의 거리를 한없이 좁힐 수 있는 강력한 힘이다.

그러므로 어쩌면 우리에게 다양한 심장들이 존재한다고 말하는 것이 좋을지 모르겠다. 쇼팽의 낭만주의적 심장이 있고, 기계의 차가운 심장도 있으며, 이식된 심장도 있다. 또한 심장을 아름다운 사물로 여기는 과학자들도 있다. 게다가 이러한 심장들의 존재는 기대할 수 있는 것보다 훨씬 더 근본적이고 복잡한 생각들로 얽혀 있다. 그것들을 통해 과학적 방법에 대한 근본적인 비판을 제기할 수도 있고, 동일한 대상에 대한 극단적인 이해의 가능성도 생각해볼 수도 있다. 그리고 삶과 죽음의 의미를 가늠해볼 수도 있다.

비록 조금은 힘들고 먼 길이지만 본문에서 이런 다양한 심장들을 여럿으로 배치하고 그것들에 관해 이야기해보려 한다.

쇼팽의 낭만주의적 심장

폴란드 바르샤바대학 앞에는 전 세계 모든 궁궐 풍경이 그렇듯이 잘 포장된 도로가 좌우로 길게 뻗어 있다. 이름 하여 '왕의 길 Trakt Królewski'이다. 대학 맞은편 길 건너에 성 십자가 성당이 있다. 십자가를 짊어진 예수의 조각상이 인상적인 바로크식 건물이다. 그리고 이 성당은 종교를 뛰어넘어 예술을 사랑하는 모든 이들의 성지이기도 하다. 천재 음악가 프레더릭 쇼팽1810~1849의 심장이 그곳에 있기 때문이다. 건물 안쪽 새하얀 대리석 기둥에는 다음과 같은 글귀가 새겨져 있다. "이곳에 프레더릭 쇼팽의 심장이 쉬고 있다."

그런데 정작 쇼팽의 무덤은 파리에 있다. 1849년 10월, 쇼팽은 지병이 악화되어 39세라는 젊은 나이에 죽음을 맞았다. 염문만큼이나 그의 요절 또한 세간의 주목을 끌었다. 그는 평생 결혼하지 않았는데, 6살 연상의 유부녀였던 조르주 상드와 10여 년을 연인으로 지냈다. 상드가 기이한 행동과 급진적인 사상으로 당시 파리의 유명인사였던 것처럼, 쇼팽 역시 드라마틱한 사랑과 죽음의 방식으로 파리의 유명인이 되었다.

최후의 순간에 이르자 쇼팽은 누이 루드비카를 불러 자기 심장을 아버지의 땅으로 가져다주길 부탁했다. 그래서 그의 주검은 파리의 페흐-라쉐스Père-Lachaise 공동묘지에 안치되었지만 심장은 따로 적출되어 술병에 담긴 채 비밀리에 폴란드로 옮겨졌다. 결국 쇼팽의 영혼은 고향으로 되돌아가 심장과 함께 성 십자가 성당에 안치되었다. '낭만주의'와 '낭만적'은 구별되어야 하지만, 여기까지는 그야말로 '낭만적'이다.

낭만주의 시대를 풍미했던 쇼팽의 폴로네즈를 한 곡이라도 들어본 사람이라면 누구나 그가 폴란드를 사랑했던 인물임을 의심하지 않을 것이다. 폴로네즈는 "딴 따따 딴딴딴딴"으로 이어지는 3/4박자 보통 빠르기의 춤곡이다. 폴란드 궁정에서 오랫동안 사랑받았던 그들만의 양식이었다. 쇼팽은 이미 피아노를 시작할 때부터 폴로네즈를 작곡했고 그것의 기본 형식에 낭만주의 미학을 더해 재창조했다. 그 덕분에 폴란드 민속음악은 차가운 이성을 길들이고 종잡을 수 없는 감정의 가치를 충분히 드러내 보여주는 시대적인 보편성을 얻게 되었다.

낭만주의와 민족주의는 모종의 깊은 관계를 가지고 있다. 이성 중심의 사고에서 이성은 시공간을 벗어나 절대적인 것이자 보편적인 것이다. 그런 세계관에서 진리는 오직 하나이다. 반면 낭만주의는 마음의 가변성과 개별적인 느낌의 가치를 존중한다. 만일 낭만주의에게 진리를 묻는다면 그것은 이런 무한히 변화하는 개별적인 느낌을 초월하는 일이 될 것이다.[3]

다른 한편 각 민족들은 지역마다 고유한 터전과 문화를 이루며 살아왔다. 민족들은 다양하며 또한 고유하다. 보편성은 민족을 초월해서 존재하지 않고 오히려 민족들에게서 실재한다. 민족들은 다양한 우주들이다. 그렇게 보면 낭만주의와 민족주의는 서로 포개지는 면이 있다. 그래서 자신의 심장마저 '조국fatherland' 폴란드로 보내달라는 쇼팽은 한편으로 민족주의를 바라보지만, 그토록 독특한 방식으로 그것을 실현한 그의 심장은 낭만주의의 논리를 표현한다.

하지만 그렇다고 해서 쇼팽을 대단한 민족주의자로 부르기에는 어려움이 있지 않을까 싶다. 그의 아버지는 폴란드로 이민 간 프랑스인이었고, 이민자 가족에게 조국이 그렇게 커다란 의미로 다가왔을지 확신이 서지 않기 때문이다. 그럼에도 불구하고 한창 감수성이 예민할 시기 저 악명 높았던 19세기 파리에서 겪었을 어린 이방인의 일상은 그다지 순탄치는 않았을 것 같다. 그렇기에 그 자신을 열정 넘치는 애국자로 만들었을 이유 또한 충분히 있어 보인다. 실제로 어린 시절 쇼팽이 살았던 폴란드의 근대사는 파란만장하다.

폴란드는 1945년 온전한 독립국가가 되기 전까지 거의 200여

년을 프로이센, 오스트리아, 러시아, 그리고 소비에트 사이에서 분열된 상태로 혹은 종속된 상태로 머물러 있었다. 1807년부터 1815년 사이에 불완전하나마 독립국가였던 바르샤바 공국이 태어났다. 주변 강국으로부터의 간섭에서 벗어나려는 폴란드는 1812년 나폴레옹이 러시아 원정에 나섰을 때 10만 대군을 지원했다. 그러나 불행히도 그 전쟁은 나폴레옹의 대패였다. 러시아는 서쪽으로 계속 반격했고 1815년에는 폴란드를 완전히 장악했다. 쇼팽의 어린 시절은 이 극적인 반전의 시기와 맞물려 있다.

어린 시절의 불행한 기억과 함께 쇼팽에게 1830년 폴란드혁명은 남달랐을 것이다. 이런 역사적 사실을 놓고 보면 우리는 그를 충분히 민족주의자로 여길 수 있을 것이다. 그러나 사실상 쇼팽은 낭만주의의 중심에 있던 다른 이들처럼 평생을 정치인이 아닌 예술가로 살았다. 그런 그는 폴란드로 가지 않고 죽을 때까지 파리에 남아 있었다. 쇼팽은 거기서 낭만주의자들이 숭배하는 최고의 이념인 '포에지Poesie'를 옹호하며 사랑과 예술을 불태웠다. 어쩌면 그런 방식이 낭만주의자 쇼팽에게 진정한 문제해결책이었을지도 모른다.

그런데 그의 이 이중적인 심장의 논리들은 이제 다른 관점과 충돌하게 된다. 2014년 봄 유럽 전역이 쇼팽의 죽음을 둘러싼 의혹으로 한동안 시끄러웠다. 그리고 폴란드 정부는 이런저런 논란을 잠재우기 위해 그 해 가을 168년 만에 처음으로 쇼팽의 심장을 전문가들 앞에 공개했다. 이유는 그의 사인을 두고 수백 년간 지속된 어떤 논란 때문이었다. 1849년 쇼팽이 죽자 파리 시 당국은 사인을 그가 평소에 앓고 있던 폐결핵으로 공식 발표했다. 그러나 그의 주검을 부검했던 의사의 의견은 이와 달랐다. 부검소견서에는 쇼팽이 당시로서는 확인할 수 없는 질병에 의해 사망했다고 기록된 것이다.

유럽쇼팽학회는 폴란드 정부를 설득해서 이를 확인하고자 했다. 공식적인 과정에는 법의학자, 유전학자, 병리학자들이 참여했다. 그들은 심장의 조직을 직접 떼내어 분석하고자 했지만 그럴 수 없었다. 폴란드 정부와 국민은 결코 쇼팽의 심장이 물리적으로 훼손되는 것을 원치 않았기 때문이었다. 결국 과학자들은 육안으로만 심장의 상태를 확인할 수밖에 없었다. 그들은 이내 폴란드 정부가 과학적 사실을 은폐하려 한다고 불만을 토로했다. 그렇지만 쇼팽의 심장은 2064년까지 원래 있던 자리로 되돌려져 봉인되었다.

이러한 논란은 폴란드인들과 과학자들 사이에 분명한 관점의 차이를 보여준다. 폴란드인들에게 쇼팽의 심장은 나라 없는 민족의 애환을 간직한 민족정신과 애국심의 상징이다. 그래서 그것은 '폴란드인의 심장'이다. 그리고 다른 한편 처음 봉인되었던 그 장소, 즉 성 십자가 성당의 백색 기둥은 성스러운 공간으로서 초월성을 간직하고 있다. 그곳에서 안식을 취하고 있는 심장은 그래서 '낭만주의의 심장'으로서 존재한다. 그것은 그렇게 살기를 바랐던 한 예술가의 영혼과 너무도 잘 어울린다.

또한 다른 심장도 존재한다. 그것은 사건의 인과성을 규명하고자 원하는 '과학자의 심장'이다. 그들에게 쇼팽의 심장은 과학적으로 병든 심장이다. 이제 다음 50년 뒤에는 또 어떤 심장으로 존재하게 될는지 궁금하다.

　　　　　　　　　　　　　　　　　우리 시대의 심장

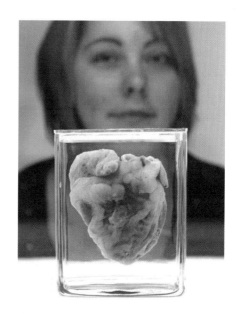

〈서튼의 심장〉 제니퍼 서튼, 웰컴 컬렉션, 2007

역설의 순간, 생사의 심장

2007년 가을 영국의 주요 일간지들은 제니퍼 서튼Jennifer Sutton
이라는 이름의 여인에 관한 기사를 실었다. 그녀는 18살 때부터 제
한성심근증restrictive cardiomyopathy을 앓았다. 평소에는 오래 걷거나
뛸 수도 없을 만큼 몸 상태가 좋지 않았다. 그러다가 2007년 5월 햄
프셔의 한 병원에서 심장이식수술을 받고 빠르게 회복되었다. 물론
기사 내용은 흔한 수술성공담이 아니었다. 기사가 주목한 것은 제니
퍼가 자신의 심장을 눈으로 직접 볼 수 있는 기회를 가졌다는 사실
이다. 그런데 '타인의 살아있는 심장'을 가진 채 '자신의 죽은 심장'
을 바라본다는 사실은 어쩌면 괴물 같은 느낌마저 준다.

제니퍼의 심장은 웰컴 컬렉션의 개관 기념전에 전시되었다.

19세기 영국 의료계의 황제였던 헨리 웰컴Henry Wellcome은 1936년 '웰컴 재단'을 설립했다. 이 재단은 장구한 역사만큼이나 유서 깊은 생명의학 분야의 연구지원 기관이다. 2007년 '웰컴 재단' 산하의 '웰컴 컬렉션'이 문을 열었고, 그녀는 그곳에서 흰색 큐브 위에 놓인 문화적 구성물로서의 자신의 심장을 마주했다.⁴

그녀 앞에 놓인 유리병 속 심장은 피를 순환하게 하고 체온을 유지시켜 주는 생명기능의 담지체로서의 기관이 아니다. 그녀의 쪼그라진 심장은 방부제 용액 속을 부유하는 죽어있는 사물이다. 유리관 속 심장은 자신의 것이자 자신의 것이 아니다. 더 긴 생명을 위해 살아있는 심장을 자신의 몸에서 꺼내 죽인 뒤에 그것을 바라보는 그 생명의 상황은 더없이 역설적이다. 어쩌면 이처럼 생명은 생명에 의해서가 아니라 죽음에 의해 정체가 드러나는 것인지도 모른다.

17세기 네덜란드의 화가 프란스 할스Frans Hals의 그림 〈해골을 든 소년Young Man with a Skull, 1626~28〉은 "죽음을 기억하라memento mori"는 알레고리가 인간에게 얼마나 오래된 사유의 대상이었는지를 잘 보여준다. 앳된 소년이 상기된 얼굴로 왼손에 해골을 든 채 무엇인가를 (아마도 죽음에 관해) 연신 설명하려 한다. 그러나 죽음은 어린 소년의 눈에 보이지 않을 만큼 지나치게 멀리 있다.

죽음은 그 어린 생명에게도 알려진 바 없지만, 더욱이 노년의 그 누구에게도 혹은 의사에게도 알려진 바 없다. 죽음은 살아있는 자에게 경험을 허락하지 않는 것이다. 그러므로 그것의 본질은 설명이 불가능하다. 그럼에도 불구하고 할스의 그림이 죽음을 말해줄 수 있는 것은 역설이 드러나는 결정적인 순간 때문이다. 소년의 손

우리 시대의 심장

〈해골을 든 소년〉
프란스 할스, 1626~28, 캔버스에 유채, 92.2cm×80.8cm

에 들린 현재의 해골은 과거의 죽음, 그리고 언젠가 닥칠 미래의 죽음을 일순간 제시한다. 할스는 어린 생명과 대비되어 더욱 강렬한 시간의 드라마틱한 절편을 보여주고 싶어 한다. 죽음이 생명과 함께 감지되는 바로 그 시간의 생성 말이다. 그 순간을 통해 우리의 느낌과 감정에서 생명과 죽음을 그 자체로 경험할 수도 있다.[5]

　　데미언 허스트Damien Hirst의 작품 〈살아있는 이의 마음속에서 죽음의 물리적인 불가능성The Physical Impossibility of Death in the Mind of Someone Living, 1991〉은 더욱더 철저히 생명의 대립자인 죽음을 경험하게 한다. 방부제 용액에 담긴 상어는 금방이라도 달려들어 나를 물어뜯을 것처럼 아가리를 벌리고 있다. 움직이는 상어처럼 느껴진다.

〈살아있는 이의 마음속에서 죽음의 물리적인 불가능성〉
데미언 허스트, 1991, 포름알데히드 용액 속에 타이거 상어, 213㎝×518㎝×213㎝

그것은 꿈틀거리는 생명이자 꿈틀거리는 죽음이다.

고대 그리스와 로마인에게 움직임anima은 살아있음과 동일한 것이다. 그것은 호흡이고 영혼이다. 하지만 상어는 미동도 없다. 그것은 또한 멈춰버린 생명이자 멈춰버린 죽음이다. 혼란스러운 동시성이 경험된다. 이것이 가능한 것은 포름알데히드가 시간을 정지시키고 순간의 절편을 지속시키기 때문이다. 생명과 죽음을 잇는 시간의 절편이 일거에 우리의 감각을 생명과 죽음에 대면케 한다. 이 경험은 생명이 있어서 죽음을 생각할 수 있는 것도, 죽음이 있어서 생명을 설명할 수 있는 것도 아님을 보여준다. 생명과 죽음은 오직 이러한 충돌의 순간이라야만 사회적 기호로서가 아닌 그대로의 모습을 드러낸다. 이처럼 생명과 죽음은 미학적인 차원으로 전이된 느낌의 투명성에서, 그리고 그 느낌의 직접성에서 이해된다.

1968년 저격으로 세 발의 총상을 입었던 앤디 워홀Andy Warhol은 1970년대 말 심장을 주제로 한 일련의 작품들을 내놓았다. 그는 팝아티스트로서 미국의 6, 70년대식 대중문화를 잘 읽어냈다. 물론

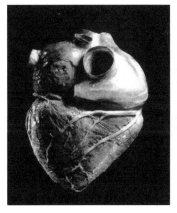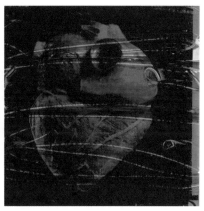

〈심장heart〉
1979, 실크스크린

〈붉은 심장Red heart〉
연도미상, 실크스크린

그의 작품들 역시 그런 문화의 구성물이다. 하지만 워홀의 1979년 흑백 실크스크린 작품은 팝아트의 논리에서 벗어난 듯 지나치게 진지하다.

작품의 전면에 검은색 배경으로 하나의 심장이 압도적으로 자리하고 있다. 예리하게 잘려나간 하대정맥의 단면이 모든 것을 빨아들일 것 같은 거대한 구멍처럼 보인다. 그리고 아래 좌심실이 비대하게 커 보인다.

반면 의학적 심장 이미지들은 거의 대부분 이와 다르게 묘사된다. 우리 몸은 수술대 위에 올라가 있고 그래서 정면으로 설정된다. 개방된 흉부의 중심에서 약간 우측에 심장이 있다. 그것의 대정맥이 심장의 왼쪽 아래위로 오도록 묘사되고, 우심실은 좌심실보다 더 잘 보이도록 제작된다. 그런데 이러한 의학적 이미지들은 대상 그 자체, 즉 심장 그 자체가 아닌 단지 이미지들이다. 흔히 우리는 이러한 사실을 망각하는 습관을 가지고 있다.

이미지를 대상 그 자체처럼 받아들이는 데는 역사상 오래된 관찰 방식이 전제되어 있다. 다시 말해서 시각을 시간과 대상에서 독립된 것으로 정의하고 또한 이것을 관찰 내용에서 배제하려는 습관은 우리의 오래된 관찰방식이자 시각적인 표현 방식이다.

우리는 이미 수백 년 전에 수학적 계산을 통해 감각운동의 가변성을 부동하는 정신적인 것으로 대체하는 설명 방식을 발명해냈다.[6] 반면 진화생물학은 이보다 더 오래 전에 감각의 근원적 형태가 이와는 다른 방식으로 작동하고 있었다는 것을 보여준다. 원시 진핵세포는 자신이 살고 있는 물이라는 '세계 안에 혹은 세계와 더불어 있다.' 물에서 벗어난다면 그 생명체는 삶을 유지할 수 없으며 따라서 물은 그 자신과 완전히 함께하는 세계이다. 그래서 그 단세포 생명체의 운동은 물 운동의 시간적 변화에 그대로 공명한다. 그것의 촉수는 세계의 운동과 함께 운동(감각)한다. 운동하는 것은 감각하는 것이고, 그것이 곧 사는 것이다. 이 단순하고도 명료한 사실을 고등생명체로 진화한 인간은 너무도 쉽게 잊고 있지만 말이다.

따라서 서양미술사의 한 시대를 풍미했던 원근법적 표현 방식이 정치적이며 경제학적으로 결정되었던 사실과 달리, 보는 감각은 처음부터 대상과 독립된 하나의 소실점으로 향하지 않았다. 그것은 우리 자신이 접하고 있으며 상호작용하고 있는 세계와 더불어 변화하고 있는 존재이다.[7]

시감각의 대상은 망막에 살고 있는 광수용기 세포들photoreceptors 의 전기화학적 신호들과 몸의 다른 기관들 사이에서 이루어진 복잡한 상호작용의 결과물이다. 그러므로 그것은 우리 바깥 저 멀리에 따로 떨어져 존재하는 것이 아니다. 감각작용과 관계하는 지각작용 및 두뇌작용은 지속적으로 변화하는 감각의 이러한 가변성에 저항하려는 일종의 인간적인 적응 방법이다.

반면 이 저항력의 과잉은 잘 직조된 카펫처럼 정합적인 원리 안에서 세계를 설명하려는 태도로 귀결된다.[8] 하지만 이제야 비로소 조금씩 깨닫게 되는 사실은 우리의 시각이 수억 년 전부터 지금까지 진행되고 있는 생물학적 가변성의 흔적이라는 점이다. 흥미롭게도 워홀은 다른 시각 표현의 장인들이 그랬던 것처럼 눈과 그 대상을 실험실에 몰아넣고 그것들의 순수성에 도전한다. 그리고 이러한 실험은 '이미지와 기계의 관계'라는 예기치 못한 곳에서 다시 등장한다.

2009년 런던심장병원에서 3D 심장시뮬레이터를 실험했다. 〈데일리 텔레그래프〉2009년 1월 11일자는 다빈치의 해부학 이미지 이래 역사상 가장 중요한 성과로 그 기계장치를 묘사했다. 그것은 실제 심장과 유사한 방식으로 작동하는 정교한 그래픽이미지를 생산한다. 3D 심장시뮬레이터는 시술 훈련의 숙련도가 중요한 수련의에게 매우 유용할 뿐만 아니라 외과의사에게도 실제 수술에 앞서 모의수술을 해볼 수 있는 유용한 장치이다.

영국심장재단the British Heart Foundation은 3D 심장시뮬레이터의 혁신에 주목하고 심장 박동의 시뮬레이션 장면을 광고로 배포했다. 이 시뮬레이터 덕분에 의사들은 더욱 향상된 의술을 손에 넣을 것이고, 일반인들은 눈으로 본 적 없었던 심장의 형태와 운동을 경험

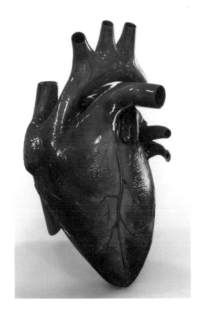

3D 심장시뮬레이터에서 생성된 이미지
영국 심장병원과 하트웍스HeartWorks

하게 될 것이다.

만질 수는 없고 단지 눈으로만 볼 수 있는 이 심장이 가상인지 아닌지는 그다지 중요하지 않다. 그보다는 3D 심장시뮬레이터를 사용함으로써 심장외과 의사의, 그리고 일반인의 경험이, 그리고 궁극적으로는 인식방식과 행동방식이 변화한다는 사실이다.[9]

예를 들어 그들은 시뮬레이터를 사용하지 않았을 때 육안으로는 결코 포착할 수 없었던 심장의 뒤편이 어떤 상태인지, 그리고 혈관을 따라 이동하는 혈액이 어떻게 운동하는지를 실제로 경험할 수 있게 된다. 시뮬레이터에 의한 이 경험은 심장 수술 현장에서 의사의 손에 새로운 기술을 쥐어줄 수 있다. 결국 런던심장병원의 3D 심장시뮬레이터에 대한 사용 횟수와 시간은 의료기계의 작동과 인간

우리 시대의 심장

경험의 작동을 어떤 방식으로든 결합시킬 것이다.

물론 의료용 기계장치들은 심장의 의학 영역에만 국한되지 않는다. 엑스레이장치, 컴퓨터단층촬영장치, fMRI, EEG, 심지어 의사들이 사용하는 다양한 도구들에 이르기까지 수많은 장치들이 오랫동안 사용되었다는 사실만으로도 우리는 사용자들에게서 다양한 장치와 연결된 다양한 기계 경험의 존재를 생각할 수 있다.

그러므로 워홀의 심장 이미지에서 우리는 그가 의학적 심장을 묘사하려 하지 않았다는 것을 이해할 수 있다. 그가 묘사한 심장은 조형적인 균형이 유지되도록 의도적으로 조정되었던 것이고, 그의 논리는 의학적 심장을 목표로 삼지 않았던 것이다. 그는 검은색을 배경으로 심장을 좌우로 앞뒤로 뒤집어놓는다. 그래서 배경과 구별되는 심장은 살아있는 심장이 아니라 정밀한 배치를 통해 감각적인 이미지로 다시 태어난다. 우리는 심장을 보지만 또한 심장이 아닌 것을 본다. 그리고 묘하게 그 이미지에는 여러 가지 의미들이 붙었다 떨어지기를 반복한다.[10]

워홀은 심장을 조형물로 만들어 폴라로이드 사진으로 찍고, 이것을 자기만의 표현방식으로 실크스크린을 한다. 다시 다양한 색을 칠하고, 단순한 기호들로 변형시켜 무한히 복제해서 반복적으로 나열한다. 그렇게 워홀은 심장을 통해 실크스크린의 기계적인 메커니즘을 실현하였다. 그리고 감각적 이미지의 가변성을 실현하고 다양한 심장의 의미들을 생산하였다.

잘 알려진 것처럼 워홀의 이러한 표현방식은 상품의 생산-유통-소비라는 자본 메커니즘, 즉 자본의 기계로 이미지를 대량생산함으로써 실현되었다. 그는 복제하고 반복 생산함으로써 대상을 값싸게 만들었고, 그런 방식을 통해 심장에서 죽음이라는 심각한 의미를 조금씩 지워갔다. 그 대신 달콤한 미디어 콘텐츠처럼 현란한 색으로 밝게 희화하여 다시 사고팔 수 있는 상품으로 물신화하였다. 이런 방식을 통해 워홀은 죽음과 생명, 사랑과 절망의 기호들을 대량생산하였다.

오즈의 양철나무꾼과 기계의 심장

프랭크 바움Frank Baum의 고전적 소설 〈오즈의 마법사The Wonderful Wizard of Oz, 1900〉에는 유명한 양철나무꾼이 등장한다. 그는 원래 아버지의 그 아버지 때부터 나무를 베어다 팔아 생계를 잇던 나무꾼 가문의 자손이었다. 부모를 잃고 외로워졌을 때 그는 한 여인을 사랑하게 되었다. 하지만 나무꾼의 가난이 싫었던 그 여인은 나무꾼이 부자가 되었을 때 결혼해주겠다고 약속했다. 착하고 순박한 이 나무꾼은 그 어느 때보다도 열심히 일했다. 하지만 약혼녀와 함께 살고 있던 게으른 노파는 자신을 돌봐주던 그 여인이 떠날까봐 그 결혼을 탐탁지 않게 여겼다.

결국 그 노파는 몰래 사악한 마녀를 찾아가 그들의 결혼을 막아달라고 기원했다. 사악한 마녀의 끔찍한 마법은 나무꾼의 두 다리와 두 팔, 머리, 그리고 마침내 심장까지 앗아갔다. 하지만 나무꾼은 양철공의 도움으로 모든 살을 대신하는 금속으로 된 기계 몸을 갖게 되었다. 양철나무꾼은 결국 자기가 사랑했던 여인에 대한 생생한

양철나무꾼과 허수아비 〈오즈의 마법사〉 중에서

기억을 잃고 말았다. 그렇지만 사랑을 간직했던 마음 자체에 대한 기억이 자기 자신에게 심장이 없다는 사실을 계속 일깨우며 끔찍한 고통의 나날을 보내게 만들었다.

존재하지 않는 것에 대한 이러한 끝없는 상실감은 그로 하여 금 우연히 도로시를 만났을 때 주저 없이 길을 떠나게 했다. 그리 고 긴 여정 끝에 에메랄드 성에서 오즈의 마법사가 자신의 모든 시 름을 가져가줄 것이라 믿었다. 하지만 사기꾼 오즈는 양철나무꾼의 가슴을 잘라 열어젖히고 기어이 톱밥이 가득 찬 비단헝겊 주머니를 쑤셔 넣었다. 양철나무꾼의 순진함이 자신에게 심장이 생겼다고 믿 도록 했지만 정녕 그의 몸속에 심장이란 없었다.

이런 식으로 양철나무꾼만이 아닌 사자와 허수아비까지 속인 오즈야말로 위력 있는 '마법사'처럼 보인다. 왜냐하면 오직 오즈만이 이러한 역설의 복잡한 논리가 폭로될 수 있는 방법을 독자에게 보여주기 때문이다. 게다가 그는 마치 〈오페라의 유령〉에서처럼 오페라극장 지하에 숨어 사는 유령의 공포 메커니즘을 모든 주인공들에게 사용함으로써 그들이 욕망하는 불가능을 일순간 해결한다.

이상야릇한 이 오즈는 자신의 정체가 폭로될 위기에 몰리자 곧바로 풍선을 타고 도망치듯 사라진다. 진정 비겁하다. 하지만 진정 기발하다. 반면 오즈의 탈주하는 방식과 달리 도로시의 방법은 이런 논리를 설명할 수도 해결할 수도 없다. 그녀는 용감하고 지혜롭다. 그래서 어딘지 평범한 영웅 스토리에 잘 맞춰진 인물처럼 보인다. 그런 도로시에게는 양철나무꾼의 문제를 어떤 식으로든 드러낼 힘이 없어 보인다.

그런데 잘 생각해보면 양철나무꾼의 이 이야기에서 그가 '빼앗기고 없는 것'은 '사랑의 심장'이 아니다. 도로시와 함께 했던 여정은 그에게 이미 '사랑의 마음'이 있다는 것을 우리에게 알려주기 때문이다. 그렇다면 알루미늄합금인 그에게 없는 것은 사실상 '살로서의 심장'일 것이다. 그러나 양철나무꾼은 그것을 원한다고 말한 적이 없다.

반면 오즈가 양철나무꾼의 가슴에 지푸라기주머니를 넣을 때 독자들은 어리석은 양철나무꾼이 속았다고 여긴다. 그들은 그가 어째서 '살로서의 심장'이 아닌 그런 하찮은 지푸라기주머니에 만족해하는지 이해할 수가 없다. 그래서 독자들에게 양철나무꾼은 착하거나 멍청하거나 둘 중 하나가 되고 만다.

우리 시대의 심장

하지만 양철나무꾼과 도로시의 여정은 그가 멍청하지 않다는 것을 말해준다. 게다가 '살로서의 심장'을 지닌 모든 인간이 반드시 사랑의 따뜻한 마음을 가진 것도 아니기에 더욱 그렇다. 또한 만일 양철나무꾼이 차가운 금속이 아니라 '살의 몸'을 지녔다 하더라도 그가 따뜻한 사랑을 담아낼 수 있는 또 다른 형태의 심장을 원했을는지도 모를 일이다.

그렇다면 멍청하지 않으며 따뜻한 마음을 지닌 양철나무꾼이 원한 심장은 과연 무엇이었을까? 그는 어쩌면 자신의 '기계 몸'에 어울릴 심장, 즉 '기계 심장'을 기대했을 법하다. 그러나 기계 심장은 인간에게 위협적인 존재이다. 왜냐하면 기계는 영혼을 가질 수 없는 사물로 간주되며 '기계 영혼'이란 금기이기 때문이다. 따라서 양철나무꾼에게 기계 심장은 불가능한 것이다. 이것은 그가 '살로서의 심장'을 원한다고 말한 적이 없다는 사실과 일치한다. 그는 자신이 원하는 그것이 '바로 그것'이라고 직접 말한 적이 없다. 그렇지만 이 새로운 기계 심장은 그에게 끝없는 기대의 대상이 된다.

그런데 여기에는 묘한 논리가 숨어 있다. 양철나무꾼에게 진정 없는 것은 '살로서의 심장'이 아니라 사실상 '존재할 수 없는 것', 아니 그보다는 '존재해서는 안 되는 것', 그럼에도 불구하고 '존재해야 한다고 간주된 것'이다. 양철나무꾼에게서 심장은 결코 채워질 수 없는 것, 그래서 존재할 수 없는 것에 대한 욕망을 보여준다.[1]

양철나무꾼의 욕망을 끊임없이 자극하는 불안은 과거엔 그랬지만 지금은 더 이상 인간이 아닌 것, 즉 존재하지 않는 것(부재)을 부정할 때 발생한다. 끊임없이 인간이기를 원하지만 인간이라고 말하지 않는 것, 인간이라고 말하지 않는 대신 인간에게나 가능할 법한 사랑을 찾겠다고 말하는 것이 바로 양철나무꾼이 욕망하는 심장의 논리이다.

아름다운 심장

워홀의 작품이 매력적인 한 가지 이유는 특유의 저속함, 즉 아름다움을 조롱하는 태도 때문이다. 그에게 예술은 저렴하고, 양적으로도 풍부하며, 친숙한 것이다. 그래서 그의 작품은 '아름다움이 조화로운 질서이자 정신성이며 그 자체로 가치 있는 것'이라는 전통적인 미의식을 후퇴시킨다. 후기자본주의의 문화논리는 이 친숙함에서 모더니즘 예술이 요구하는 '비판의 거리두기'가 상실되었음을 지적한다. 철저히 소비사회가 요구하는 조건들을 만족시키고 있는 것이다.

워홀의 작품에서 독단적 체계에 대한 비판과 저항의 아방가르드적 이념이 실패한 것은 사실이지만, 그의 표현방식은 그의 작품조차 철저히 물신주의를 실현하게 함으로써 오히려 그런 비판의 이념성을 폭로하게끔 한다.

워홀이 즐겨 사용하는 촌스러운 원색들과 이미지의 복제, 그리고 연속된 나열 방식은 대량생산의 기계적 작동과 잘 맞아떨어진다. 동일한 이미지들이 오차 없이 규격화된 나열을 반복하는 것은 마치 M. 에셔의 작품 〈손을 그리는 손〉처럼 우리의 욕망이 끝없이 되돌아오고 있다는 것을 보여준다. 하지만 욕망은 현란한 색상과 형태로 가시화되지 않는다면 결코 그 다음 과정으로 진행하지 않을 것이다. 게다가 그렇다고 해도 가시화된 이미지가 그 자체로 가치가 있는 것도 아니다. 오히려 복잡하지만 어떤 방식으로든 잘 작동하는 자본-욕망-감각의 메커니즘에 힘입어 그 이미지들이 나타났다가 사라짐을 반복하는 기호라는 사실이 남을 뿐이다.

그런데 이러한 논리가 단지 예술현상에만 국한된다고 여긴다면 이는 지나치게 순진한 판단이다. 생명과학자들은 자신의 연구결과를 학술지에 실을 때마다 아름다운 이미지를 선별적으로 사용하곤 한다. 그렇게 선택하는 이유는 무엇일까? 그들에게 깃든 아름다운 영혼이나 인간의 보편적 원리로서의 아름다움이라고 여긴다면 그 역시도 순진한 견해처럼 보인다.

우리가 심장을 볼 수 있는 것은 감각세포들 때문이다. 하지만 심장의 다양한 기계적 가시화는 이와는 다른 메커니즘을 따른다. 예를 들어 MRI는 체내 수소분자 핵에 강력한 고주파를 가할 때 발생한 자기장을 컴퓨터 시뮬레이션으로 재구성한 이미지이다. 우리 눈에 주어진 것은 단지 우리 눈에 적합한 단면, 즉 기계의 사용자 인터페이스일 뿐이다. 그것은 전자적 신호의 수학적 구성물이다.

그렇지만 이 시뮬레이션(혹은 시뮬라크르)을 미메시스의 역전된 논리로 생각해볼 수도 있다. 다시 말해 마치 코페르니쿠스의 '뒤집어 생각해보는 방식'처럼 외부 대상을 모방하려는 인간의 오래된 미학적 욕망을 역전시켜 본다면, 그러한 시뮬라크르는 우리의 감각작용이 만나고 있는 대상 자체의 표현이라고 볼 수도 있을 것이다.

제인 프로펫Jane Prophet은 줄기세포 생장의 컴퓨터 시뮬레이션

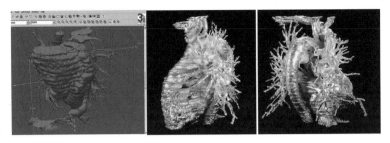

⟨은으로 된 심장⟩ 제인 프로펫, 2004, 23cm×21cm×15cm

을 예술적 표현의 영역에 연결시키려 시도하였다. 그녀는 생리학자들이 실험에서 사용한 수많은 세포 사진들 가운데 유독 마음에 드는 이미지만을 골라내어 논문에 반영한다는 사실에 착안해서 실험 이미지의 미적 경험을 유도할 수 있는 작품을 제작했다. 그 결과 추상화된 작품은 작가의 의도가 반영된 것이 아니라 살아있는 세포들의 생장 프로세스가 표현되는 방식으로 나타났다. 그것은 예술의 맥락 안에 존재하는 이미지이자 다른 한편으로는 과학의 맥락 안에 존재하는 이미지이다. 그것은 이중적인 상황을 만든다.

⟨은으로 된 심장Silver Heart, 2004⟩ 역시 이러한 구조를 따른다. 그녀는 심장의 MRI 데이터를 그래픽이미지로 모델링하고 이를 다시 은으로 조형화했다. 프로펫의 표현에 따르면 ⟨은으로 된 심장⟩은 하나의 인간 신체에서 또 다른 인간 신체로 옮겨가는 심장이식을 미학적 차원에서 재구성한 것이다. 그 작품은 심장을 인간 신체 내의 공간이 아닌 전시 공간에 이식한다. 그녀는 자신의 작품이 살아있는 인간 기관을 예술적 대상으로 바꿔놓은 것이라고 주장한다.

그러나 프로펫조차 정확히 파악하지는 못했지만, 그녀의 작품

우리 시대의 심장

〈나르시서스〉 카라바지오, 1597년경, 캔버스에 유화, 110cm×92cm

이 '과학기술과 예술의 재결합'이라는 흔한 르네상스적 화해만을 보여주는 것은 아니었다. 〈은으로 된 심장〉의 이미지들은 오히려 심장 그 자체를 표현한 것이다. 다시 말해 컴퓨터나 프로젝터 같은 물리적 장치들, 알고리즘과 같은 전자적 신호의 규칙들, 그리고 인간이라는 개체는 누군가의 살아있는 심장을 표현할 수 있는 잠재적 다양성을 실현하고 있다. 그러므로 〈은으로 된 심장〉은 관객들이 감상할 작품임과 동시에 또한 작품이 아닌 사물의 표현이 된다.

우리는 이렇게 생각하는 방식에 익숙하지 않다. 그 대신 바로크미술의 대가 카라바지오Caravaggio가 남긴 〈나르시서스Narcissus〉라는 작품을 통해 이러한 상황을 대상과 인식 사이의 문제로 재구성해 볼 수 있다. 그는 〈나르시서스〉에서 우리가 대상을 대할 때마다 어떤 인식 논리가 작동하는지를 보여준다. 그리고 대상이 이미지로 대치될 때마다 얼마나 치명적인 인식의 문제가 발생하는지도 보여준다.

잘 알려진 것처럼 나르시서스는 강물에 비친 자신의 아름다움에 매혹되어 그것을 소유하려 갈망하다 목숨을 잃고 수선화가 되었다. 나르시서스의 왼쪽 손은 벌써 물 위를 더듬고 있으며 그의 조금 벌어진 입은 작게 떨리면서 죽음의 유혹을 들이마신다. 카라바지오는 아름다움에 대한 욕망을 실현할 수 있을 그 절정의 순간, 즉 삶과 죽음의 경계를 절묘하게 묘사했다. 빛을 드라마틱하게 사용함으로써 주제에 몰입하게 만드는 그의 독특한 표현 방식이 미술사적으로 중요하기는 하지만 그보다는 자기애로 알려진 이 신화적 서사의 논리가 더욱 흥미롭다.

나르시서스의 서사에는 아름다움을 둘러싼 이율배반적인 명제들이 숨어 있다. 무엇보다도 아름다움은 우리 바깥 세계에 존재하는 '대상의 속성'일 수 있다는 의견이다. 세계의 대상들은 나의 바깥에 거주하는 존재들이다. 그림은 이 주장을 빗겨간다. 다른 하나는 아름다움이 인간의 '내적인 마음 상태'라는 주장이다. 세계의 대상들은 오직 내 안에만 있다. 나는 그 바깥에 대해 아는 바가 없다. 그림은 이 주장도 빗겨간다.

그리고 카라바지오는 이 두 가지 주장이 만날 때 치명적인 위험을 초래할지도 모른다는 긴장을 드러내면서 빠르게 전진한다. 그리고 거기서 '반사하는 수면=거울'이라는 장치를 통해 또 다른 논리를 드러낸다. 즉 〈나르시서스〉는 아름다움이 외적 대상의 속성들일

지라도 그것은 오직 자기 내적인 이미지일 뿐이라고 말한다. 왜냐하면 잔잔한 냇가의 표면에서 관찰한 것은 자기의 반영, 그것도 오직 물의 표면이라는 것 없이는 불가능한 이미지이기 때문이다.

그러나 반면 '관통해버린 수면=깊이를 모를 심연'이라는 장치가 개입하면 자기 반영과 이미지를 외적 대상으로서 욕망하는 일은 결국 자기애적인 파멸, 즉 자가당착임을 폭로한다. 이것이 나르시서스의 운명이다. 그러므로 카라바지오의 작품은 대상-이미지-인식 사이에서 작동하는 표면과 깊이, 이 모두를 억압하려는 욕망의 습관적 행위를 보여주며 마지막을 장식한다.

그렇지만 우리는 왜 그토록 상식적인 사고습관을 쉽게 받아들이는 것인가? 해석학자들은 이러한 욕망의 작동을 대신해서 문화의 시간 운동이라는 대안을 제안한다. 그들은 상식을 어떤 대상에 대한 인식을 위해 전제된 '앞선 판단Vorurteil'이라고 주장한다.[12] 그들에게 지식은 시간적으로 선행하는 다른 지식의 재구성물이다. 그래서 지식은 문화적으로 역사적으로 꼬리를 물고 순환하는 거대한 운동인 셈이다.

그리고 이 운동을 실현하는 매순간마다 선행하는 지식에 대한 선택과 구별이 등장한다. 누군가는 자신의 의지로 선택이 이루어질 것이라고 여긴다. 그러나 모든 지식은 앞선 선택에 의한 결과로서의 지식을 통해 다른 지식을 참조한다. 그렇기에 거기에는 개별 주체들이 손쓸 수 없는 공동체 문화의 기능적 힘이 존재한다.

우리는 아름다운 이미지들에 대한 생명과학자들의 선택이 '보기 좋은 이미지가 더 유용할 것이라는 심리적 기대'에 그 원인이 있다고 쉽게 생각한다. 그렇지만 사실상 이 선택은 근본적으로 그들의 의지와 무관한 것인지도 모른다. 그 선택이 마치 과학자 스스로에게서 결정된 것과 같은 착각을 불러일으키지만, 우리의 자유의지를 두뇌 작용에서 확인할 수 없는 것처럼 그러한 선택은 실체적인 것이 아닐 가능성이 더 높다. 그보다는 오히려 과학자 집단의 복잡한 네트워크가 그러한 선택 압력이라는 힘으로 작용한다고 보는 것이 더 합리적이다.[13]

따라서 생명과학자의 선택을 결정하는 것은 '그들의' 선택이라고 말할 수 있다. 동어반복처럼 들릴지 모르지만 "선택이 선택한" 것이다. 이것은 변화와 차이가 발생하지 않는 논리적 진공상태에서가 아니라 현실의 차원에서 가능하다. 그리고 현실의 네트워크 위에는 자본 기계나 욕망 기계처럼 여러 가지 메커니즘들이 함께 작동하고 있음을 충분히 예상할 수 있다.

결국 과학자들의 아름다운 심장은 일종의 사고습관이기보다는 그들의 실천에 속속들이 개입해 있는 관계들의 수많은 힘이 좀 더 심각하고 진지한 방식으로 작용한 결과이다.

맺는 글 _ 인간적인, 너무도 인간적인 심장

일상적 태도로 심장을 생각하기란 쉽지 않다. 그 말이 발음될 때마다 떠오르는 의미들처럼 심장은 우리의 감각에게 자신을 허락하지 않은 채 숨어 있기 때문이다. 그러므로 우리가 취하는 가장 쉬운 태도는 심장을 내게서 저 멀리 있는 대상, 그렇지만 내 눈에 반드시 보일 수 있을 만한 거리의 대상으로 다룬다. 그리고 그런 심장은 테이블 위에 놓인 사물로 처리된 뒤 객관적인 지식의 구성물로 뒤바뀐다.

마침내 우리가 심장을 대하는 것은 말끔하게 정리된 심장의 과학적 정의와 더불어 세포, 조직, 그리고 기관의 작동방식을 설명하고 있는 한 권의 책에서이다. 그런데 거기에는 내가 나의 심장을 심장으로서 만나지 못하는 안타까움이 있다. 만일 우리가 심장을 만나고자 한다면 우리는 다른 방식을 취해야 할 것 같다.

조금 어려운 말처럼 들릴지 모르지만 대개 우리의 의식에 낯선 이 심장은 우리가 망각에서 벗어나는 순간에 비로소 그 모습을 드러낸다. 망각에서의 이탈은 매우 짧고도 낯선 시간 간격으로 이루어진다. 그것은 그 순간에 생각하고 사유하며 고민할 수 있는 기회를 주지 않을뿐더러 저마다 고유한 방식으로 발생한다. 살아있는 심장을 직접 만나는 것, 그것은 감각작용과 지각작용을 활성화하는 것, 즉 심장을 느끼는 것과 같다. 그래서 동질적이지 않는 느낌의 각기 다른 순간들이 생명과학자에게도, 인문학자에게도, 예술가에게도, 나와 너에게도, 그와 그녀에게도 발생하는 것이다.

그리고 심장의 감각적 이미지를 생산하는 것은 이런 느낌의 조건들을 구축하는 것과 같다고 말해야할 듯하다. 쇼팽의 심장도, 앤디 워홀의 심장도, 제니퍼 서튼의 심장도, 제인 프로펫의 심장도, 의사가 선택한 심장도, 그리고 양철나무꾼의 심장도 그렇다.

이상의 짧은 글은 다양한 심장들이 저마다의 관점들로 생생하게 우리의 느낌을 자극한다는 것을 보여주려 했다. 쇼팽의 심장은 우리가 엄밀한 학문의 관점을 취할 때 마치 인식이 단일한 진리로 향해가는 것처럼 보이지만 니체의 예상처럼 사실상 인식은 여러 관점들에 의해서 분기할 수 있는 것이라는 점을 보여준다. 서튼의 심장은 일종의 충격이다. 그것은 살아있는 생명체가 자신의 죽음을 관찰한다는 충격과 비슷하다. 그것은 데미언 허스트가 방부제 용액 속에 타이거 상어를 넣는 순간, 그리고 프란스 할스가 앳된 얼굴과 해골을 병치시킴으로써 알레고리를 발생시키려는 순간 우리에게 낯선 것이 된다.

나의 심장이 고통스럽게 뛸 때 나는 그런 망각에서 벗어나 심장을 느낄 수 있는 것인지도 모른다. 워홀이 마주했을 심장의 느낌은 보편적인 기호로 변형되어 소비자본의 기계적 메커니즘을 실현했다. 양철나무꾼의 심장은 차가운 기계 심장이 어울릴지도 모른다는 결론에서 참된 것을 찾으려는 노력과 그것에 결코 도달할 수 없는 딜레마를 보여준다.

마지막으로 과학자의 아름다운 심장이 있다. 아름다운 심장은 과학이 과학자 개인의 의지와 실천에 의해 결정되지 않는다는 것을 보여준다. 아름다운 심장에 대한 관심은 보편적인 것일 수도 있다. 하지만 그 보편성은 현실의 다양한 공동체에 의해 생산된 구성물일 뿐이다. 그래서 과학자의 아름다운 심장은 과학적 실천을 구성하는 모든 요소들의 운동 결과라고 말할 수 있다.

그런데 도대체 심장을 만난다는 것은 무슨 의미가 있을까? 내게는 늘 심장이 있었고, 지금도 있고 앞으로도 있을 것이다. 그렇지 않다면 나는 생명체로서 존재하지 않을 것이다. 그러나 심장을 심장으로서 만나는 것은 신체 조직으로서의 심장을 만나는 것과는 엄연히 다르다. 이는 심장을 마음으로 이해하고, 심장을 몸의 중심으로 이해하며, 심장을 생명으로 이해하는 것과 같다. 이 모든 것들은 문학적 표현으로서의 은유처럼 보일지 모르지만, 그것들을 단순히 허상으로 치부하기에는 심장의 느낌이 지나치게 무겁게 다가온다.

심장의 박동은 우리가 언어를 사용할 수 있기 이전의 먼 과거, 의식이 기억조차 하지 못하는 그 먼 시간, 즉 자궁 속에서 생명체로 존재하던 그 시간을 환기시킨다. 어린 피부의 기계감각수용기 세포들mechanoreceptors은 물을 통해 전해진 놀라운 신호들의 운동을 느꼈으며 두뇌 뉴런들은 오래된 물리적 신호의 고고학적 패턴을 기억했을 것이다. 그곳에는 동물의 언어가 있었을 것이다. 그리고 나는 또한 기억할 수는 없으나 생명을 깨어나게 하는 심장의 진동에서 마치 음악으로 경험할 수 있을 법한 진한 감동을 느낀다.

이재준

고려대학교 디자인조형학부 강사. 과학기술, 예술, 그리고 문화의 상호침투와 혼종 양상에 대해 연구해왔다. 최근 기술담론으로 변형되고 있는 (뉴)미디어 현상들을 미디어고고학, 포스트휴먼, 그리고 기술미학의 관점에서 분석하고 있다.

7   심장을 통해 바라본 순환과 확장의 폐쇄회로

들어가며

우리의 심장은 흔히 우리 몸의 중심부에 위치하여 인간이 삶을 이어나가는 데 중추적인 역할을 한다고 알려져 있다. 심장이 멈추면 호흡이 멈추는 것이고 호흡이 멈추면 삶도 멈추는 것이기 때문이다. 심장이 인간의 삶을 이어갈 수 있게 맡은 역할은 펌프 작용을 통해 혈액 공급을 필요로 하는 전신 장기에 혈액을 규칙적이고 적절하게 보내주는 것이라 알고 있다.

구체적으로 심장은 대동맥을 통해 혈액을 온몸으로 내보내는 온몸순환이라 불리는 체순환, 그리고 온몸을 돌고 들어온 피를 신선한 피로 재생산해내는 폐순환을 이어간다.[1] 이는 궁극적으로 폐를

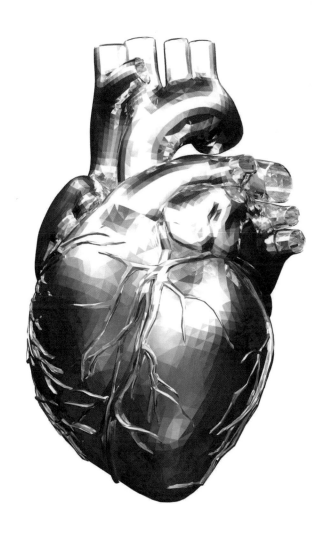

시네마 4D 스튜디오Cinema 4D Studio로 만든 심장 이미지이병훈, 2015

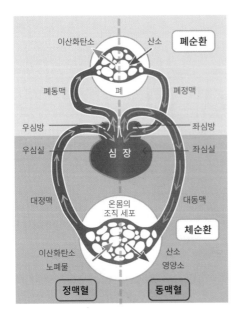

이산화탄소　산소　**폐순환**

폐동맥　폐　폐정맥

우심방　좌심방

우심실　**심 장**　좌심실

대정맥　온몸의 조직 세포　대동맥

체순환

이산화탄소 노폐물　산소 영양소

정맥혈　**동맥혈**

심장의 체순환과 폐순환

통해 피를 산소화시키고 온몸에 이러한 산소를 공급시키는 역할을 하는 것이다. 이처럼 체순환과 폐순환은 심장을 중심으로 하여 이루어진 두 개의 혈액순환의 룹loop이다. 이들의 순환과정 내부에서는 보다 안정된 순환을 위하여 부단한 정보 입력과 강약 조절이 이어지는 피드백 룹을 이루며 우리 생명을 지속시키고 있다.

　이러한 심장의 역할과 순환의 과정에서 큰 고장은 허용되면 안 된다. 또한 작은 고장도 위험하다. 이러한 두 가지의 순환 작용 속에서 중요한 점은, 심장이 주변으로 피를 내보내고 들여오기 위해 적절한 부위에서 필요한 압력을 주고 이들이 전체적으로 안정을 이뤄나가도록 균형을 맞춰야 한다는 점이다. 이러한 복잡한 순환에 있어 혹시나 있을 수 있는 혈액의 역순환, 즉 역류를 막는 시스템 또한 심장에 설계되어 있는데, 판막 시스템이 바로 그것이다.[2]

이처럼 심장은 힘겹고 정교한 일을 장기간에 걸쳐 끊임없이 수행해내고 있기에, 데카르트는 근대적 기계론에 입각하여 "심장은 혈액 펌프이다"라고 한 바 있다.[3] 심장의 체순환, 폐순환을 마치 두 개의 폐쇄회로가 서로 긴밀하게 연동되며 움직이는 기계적 작용과 같다고 본 것이다. 기계적 관점에서 심장의 활동과 역할을 보면 실제로 심장의 순환 회로는 심장을 둘러싼 동맥과 정맥, 폐 등을 시스템적으로 회로 순환하는 것이라 여겨진다.

사실 필자는 의학 및 생물학적인 지식에 문외한이다. 솔직하게 말하면 중고등학교 때 생물시간에 배운 지식이 심장과 관련된 지식의 전부라 할 수 있다. 그러나 예술과 의생명학의 전문가들이 모여 심장에 대하여 생각하고 공부하는 자리에 운 좋게 함께 하게 되면서 필자는 이러한 심장을 기계적이고 시스템적인 순환의 룹으로 살펴보게 되었다. 그리고 이러한 순환 회로가 생물학적, 존재론적, 그리고 네트워크적이고 관계론적 입장에서 어떠한 의미를 갖는지 고찰하는 것이 의미 있을 것이라 생각하게 되었다.

순환과 회로 개념은 지금까지 필자가 컴퓨터 프로그래밍을 통해 컴퓨터를 기반으로 한 인터렉티브 미디어아트 작업을 만들며 지속적으로 고민하여 왔던 내용이다. 따라서 본 글에서 필자는 인터렉티브 컴퓨팅 구조는 심장의 이러한 구조와 어떠한 유사점을 가질 수 있을까, 혹은 인터렉티브 컴퓨팅은 몸의 신비한 구조와 시스템, 특히 심장이라는 중추적 시스템에서 어떠한 생물학적이며 유기체적인 교훈을 얻을 수 있을지 살펴보고자 한다.

(심장에 대한 보다 생리학적인 지식은 앞서 소개된 I부 4장 김성준 교수의 글 '심장과 순환의 기능'을 참고하길 바란다. 특히 심장 그 자체에만 머무는 것이 아닌 연결 기관, 폐, 혈관, 신장과의 관계를 고찰한 부분과 심장 자체의 자발적 박동성은 그의 글 두 번째 꼭지인 '혼자서도 끊임없이 뛰는 심장'을 참고하면 좋다. 또한 혈액순환이론이 어떻게 역사적으로 발견되고 정립되어 갔는지에 관련된 더욱 자세한 논의를 알고 싶다면 역시 앞서 소개된 I부 1장 전주홍 교수의 글 '심장의 역사: 주술에서 과학으로'를 함께 살펴보길 권한다)

인터렉티브 예술작업에서의 소통을 위한 회로 시스템

필자는 컴퓨터 시스템을 활용하여 작품과 관객이 서로 상호작용하는 디지털 인터렉티브 작업을 하는 미디어아트 작가이다. 또한 이러한 미디어아트 작업들과 디지털 인터렉티브 미디어 디자인 작업들에 뒷받침이 되는 여러 공학적이며 매체적인 이론들과 방법론들을 연구하고 있다. 흔히 HCI라고 불리는 인간과 컴퓨터의 상호작용human computer interaction 혹은 human computer interface에 대한 연구들도 이러한 연구 영역 중 하나이며, 아날로그 미디어와 디지털 미디어 이론과 역사, 관계 등을 연구하기도 한다.

필자는 인터렉티브 작업을 하기 이전에 오랫동안 페인팅, 설치작업, 비디오아트 등의 순수 예술fine art을 공부하고 작업하였으며, 현재도 이러한 아날로그 작업, 즉 상호작용적이지 않은 작업non-interactive work을 함께 병행하고 있다. 이렇게 굳이 필자의 전공 경력

우리 시대의 심장

과 예술작업의 생산방식을 소개하는 이유는 다름이 아니라, 이러한 경험들이 그동안 필자가 고유하게 관심을 가지게 된 분야를 만들어왔다는 생각에서이다.

순수예술작업을 해오던 필자는 어느 순간 내 작업이 그것을 바라보는 관객과 함께 반응할 수 있다면 어떨까 하는 호기심에서 인터렉티브 작업에 관심을 가지고 공부하게 되었다. 그 후 인터렉티브 작업을 하기 위한 컴퓨터적 언어와 사고방식, 표현방식을 새로이 공부하고 그 체계를 익히는 과정을 경험하게 되었는데 이는 그 이전과는 다른 전혀 새로운 공부임을 느끼게 되었다.

공부를 해나가면서 깨닫게 된 점은 또 있다. 동일한 예술 작업이라 하더라도, 컴퓨터를 사용하여 물리적인 상호작용을 만들어내도록 구조화된 작업과 그렇지 않은 작업들(즉 물리적인 상호작용성을 드러내지 않는 작업들) 사이에는 감상 태도와 작품을 대하는 인식에 있어 매우 커다란 차이가 있을 수 있다는 사실이다. 작업을 만들어가는 필자 역시 그러하였으니 말이다. 컴퓨터 시스템을 활용한 인터렉티브 작업은 때로는 그것이 만들어낼 상호작용 과정, 특히 그 상호작용에 참여할 잠재적 관객과 그들의 반응을 예측하는 과정을 포함하기 마련이다. 그리고 이러한 반응에 또 다시 컴퓨터가 재반응할수 있는, 또 다른 시스템적 차원에서의 반응을 미리 계획하고 구성하는 과정이 포함된다. 이는 컴퓨터 프로그래밍을 통해 미리 코드화되어 시스템 속에 담기게 되며, 때문에 인터렉티브 시스템을 구조화시키는 과정은 매우 논리적이며 구성적이다.

작가의 입장에서 인터렉티브 시스템에서는 관객의 반응을 어느 정도 예상하여 준비해야 하지만, 반면에 물리적 상호작용이 일어나지 않는 예술작업, 흔히 순수예술작업인 페인팅과 조각 등과 같은 작업에서는 감상자를 인식하는 것이 작품을 제작하는 과정에서 필수적으로 요청되는 것은 아니다. 그런데 신기하게도 작가의 이러한 예상과 준비과정은 작업을 통해 감상하는 이들에게도 그대로 전달되는 것 같았다. 왜냐하면 감상자의 반응을 미리 예측하고 구성하지 않은 작업들은 되레 감상자에게 보다 자유로운 감상적 거리(작품을 바라보게 되는 물리적 거리를 포함하여)를 마련해주고 있기 때문이다.

이는 인터렉티브 작업에서도 자유로운 감성과 사고의 기회를 마련해줄 수 있을까를 고민하는 계기가 되었다. 그리고 여러 작가들과 이론가들의 논의를 함께 읽고 공부한 결과, 이러한 고민은 결코 필자만의 개인적 생각과 경험이 아님을 알게 되었다. 그렇다면 그 이유는 과연 무엇 때문일까?

카메라와 스크린을 사용하는 현대 영상예술

이러한 고민은 다음의 질문으로 이어졌다. 곧 예술작업을 통해 작업과 관객이 소통하는 과정이, 혹시 작업이 생산되는 시스템과 구조, 그리고 작품을 만드는 데 사용된 매체의 성격에 따라 서로 달라지는 것은 어닐까?

다양한 미디어를 가지고 작업하는 작가로서 이러한 미디어에 따른 작품의 소통체계와 시스템, 그리고 그러한 시스템이 운영되는 구조가 발생시키는 차이를 이해하는 것이 필요할 것이라 생각되었다. 그리하여 미디어를 수단으로 작품이 만들어지는 구조에 집중하며, 그것이 가지는 소통 체계, 즉 커뮤니케이션 시스템에 대하여 탐색하고자 하였다. 만약 이들을 통해 커뮤니케이션을 주고받게 되는 시스템—소통의 피드백feedback 시스템이라고 할 수 있겠는데—과 감상 경험의 구조 간의 상관관계를 찾아볼 수 있지 않을까 고민하게 된 것이다. 그리고 그 과정 가운데 인터렉티브 아트가 기반으로 하게 되는 기계적 시스템에서도 보다 자연스럽고 자유로운 감상경험과 소통구조를 만들어내는 방법을 찾아볼 수 있을 것 같았다.

먼저 위와 같이 질문이 이어진 지점들에 대한 답을 구하기 위하여 필자는 다른 예술작품의 감상자로서 경험하였던 바, 즉 감상자로서의 작품 감상 경험을 토대로 접근하고자 하였다. 특히 '카메라와 스크린을 사용하는 현대 영상예술 작업들'을 살펴보기로 하였다.⁴ 그리고 이들 중 (1) 초기 비디오 예술 설치작업과 (2) 실시간적으로 관객의 모습과 움직임을 카메라를 통해 영상으로 담아내어 컴퓨터를 통한 프로세스를 거쳐 스크린에 내보내는 형식의 인터렉티브 미디어아트 설치작업을 비교하기로 하였다.

이때 분석의 한쪽 대상인 초기 비디오 작업들은 당시의 단순한 비디오카메라(혹은 CCTV라 불리는 감시카메라)와 TV 모니터 등을 사용하는 형식의 영상 설치작업들이다. 이들은 카메라에서 받은 영상을 모니터나 스크린에 재생하기 위한 지극히 단순한 아날로그 형식의 전자적 장치를 사용하고 있다.

또한 다른 한쪽 대상은 인터렉티브 영상 설치작업으로, 실시간 카메라를 통해 실시간으로 받는 영상을 컴퓨터에서 읽어들이고

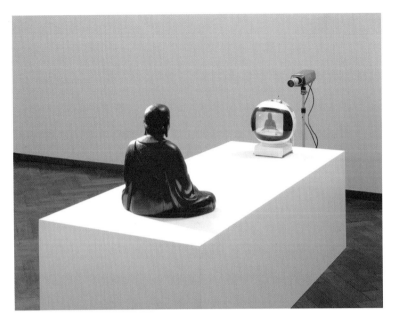

〈TV 부처〉 백남준, Video installation, 1974

이를 자체적 프로그램에 의해 변환시켜 스크린에 내보내는 형식이
었다. 이들은 전자적 장치로서의 컴퓨터와 스크린, 카메라를 통하게
되지만, 컴퓨터를 거치며 디지털 변환을 통해 코드화되고, 프로그래
밍적 해석과 반응을 거친 결과로서 생산된 영상을 스크린 위에 재
생시킨다. 다른 분석 대상과 비교했을 때 바로 이 점이 과정과 결과
로서의 차이가 된다.

　이 두 작업의 형식을 비교하는 이유는 이들이 흡사 유사한 형
식의 인터페이스—카메라와 스크린—를 사용하지만, 매우 상이한
감상 경험을 제공한다고 느꼈기 때문이다. 다시 말해 이들은 설치
형식으로서 설치된 모습에서의 가시화되는, 카메라와 스크린을 사

우리 시대의 심장

용하는 구조로서의 형식적 유사점을 갖지만, 그 감상 경험에 있어 매우 상이한 경험을 제공하고 있다는 점에서 서로 흥미롭게 비교할 수 있는 대상이 되었다.

카메라-모니터의 피드백 구조와 경험

좀 더 깊이 있게 들어가기 전, 여기서 잠시 이 글을 읽고 있는 여러 독자들의 이해를 돕기 위하여 초기 아날로그 비디오아트 설치 작업을 하나의 예로 설명하고자 한다. 먼저 백남준의 비디오 설치 작품 〈TV 부처TV Buddha, 1974〉를 들여다보자. 이 작품은 부동의 자세로 앉아 있는 부처 조각상이 자신 앞에 놓인 소형 TV 모니터를 하염없이 바라보고 있는 모습을 설치 형식으로 보여준다.

모니터와 동일한 편에서 부처를 향하도록 폐쇄회로 카메라cc-tv camera가 설치되어 있고, 이를 통해 촬영되고 있는 부처 자신의 모습이 실시간적으로 TV 모니터 속에서 재생, 반영되고 있다. 백남준은 골동품 부처상을 보고 텔레비전을 바라보고 있는 시청자의 모습을 떠올렸고 이 작업을 구상하게 되었다고 말한 바 있다.

그러나 작가는 텔레비전을 바라보는 시청자들 대신에 그 자리에 부처 조각상을 놓고, 여기에 부처를 향하는 비디오카메라를 놓았다. 그리고는 실시간으로 카메라를 통해 캡처된 영상을 스크린에 재생함에 따라, 부처(시청자)는 자신의 모습이 반영된 모니터를 마치 거울과 같이 간주하고 있다. 마치 자신과 조우encounter하고 있는 듯한 반영적이고 명상적인 상황을 연출한 것이다.

이 작업에서 실제의 부처상, 그리고 카메라와 모니터의 폐쇄회로를 통해 형성되는 스크린 위의 부처상, 이 두 이미지 사이에는 보는 것과 보이는 것 사이에 끊임없이 형성되는 응시gaze의 룹loop이 형성된다. 부처상을 중심으로 부처상을 에워싸고 있는 물리적이고 개념적인 견고한 피드백 룹이 가시화되는 것이다. 그 결과, 이 안에서 고뇌하고 참선하는 부처의 모습은 말 그대로 시각화되어 드러난다.

그러나 이러한 효과는 응시의 룹을 제3자적 위치에서 바라보고 있는 감상자, 즉 관객에게도 작동된다. 감상자는 때때로 부처의 상에 자기 자신을 대입한 채(혹은 그 피드백 룹 속에 자신을 대입하여) 바라보면서 자신 스스로와 조우하는 시간을 가지기 마련이기 때문이다. 또한 감상자는 실시간 모니터 폐쇄회로를 통해 생산, 반영, 재생되는 이미지로써 드러나는, 끊임없이 과거화되는 현재 속에서 자신의 자아 깊이 회귀되는 명상적 상태를 경험하게 된다. 이 과정 속에서 감상자는 부처상을 객관적으로 바라보는 동시에, 이 대상에 자신을 주관적으로 대입시키는 경험을 하게 된다. 또한 때때로 이 룹에서 벗어나 작품을 감상하며 주관적인 동시에 객관적인 거리두기를 자유롭게 경험하게 된다.

또 다른 초기 아날로그 비디오 설치작업을 하나 더 살펴보자. 작가 브루스 나우만Bruce Nauman의 〈비디오 복도video corridor, 1968~1970〉는 위의 백남준 작업과 마찬가지로 폐쇄회로 비디오와 모니터들을 사용한다.

감상자 한 명 정도가 통과할 수 있는 한 쌍의 좁고 긴 복도 양 끝에 이러한 폐쇄회로 비디오와 모니터 장치를 놓아두었다. 복도의 한쪽 끝에는 비디오카메라가 설치되어 있고, 복도의 다른 한쪽 끝

〈비디오 복도〉 브루스 나우만, Video installation, 1970

바닥에는 모니터가 놓여 있다. 이 모니터는 그 반대쪽 카메라에서
찍힌 실시간 비디오 이미지가 투사되도록 설치되었다. 이러한 설치
구조에 따라 감상자가 복도 안에 들어서게 되면 이 모니터 속에는
스크린을 향해 복도를 걷는 관객이 보이게 되는 것이다.

　　앞서 백남준의 작업은 관객들로 하여금 부처의 모습을 바라보
도록, 혹은 그 과정에서 이따금 자신을 부처에 대입시켜 보게끔 편
안하게 감상하도록 만들었다. 반면에 나우만의 작업은 관객들로 하
여금 자신의 모습을 결코 모니터 속에서 편안하게 바라보도록 이끌
지 않는다. 감상자가 자신의 이미지를 보기 위해 복도 끝의 모니터
로 향하게 되면, 관객은 결국 모니터에서 자신의 작게 찍힌 뒷모습
만을 보게 될 수밖에 없기 때문이다.

감상자가 모니터를 향하여 걸어갈수록 그는 자신을 찍고 있는 카메라에서 점점 멀어져버리므로 결국 점점 뒤로 물러나며 작아지기만 하는 자신의 이미지를 확인하게 될 뿐이다. 만약 감상자가 모니터 스크린 위에서 그(그녀)의 앞모습을 보기 위하여 카메라를 향해 얼굴을 돌리게 되면, 이는 결국 스크린 위의 본인의 이미지를 뒤로 한 채 볼 수 없게 된다.

《현대조각의 흐름Passages in Modern Sculpture, 1981》에서 크라우스Krauss는 이 작업을 분석하면서, 이 작업은 관객에게 그 자신을 "'공리적으로 좌표 속에 위치한axiomatically coordinated' 존재로, 즉 본질적으로 그리고 스스로 고정되고 불변하는 존재로 인식하는 자아개념에 압력을 가한다"고 말한다p.241-242. 이처럼 이 작업은 자기 반영의 조건을 도모하는 공간적 폐쇄 상황을 구성한다. 이 복도에서 관객은 그 주변의 환경과 타협할 수 있는 어떠한 방법도 발견하지 못한 채 극도로 불편해지고 만다. 이러한 시스템을 통해 작가 나우만은 관객의 주체성과 조건을 재인식시키고 있다.

지금까지 간략히 소개한 두 작업의 예를 통해 보듯, 초기 비디오 작업들은 카메라-모니터의 피드백 구조와 경험을 여러 가지 방식으로 다양한 층위의 피드백 룹을 구성하여 실험하고 있다. 그러나 이러한 다층적 피드백 룹들의 조건하에서도 각각의 작품은 감상자에게 자신의 상태를 파악하거나 반영하는 방식으로, 작품이 구사하는 물리적이고 전자적이며, 시각적이고 심리적인 피드백의 폐쇄된 구조에서 벗어나도록 만드는 다양한 기제들을 함께 장치시키고 있다. 이 때문에 관객은 이들 작업을 바라보며 때때로 나르시스적인

〈텍스트 레인〉 카미유 우터벡, 로미 아키투브, Interative Media installation, 1999

경험에 동참하기도 하지만, 또한 종종 자신을 향한 시선으로 돌아갈 수도 있다.

　　이번에는 인터렉티브 형식의 미디어아트 설치작업을 예로 살펴보며 위의 초기 비디오 설치작업들과 비교해보자. 필자는 이들의 가장 대표적인 예로 카미유 우터벡Camille Utterback과 로미 아키투브 Romy Achituv가 제작한 《텍스트 레인Text Rain, 1999》이란 작업을 살펴보고자 한다.

　　이 작업에서도 역시 비디오카메라는 관객의 모습과 행동, 움직임을 담아내는 인풋 장치가 되며, 스크린은 그들의 모습을 드러내는 아웃풋 장치가 된다. 그런데 카메라를 통해 포착된 관객은 큰 스크린에 투사되는 자신의 모습을 마치 거울과 같이 체험하게 된다.

위의 그림에서 보듯 색색의 가상 글자들이 화면 속 위에서 떨어지고 있다. 이들은 관객이 만들어내는 이미지의 실루엣, 즉 관객 몸의 가장자리에 닿으면 멈추게 되어, 관객의 움직임에 긴밀하게 반응한다. 따라서 관객은 떨어지는 글자들을 잡고 되돌려 올리며 다시 떨어뜨릴 수 있게 되는 것이다. 즉 가상공간 안의 가상의 텍스트들(글자들)은 마치 실제 세계 안에서 발생하는 물리적 힘에 반응하는 것처럼 하나의 개체로서 행동양식들을 부여받을 것이다.

이 작업을 한 작가 우터벡은 스크린 속의 가상공간 안에서든, 관객이 서 있는 물리적이고 실제적인 공간 안에서든 모든 관객은 쉽게 작업의 세계 안으로 몰입된다고immersed 강조하였다. 관객의 신체는 그들의 눈으로 확인가능하며, 인터렉션에 있어 어떠한 복잡한 메커니즘도 개입되지 않은 매우 직관적인 시스템이 제공되기 때문이라 말한다. 이러한 이유로 관객들이 가상과 실제 공간 사이를 넘나들며 발생하는 어떠한 혼동도 "즐거운pleasurable"경험으로 느끼게 된다고 설명한다2004, p.221~222.

이 작업이 제공하는 공간 안에서 관객은 분명 재미와 몰입을 경험하게 된다. 그러나 그 몰입은 게임에서의 몰입과 같이 매우 강한 나머지 두 공간을 넘나들며 잠시 자신을 돌아보는 여유와 사색을 제공하지는 않는 듯하다.

물리적이며 전자적 피드백 룹
비디오아트 설치작업과 인터렉티브 형식의 미디어아트 설치작업, 이 두 형식의 작업은 앞서 말한 것처럼 공통적으로 물리적이

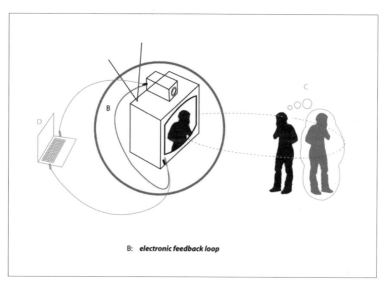

B: *electronic feedback loop*

전자적 피드백 룹the electronic feedback loop

며 가시적인 설치 인터페이스로서 모두 카메라와 스크린을 사용하고 있다.

 그런데 카메라와 스크린 모두 전자적 기계로서 작동되는 만큼 이러한 인터페이스 이면에는 작품이 발현되고 작동하는 과정적 시스템으로서 기계적이며 전자적인 룹이 형성된다. 이들을 가리켜 신호와 데이터가 수송되는 '전자적 피드백 룹the electronic feedback loop'이라 말할 수 있다. 미디어 이론가인 이본 스필만Yvonne Spielmann은 초기 비디오에서 바로 이러한 아날로그적 성격을 카메라-스크린 사이에서 움직이는 전자적 신호로 파악하고, 이 때문에 비디오를 전자적 매체an electronic medium라고 말한 바 있다2006, 2008.

 스크린 중심의 인터렉티브 미디어 역시 이러한 전자적 매체

를 기반으로 하여 그 매체들 사이의 시그널의 즉각적 현존과 전송
immediate presence and transmission을 거친다. 그리고 이러한 전자적 시그
널의 회로는 오늘날 카메라와 모니터뿐만 아니라 입력 시스템으로
서의 다른 센싱 장치들, 출력 시스템으로서의 더 크고 다양한 디스
플레이 장치 등으로까지, 그 물리적이며 전자적인 회로의 범위가 점
차 복잡해지거나 확대되고 있다.[5] 이때 전자적 피드백 룹은 위에서
필자가 비교하고자 한 (1)과 (2)의 두 시스템—즉 카메라와 스크린을
사용하는 (1) 초기 아날로그 비디오와 (2) 컴퓨터를 기반으로 한 인
터렉티브 형식의 설치 영상작업—이 공유하는 공통된 구조이다.

그렇다면 이는, 하드웨어 차원에서의 혹은 전자적 피드백 룹
사이에서의 구조는 두 형식의 작업에서 동일하다는 의미가 되는데,
그렇다면 이 둘의 감상경험에서 느껴지는 차이는 과연 무엇에 기인
한 것일까? 이는 결국 둘 사이의 차이인 인터렉티브 설치물에서 개
입되는 컴퓨팅에 기반한 구조의 차이로부터 기인한다고 볼 수 있다.
즉 디지털 프로그래밍 구조 때문인 것이다. 인터렉티브 컴퓨팅 구조
는 디지털 방식으로 프로그래밍된 코드에 기반하기 때문이다.

그렇다면 이러한 프로그래밍 구조를 좀 더 깊숙이 살펴보는
것이 좋겠다.

코드레벨에서의 피드백 룹

코드화된 프로그램 내부를 살펴보면 'start'에서부터 'end'에
이르는 순차적 과정을 이루는 전체의 구조와 그 사이사이 개입되는
'Function/Command'로 이루어진 세부 루프들로 이루어진 구조들

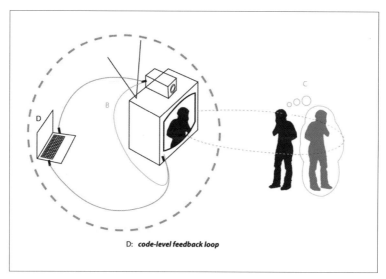

D: *code-level feedback loop*

코드레벨의 피드백 룹the code-level feedback loop

을 가진다. 그리고 이러한 세부 루프 안에서 반복적으로 실행되는
모든 코드들은 '닫힌 구문구조a closed syntax'로 이루어져 있다. 예를
들어 "만약 [A]가 발생하면 [B]로 가서 실행하라. 혹은 만약 [A]가
발생하지 않았으면 또 다른 하부 룹sub-routine으로 가서 [C]를 실행
하라" 이런 식으로 말이다.

　또한 만약 모든 과정이(코드상의 마지막 줄까지) 실행되었으면
"코드상의 첫 번째 줄로 돌아가서 다시 이 전체의 과정을 (시스템이
외부의 입력에 의해 종료될 때까지) 끊임없이 반복하라"라는 구조를 가
진다. 즉 인터렉티브 컴퓨팅에서 프로그래밍 된 코드가 작동되는 구
조는 이러한 전체적 구조와 세부 구조가 서로 완벽하게 닫힌 구조
로서 이루어져 그 안에서 이러한 룹들이 계속 반복되어 실행되는
구조이다.

인터렉티브 예술 작업의 경우, 이러한 시스템 속에서 관객에 의해 만들어지는 행위—예를 들어 버튼을 누르거나 카메라 앞으로 다가오거나 카메라 앞에서 손을 휘두르거나 점프를 하는 행위 등의 인터렉션—는 코드 실행 과정 중 하나의 이벤트로서 포함되고 측정된다. 그리고 이러한 룹의 일부로 포함된다.

훌륭한 시스템일수록 이러한 관객, 인터렉터가 발생시킨 이벤트를 의미 있는 것으로 간주하여 포함시킨다. 그리곤 자체 제작한 이러한 룹 안에서 인식하여 의미화하는 과정을 갖는다. 필자는 이를 '코드적 층위에서의 피드백 회로' 즉 '코드-레벨의 피드백 룹the code-level feedback loop'이라 말하고자 한다.

또한 이러한 하나의 세부 루프들은 내부적으로 각각의 외부적 반응이나 상호작용적 개입에 대응하기 위하여 상황을 지속적으로 체크하는 구조를 반복적으로 순환시키게 된다. 컴퓨터는 이러한 과정을 시스템적으로 반복 실행하는 과정적 시스템a procedural system인 것이다.

심리적이고 정신적인 피드백 룹

지금까지는 두 개의 형식의 작업이 가지는—미디어적이고 물리적 인터페이스에서 사용된—구조화된 피드백 룹에 대하여 논의하였다. 그런데 이러한 물리적이고 구조적인 피드백 룹에서 신기한 심리적 작용이 발생한다. 아날로그 비디오 설치작업과 스크린과 카메라를 매개로 한 인터렉티브 설치작업 사이에 또 다르게 발견되는 흥미로운 룹으로서 심리적 룹이 그것이다.

비디오 매체에서 발생하는 심리적 현상을 주목한 이는 초기 비디오 설치작업을 이론적으로 정리한 시각예술 이론가이자 비평가인 로잘린드 크라우스Rosalind Krauss이다. 그녀는 이러한 예술적 매체의 성격과 특징을 심리적 성격으로 파악하여, 급기야 비디오의 매체성을 심리성에 있다고 판단한다.

특히 초기 비디오 설치 예술작업에서 발견되는 현재적이고 즉각적인 경험을 '나르시스적 심리성'이라고 말하는데, 카메라와 스크린 사이의 피드백에서의 강력한 나르시스적 몰입에 주목하고 이를 비디오 매체의 특성, 즉 비디오 매체성으로 뽑아 올린 것이다Krauss, 1978. 초기 비디오아트 작업에서 크라우스는 이러한 심리성을 주로 해당 매체를 사용하여 작업한 작가에게서 작동하는 것으로 읽어내지만, 그러한 심리성은 고스란히 그 작업을 바라보는 감상자에게도 전달되기 마련이다.

여기서 필자가 주목하는 것은 그러한 나르시스적 심리성이 감상자에게도 작용을 미치지만, 또한 그 가운데에서도 작품을 바라보는 감상자가 가지는 자유로운 감상 거리는 여전히 확보되고 있는 상황이다. 이에 반해 오늘날의 인터렉티브 작업들은 과거의 비디오 작업에 비해 더 많은 상황과 조건을 통해 오히려 보다 강력한 나르시스적 몰입의 기제를 만들어가며, 감상자에게서 자유로운 감상 거리는 비교적 제한을 두고 있다.

그런데 인터렉티브 작업에서 매체의 강력한 몰입이 감상자에게 전이되며 이를 벗어날 수 없도록 만드는 감상 경험을 제공하게 된 원인은 무엇일까? 이는 필자가 서두에서 말한 '서로 다른 감상

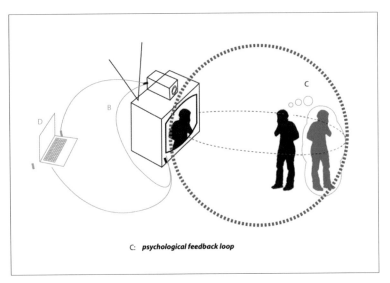

C: *psychological feedback loop*

정신적 피드백 룹the psychological feedback loop

경험이 발생하는 이유'가 될 것이다. 감상자는 인터렉티브 설치작업이 제공하는 공간에 들어서는 순간부터 그곳을 벗어나는 순간까지 비매개적이고 나르시스적 기운들을 경험하게 된다. 이는 과연 어떤 조건에 기인한 것일까?

　필자는 이에 대한 답으로서 이러한 인터렉티브 설치작업에서 감상자의 반응과, 감상자의 반응에 대한 시스템의 반응이 꼬리에 꼬리를 물고 이어지는 연쇄 작용, 그리고 그 안에서의 강력한 몰입적 경험이 바로 위에서 설명한 프로그래밍 코드에 기반한 반복적 구조가 주는 특징에 기인한 결과이지 않을까 생각하였다. 계속하여 이어지는 연쇄적 반응의 닫힌 폐쇄적 회로 속에서 감상자를 더욱더 숨가쁘게 반응하도록 하는 것이 아닐까 하고 말이다.

　어쩌면 우리는, 만약 이러한 종류의 공간에 들어섰을 때 어떠

우리 시대의 심장

한 휴식과 휴지도 기대할 수 없는 상태에 익숙해져 버린 것은 아닐까 생각해보기도 한다. 마치 테트리스 게임에서 플레이버튼을 누르는 순간, 게임이 끝나기 전까지 끊임없이 떨어지는 블록들과 쉼 없이 마주할 준비가 되어 있는 것처럼 말이다.

실제로 가상현실virtual reality의 창시자이자 미국의 컴퓨터철학 이론가인 제론 라니어Jaron Lanier는 필자가 주목한 바로 이러한 상황을 '갇혀 있는lock-in' 상황이라고 설명한 바 있다. 이것은 컴퓨터의 코딩 구조가 사용자에게 열려 있는 경험과 행동의 범위를 제한한다고 분석한 것이다Lanier 2010, 20; Gadner & Davis 2013, 142. 그는 더 나아가, 이를 액션 없이 리액션만 있는 문화culture of reaction without action, 즉 행동 없이 반응만 있는 문화와 연결 지어 생각하기도 한다.[6]

확장된 폐쇄회로, 혹은 열린회로의 가능성

결국 필자가 카메라와 스크린이라는—다시 말해 얼핏 보면 비슷한 인터페이스를 가졌으나 감상형식은 매우 다른 느낌을 제공하는—두 작업들 사이에서 느꼈던 차이는 바로 구조적 차이점, 특히 소통의 순환회로, 즉 피드백 룹이 만드는 폐쇄회로에 의해 발생한 것이었다. 만약 모든 예술작품이 관객들에게 작품을 통해 자신과 세계를 반영해볼 수 있는 기회를 제공하고, 또한 자기 자신만의 내적인 시간으로 침잠할 기회를 준다는 측면에서 그 가치와 의미를 발견할 수 있다고 전제해보자. 그렇다면 오늘날 컴퓨터 시스템을 통해 만들어지고 반응을 만드는 인터렉티브 예술작업의 구조는 자칫 기계적이고 일차원적으로 접근할 때 예술작업으로서의 감상 경험에서 우아하고도 값진 기회를 제공하는 역할을 근본적으로 방해하는 구조로 작동한다고 볼 수 있게 된다. 오히려 반응을 만들고 또 다른 반응에 반응하기 위한 몸짓으로만 관객 경험을 유도한 채 말이다.

　이러한 생각은 예술작업으로서의 디지털 인터렉티브 작업이 그 존재론적, 시스템적, 구조적 상황을 벗어날 수 있는 방법을 과연 찾을 수 있는가라는 질문으로 이어진다. 인터렉티브 컴퓨팅 환경하에 제작되는 예술작업이 존재론적으로 닫힌 폐쇄회로를 기반으로 할 수밖에 없다면, 혹시 이러한 닫힌회로(폐쇄회로) 가운데 '피드백 룹에서 벗어난 순환', 즉 열린회로open circuit는 모색될 수 있을까? 가능하다면 어떠한 방식으로 모색될 수 있을까?

　그리고 또 다른 가능성으로서, 닫힌 폐쇄회로 대신에 '확장된 폐쇄회로extended or expanded closed loop'는 가능할 수 있을까? 이러한 질문은 곧 현대 영상예술 속의 다층적 폐쇄회로들은 벗어날 수 없는 존재론적 상황 조건 그 자체를 드러내는 데 머물 것인가, 아니면 열린 구조의 가능성을 보여주는 실마리를 함께 제공할 수 있을 것인가에 대한 고민과 연결된다. 현대 영상예술 속에서 다층적 폐쇄회로가 더욱 강화되며 견고하게 쌓여지고 있다면, 이러한 구조를 뛰어넘어 예술작업이 관객에게 자유로운 자기반영적 기회를 제공할 수 있는가 하는 고민 말이다.

　필자의 이러한 질문들은 지금껏 매우 관념적인 수준에서 벗어나지 못한 채 추상적인 상태에 머물러 있었다. 보다 실질적인 수준으로 그 가능성과 해결 방안을 찾는 과정에서 사실상 디지털 인터렉티브의 폐쇄회로적 조건을 벗어나기 위해서는 '사회적 차원에서의 상호작용, 혹은 인간과 인간 사이의 감정적이고 감성적인 상호작용으로 확장시킬 수밖에 없을 것인가'라는 또 다른 질문을 이어나가는 수준에 머물러 있는 상태였다.

그러나 심장에 대하여 생각해보는 기회는 다시 과거부터 지녀온 이러한 질문으로 돌아갈 수 있는 기회가 되었다. 이는 기존의 관념적인 접근이 아닌, 보다 유기적인 시스템에서의 생물학적인 차원으로 또 다른 접근을 가능하게끔 해주지 않을까 기대하게 만들었다. 인간 심장의 구조와 시스템에 대하여 생각해보면서, 특히 심장을 폐쇄적 순환회로라는 인식에서 출발하여 바라보게 되었을 때, 이것이 갖는 생명력의 힘, 우리의 삶을 지속시키는 신비하고 유기체적인 힘에서 교훈을 얻을 수 있을 것 같았다. 그리하여 이를 통해 예술적 영역이 추구하는 소통과 순환의 시스템을 다시금 생각해볼 수 있는, 어쩌면 보다 실질적이면서도 교훈적인 답을 찾을 수 있지 않을까 기대하게 된 것이다.

따라서 다시 심장으로 돌아가본다. 심장의 회로는 과연 어떠할까? 그것은 보이는 대로의 폐쇄회로일까?

심장, 생명의 호흡과 소통을 위한 회로 시스템

근육 펌프 심장 _ 기계적 관점에서의 심장

위에서 얼핏 심장을 둘러싼 순환은 체순환과 폐순환으로 크게 구분되어 보인다고 말하였다. 또한 그러한 순환은 끊임없이 반복되는 닫힌 구조로 보인다. 아니 닫힌 구조로 존재할 것이라는 생각을 하게 된다. 먼저 그 순환과정은 육안으로 보이지 않으나 몸 밖으로 표출되지 않으며, 우리 몸을 정상적으로 유지시키기 위해 끊임없이 순환되기 때문에 폐쇄회로로서 파악되기 마련이다.

사실 육안으로 관찰되는 동맥과 정맥 사이의 모세혈관(실핏줄)이라는 미세 구조물을 관찰할 수 없었던 시절에도, 영국의 의학자 윌리엄 하비는 혈액이 순환할 것이라는 사실을 추론해냈다. 그리고 이를 위해서 그는 심장을 '근육으로 만들어진 펌프'로 비유하였으며, 비로소 심장은 근육 펌프를 통해 혈액을 끊임없이 온 몸에 순환시키는 역할을 한다고 인식하게 되었다.[7]

그렇다면 위에서 말한 시스템들이 여러 세부적 룹으로 나눠지는 것처럼, 심장 역시 세부적으로 나눠 살펴볼 수 있을까?

심장의 세포와 전기신호 _ 심장 내의 전기 회로

근육으로 만들어진 펌프인 심장은 신기하게도 스스로 작동한다. 그리고 이러한 스스로의 작동은 심장 내의 심장세포 내에서 형성되는 전기신호와 그것의 흐름을 통해 가능하다.[8] 더 자세히 들여다보자. 심장을 구성하는 근육세포는 전기신호에 의해 수축하며, 이 전기신호는 심장이 스스로 만들어내는 것이다. 심장의 특정 부분에서 전기신호를 만들고 그 전기 자극이 이동하면서 심장 근육을 수축시키는 원리이다. 심장의 심방과 심실 사이에 조화로운 움직임과 효율적인 흐름은 바로 이러한 전기 신호의 규칙적 흐름에 의하여 가능해진다.[9]

우리 시대의 심장

이러한 전기의 흐름은 심근세포가 배열된 방향으로 흐르는 방향성을 가지며, 그 결과 전기의 흐름과 심근세포의 수축이 모두 순차적으로 한 방향으로 일어나게 된다. 이완된 상태에서는 세포막을 경계로 세포 안쪽 면에 음이온이 더 많은데, 이러한 상태를 '극화' 혹은 '분극화'되어 있다고 한다.

심장의 전기신호가 세포를 자극하면, 세포막 안쪽으로 양이온이 순간적으로 쏟아져 들어오는 통로가 활성화된다. 이는 세포의 탈분극현상을 일으킨다. 세포 안쪽은 휴식기인 이완 상태에서는 음성이지만, 분극화되어 있던 심근의 세포막이 자극을 받으면 일시적이지만 양성으로 바뀌는 탈분극현상이 일어나는 것이다. 사실 이런 탈분극현상의 연속적 발생이 바로 위에서 말한 전기신호의 본질이기도 하다. 그리고 이때 세포 외부에서 들어오는 양이온들 중에 칼슘(Ca2+)은 세포의 수축을 일으키는 자극이 된다. 즉 전기적 흥분이 '기계적 수축'으로 바뀌는 극적인 현상이 벌어지는 것이다.

일단 수축한 심장은 다음 수축을 준비하기 위해 이완되어야 하는데, 이런 이완을 위하여 세포 내로 들어왔던 양이온이 다시 세포 밖으로 빠지게 되는 재분극repolarization이 일어난다.[10] 그런데 이러한 전기적 신호가 계속하여 만들어지려면 일정량의 에너지는 소비될지언정, 중간 과정에서의 신호적 손실은 생명이 살아있는 동안 발생하지 않는다.

심장의 이러한 시스템과 구조는 앞서 설명한 것처럼 카메라와 스크린 사이에 즉각적 피드백을 만들어내는 비디오설치에서의 전자적 피드백 룹을 떠올리게 한다. 기계 속의 전자적 회로와 같이 배터리가 닳지 않는 이상, 혹은 기계의 부속품에 이상이 생겨 에러가 나지 않는 이상, 닫힌 구조 안에서 무한적 순환을 이뤄내는 구조인 것이다.

호메오스타시스 _ 존재론적 관점에서의 심장, 네트워크적 관점에서의 심장

심장은 마치 기계와 같이 움직인다고 하였는데, 기계와 마찬가지로 기계로서의 심장 역시 그 작용에 있어 작동장치 오류, 즉 기계적 이상異常의 상황이 발생할 수도 있다. 부정맥cardiac arrhythmia, irregular heartbeat이라고 하는 심장박동이 대표적인 예인데, 이는 맥박의 리듬이 빨라졌다 늦어졌다 하는, 비규칙적이거나 혹은 너무 빠르거나 너무 느린 상태의 불규칙적인 상태를 말한다. 또한 심근경색이나 심장마비와 같은 상태도 이러한 기계적 이상 상태에 해당된다.

그러나 이러한 오류 상황이 발생되기 이전에, 심장에서는 피의 양이 갑자기 많이 들어오게 되면 들어오는 만큼 더 수축을 시켜주는 등의 자율적 조절 기능이 작동한다. 이는 생물계가 최적 생존조건을 맞추면서 안정성을 유지하려는 자율조절 과정이다. 이렇듯 돌발 상황이 발생할 때 다시 안정 상태로 되돌아오게 만드는 과정, 이러한 우리 몸의 작용을 항상성恒常性, 다른 용어로 '호메오스타시스homeostasis'라고 한다.[11]

생명체 안에서 항상성이 잘 유지되면 생명은 지속될 수 있지만 그렇지 못하면 큰 피해를 입거나 생명을 위협받게 된다. 생물학적 계界들은 모두 환경을 조절하는 항상성 조정을 통해 동적 평형

또는 안정상태를 만든다.[12] 동적 평형은 어느 생물학적 계라 하더라도 외부 힘에 저항하여 균형 잡히고 안정된 상태에 도달하려는 경향을 말한다. 그러한 계가 교란되면 내재한 조절기구가 새로운 균형에 도달하기 위해 주어진 변화에 반응한다.

그런데 중요한 것은 이러한 모든 항상성 조절 과정과 기능은 대사경로 또는 신경과 호르몬계에 의해 중재된다는 사실이다. 예를 들어 사람의 경우 혈중 포도당 농도는 보통 $80 \sim 100\,mg/100\,ml$이지만 식후에는 이러한 농도가 증가한다. 혈당농도의 증가는 췌장으로부터 인슐린의 분비를 자극하며, 또한 인슐린은 근육이나 간세포의 당 흡수를 촉진하므로 혈당농도는 감소한다. 그렇게 혈당농도가 저하되면 인슐린의 분비를 억제하게 된다.

또한 외부환경의 변화에 노출되어 있는 단세포 동식물과는 달리 다세포생물은 체표體表에 (피부와 같은) 외피가 있고 체내에 체액 또는 수액이 있어서 세포에 대한 외부세계의 영향은 간접적인 것으로 완충된다. 그렇게 다세포생물의 구조는 최소한의 범위에서 안정될 수 있는 구조를 갖고 있다.

동물의 체액에 관해서 이러한 항상성의 중요성을 최초로 지적한 사람은 프랑스 출신 생리학자인 클로드 베르나르Claude Bernard였다. 그는 체액을 내부환경이라 부르고, 그 환경적 고정성을 생물의 독립생활 조건으로 간주하였다. 따라서 다세포생물의 세포에서는 생체 내의 액체가 직접적인 환경이 되고, 그러한 환경을 통해 항상성을 유지한다는 것은 세포가 정상적으로 기능하기에 유리한 조건을 만드는 것이 된다.

항상성은 항온동물의 체온조절에 있어서도 작용한다. 혈액의 온도나 피부온도의 변화에 따라 간뇌의 체온조절중추가 자율신경계를 통해 피부 모세혈관의 확장·수축, 피부의 긴장·이완, 입모立毛 정도 등을 변화시킨다. 그리하여 체표로부터의 방열량放熱量을 조절하고 티록신이나 에피네프린 등의 분비를 증감시킴으로써 산열량産熱量을 조절한다는 것이다. 이처럼 우리 몸의 혈관은 소화관, 콩팥을 통해 들어갔다 나왔다를 반복하며, 수많은 물질과 물리적 화학적 정보의 발산과 수렴이라는 개별적 작용들을 열린회로open loop를 통해 진행시킨다.

우리 몸은 전체적 항상성, 안정성을 유지하기 위하여 부분적인 곳에서 주변의 다른 환경과의 세밀한 소통과 순환의 구조를 형성한다. 또한 우리 몸의 혈액은 폐순환을 통해 산소를 공급받고 이러한 혈액들을 온몸으로 순환시키는 닫힌 구조로 순환한다. 하지만 항상성의 관점에서 보자면 달라진다. 이러한 폐순환과 체순환이 크게 유지되는 상태에서, 또한 각기 다른 부분에서 모세혈관[13], 피부, 세포액과 세포 사이, 혈중 당도와 인슐린 등의 호르몬 레벨에서 각각의 지역과 기능별로 열린 구조를 통해 다양한 역할이 맡겨지는 것이다.

이러한 관점에서 볼 때 심장은 한 생명을 유지하기 위하여 필수적인 임무를 수행하고 있는 존재론적 매체이다. 또한 우리의 몸은 주변 환경에 반응하거나 자기 내부의 인자들과 소통하며 생을 존속시킨다는 점에서 환경에 반응하는 기계적 관점으로도 바라볼 수 있다. 더 나아가 몸 전체를 유지하기 위하여 하나의 대순환을 이루면서도, 동시에 신체의 또 다른 각개 분야와 끊임없이 시스템적 소통을 이뤄가는 것도 사실이다. 그런 측면으로 볼 때 심장은 매우 생물학적이며 유기적인 네트워크적 소통을 끊임없이 지속하고 있는 기관이다.

선택적 개방순환

또 하나의 주목할 만한 흥미로운 사실은, 우리 몸이 심장을 중심으로 한 폐순환과 체순환의 닫힌회로를 바탕으로, 그러나 각지에서는 선택적 개방순환selectively open circuit을 구성하고 있다는 점이다. 모세혈관, 그리고 땀과 소변 등 각 부분에서의 노폐물 등을 통해 우리 몸은 선택적 개방순환을 구성한다(155쪽 그림 참조).

또한 심장을 중심으로 한 닫힌 구조 및 열린 구조와 직간접적으로 영향 관계에 있지 않은 경우에도 우리 몸은 여러 부분에서 닫힌회로closed loop와 개별적으로 열린회로open loop들의 적절한 조화를 통해 우리 몸을 환경 속에서 유지시키고 있다. 이는 여러 사례를 통해 확인할 수 있는데, 가령 우리 몸이 섭취한 음식물을 소화시키기 위하여 소화액이 나오면서 흡수하거나, 콩팥에서 하루에 170리터의 체액을 걸렀다가 다시 99퍼센트를 재흡수하면서 극히 일부만을 소변으로 배출하는 등의 경우가 그러하다.

이러한 예들이 바로 위, 장, 관 내에서 형성되는 열린회로들이다. 이러한 선택적 개방순환을 하는 우리 몸은 열린회로를 통해 세계 혹은 환경과 끊임없이 반응하고 그 안에서 균형과 삶의 동력을 확보한다. 사용된 노폐물을 분비하고 교환을 이루어내는 것 또한 마찬가지이니 인체는 참으로 신비한 존재임이 분명하다.

이제 글을 정리하면서 다시 필자가 처음 가졌던 질문으로 돌아가보자. 인터렉티브 컴퓨팅 시스템도 이러한 선택적 개방순환을 시도할 수 있을까? 비슷한 예로 떠올릴 수 있는 것은 인공지능 시스템에서 만들어지는 인공생명체의 생과 사, 변질과 변형 등의 과정이 시스템 안에서 자율적으로 진행하고 발생되는 예일 것이다. 그러나 우리의 몸이 부분적으로 선택적 개방순환을 이루어가는 것처럼, 대부분의 컴퓨팅 시스템의 닫힌 구조가 정교하게 부분부분을 선택적으로 개방시킬 수 있다면 어떨까? 그리고 그러한 선택적 개방이 전체의 시스템을 더욱 공고히 만들어내어 순환과 소통을 좀 더 자유롭게 이뤄낼 수 있다면 어떨까?

　　그리고 연이어 필자는 이러한 생각을 해보았다. 이러한 컴퓨팅 시스템이 좀 더 예술적이며 인간적으로 사용되기 위해 위에서 언급한 심장의 모습에서 교훈을 얻을 수 있을까?

　　인간의 몸은 지금까지 본 바와 같이 자연의 일부로서 자연의 섭리 아래 신비롭게 기능한다. 본 글을 통해 필자의 영역 아래서 그간 지속하여 고민해온 인간과 컴퓨터의 상호작용이라는 분야, 그 중에서도 특히 컴퓨터 구조와 상호작용의 조건들을 탐색하여 왔다. 또한 그러한 구조에 기반을 둔 예술적 표현과 보다 자유로운 소통의 가능성을 고민해왔다.

　　심장의 의미를 탐색하는 이번 과정은 기계적 구조, 혹은 소통적 구조를 존재론적이며 시스템적으로, 그리고 환경론적으로 살펴보는 과정이었다. 그리고 심장의 반복적이며 기계적인 순환에서 시작하여, 그러한 순환이 가져오고 지속시키려 하는 환경 속에서의 존재와 삶의 논리를 함께 살펴보았다. 그러나 지금까지의 논의가 기계론적이며 생물학적 논의에 가깝다면 이제 이러한 논의를 인간의 존재론적 논의로서, 더 나아가 사회적 논의로까지 확장시켜 볼 수 있지 않을까 생각한다. 또한 이러한 논의 외에 감성과 감정, 정신의 차원까지 확장시킬 만한 가능성도 살펴볼 수 있을 것 같다.

지금까지 심장에서의 운동은 산소를 온몸에 공급하는 체순환과, 폐를 통해 들이마신 공기 중의 산소를 나르는 폐순환을 포함한다고 하였다. 이러한 의미에서 폐순환으로 연결되는 호흡은 공기 중의 산소를 들이쉼과 이산화탄소를 내쉼의 반복이다. 이처럼 사람이 공기 중의 산소를 들이쉬고 몸속의 이산화탄소를 내뱉는 상황은 인간이 살아가는 생물학적 환경이다. 그러나 이러한 생물학적 환경은 또한 동시에 사회적 환경과 긴밀하게 연결되어 있지 않은가? 그렇다면 신체 내 폐쇄회로는 어떻게 사회적 환경으로 연결되며, 그것과 더불어 확장된 회로로서 인식될 수 있을까…… 또다시 꼬리를 무는 질문에 이르게 되었다.

글을 맺으며 _ 들이쉼과 내쉼

사실 인간의 호흡을 중심으로 생물학적 호흡의 의미를 사회적 관계와 함께 연결 지어 생각하게 된 계기가 있었다. 그것은 2014년 4월에 발생한 세월호 사건이었다. 당시 매체에서는 시시각각 가라앉는 배 안의 생존자에 대한 구조 과정이 생중계되고 있었다. 필자는 비록 화면 속이지만 팽목항의 바다를 하염없이 바라보고 있었다.

배가 완전히 수면 밑으로 가라앉고 침몰한 이후에도 시간이 야속하게 흘러가는데 미디어 속의 뉴스는 바람이 강하고 파도가 높아 실종자를 수색하는 데 어려움이 있음을 반복하며 보도하였다.

시간이 계속계속 흐르고, 생존자의 수색과 구출이 지연되어감에 따라 국민들은 어린 목숨들이 행여 바다 속에 생존하고 있을까 TV 앞에서 초조한 시간을 보냈다. 전문가들은 바다 속에 혹시 모를 생존자들이 숨 쉴 수 있는 생존 가능성의 공간, 즉 공기주머니air pocket가 과연 있을 것인가 등에 대하여 논하기 시작하였다. 공기주머니, 그것은 생명을 지속시킬 수 있는 희망의 공간이었다. 침몰되어 가라앉은 배 속의 그 차갑고 어두운 공간에서 그러한 생존의 공간은 더없이 크고 간절히 다가오는 공간이었다.

일상 속에서 우리의 호흡은 거의 무의식적으로 이루어진다. 우리들은 공기 중의 산소를 이용한 코와 폐의 호흡을 평소에는 의식하지 않고 살아간다. 그러나 비록 그것이 무의식적이라 하여도 인간의 호흡은 태어나서 죽을 때까지 (육체적인 의미에서) 스스로의 목숨을 존속시키기 위하여 행하는 원초적이고 본능적인 행위이다.

그런데 공기주머니를 통한 물리적이고 환경적인 공간에 대한 새삼스런 인식은 인간의 호흡이 들이쉼과 내쉼을 통해 이루어지는, 인간 스스로 인식하지 못하는 순간조차 계속하여 이어가는 세상과의 쌍방향적 만남이었다는 사실을 알게 해주었다. 우리의 호흡은 바로 세상과의 호흡, 사회와의 호흡, 사회와의 연계였다는 사실 말이다. 우리의 호흡은 사실 동물적 존재로서의 우리가 몸을 유지시키고 지속시키기 위한 기능으로 인식하고 있었지만, 사실 이러한 호흡은

우리 시대의 심장

세상과의 계속된 '만남' 혹은 '마주함'이었다는 지극히 당연한 사실 말이다.

지난 2015년 우리 사회에서 막연한 공포의 대상으로 인지되었던 메르스 바이러스도 연계하여 생각할 수 있다. 메르스 바이러스가 확산되는 공포 가운데, 우리는 사회 속에서, 세상 속에서, 호흡 속에서 타인들의 기침에 의해, 또한 함께 나눠먹는 음식을 통해 서로에게 질병 바이러스를 옮기고 있거나 옮고 있다는 사실을 다시금 인식할 수 있었다.

한편 때때로 필자를 비롯한 많은 사람들은 세상에서 마주하고 함께하는 사람들과 그들과의 관계들 속에서 벌어지고 해결해야 할 일들에 의해 스트레스를 받기도 한다. 이러한 스트레스가 극심해질 경우 때론 심장마비나 심근경색, 쇼크 등의 증상을 얻기도 한다. 그리고 타인과의 관계 가운데 누군가와의 만남은 심장을 콩닥콩닥 뛰게 만들기도 하며, 가슴 설레는 사랑의 감정을 갖게 하기도 한다. 또한 한일 축구 등 국가적 자존심이 달린 스포츠 경기 등이 있을 땐 온 국민이 함께 호흡하고 있음을 경험한다. 바로 이러한 상황은 사회적 호흡에 대하여 생각해볼 수 있는 계기가 된다.

명상을 할 때 경험하게 되는 심호흡과 같은 깊은 호흡은 때로는 세상에 대한 깊은 관조와도 연결된다. 세상과 나를 떨어뜨리거나 또는 연계시켜 세상 속에 나를 재위치시키는 관조 말이다. 심장으로부터 시작하고 반복되는 우리의 호흡은 이렇게 세상과 끊임없이 호흡하며 생물학적으로 존속하게 만든다. 또한 사회적이며 정신적인 존재로서도 인간을 존속시킨다. 그것이 생물적 차원이든 사회적 차원이든 정신적 차원이든 간에 이들은 인간이 호메오스타시스로서 삶을 지속하기 위한 행위인 것이다.

심장의 생물적, 사회적, 정신적 차원에서의 순환과 선택적 개방순환, 혹은 유기체적 순환은 인터렉티브 컴퓨팅 시스템의 순환과 회로에 대하여 한 차원 더 정교하고 유기적인 접근을 가능하게 해준다. 이러한 접근은 인터렉티브 컴퓨팅의 감상경험을 보다 자유롭고 자연스럽고 유기적으로 만들어갈 수 있는 새로운 단초로서 작용할 것이다.[14]

참고문헌

- 로잘린드 크라우스, 윤난지 옮김, 《현대조각의 흐름Passages in Modern Sculpture》, 서울: 예경, 1997.
- 이현진, '현대 영상예술 속의 다층적 폐쇄회로들 : 카메라-스크린 인터페이스를 중심으로(Multiple Levels of Closed Feedback Loops in Contemporary Moving Images: Based on Media Artworks using the Camera-Screen Interface)' in 《TV 코뮨, 달리-서로-너머 TV Commune, De-, Inter-, Trans-》, pp. 69-97, 2011.
- Gardner, Howard & Davis, Katie. 《The App Generation: How Today's Youth Navigate Identity, Intimacy, and Imagination in a Digital World》, New Haven: Yale University Press, 2013.
- Lanier, Jaron. 《You Are Not a Gadget: A Manifesto》, New York: Alfred A. Knopf, 2010.
- Joselit, David, 《Feedback》, Cambridge, MA; MIT Press, 2007.
- Krauss, Rosalind. "Video: The Aesthetics of Narcissism," in 《New Artists Video》, ed. Gregory Battcock, 43-64. New York; E.P. Dutton, 1978.
- Spielmann, Yvonne. 《Video: The Reflexive Medium》, Cambridge, MA; MIT Press, 2008.
- Spielmann, Yvonne. "Video: From Technology to Medium" in Art Journal, Vol.65, No.3. 54-69. 2006.
- Utterback, Camille. "Unusual Positions - Embodied Interaction with Symbolic

Spaces" in 《First Person: New Media a Story, Performance, and Game》, (eds) Noah Wardrip-Fruin, Pat Harrigan, Cambridge, MA: MIT Press. 2004: 218-226
- 호메오스타시스 : http://www.aistudy.co.kr/physiology/homeostasis.htm
- 심장의 전기적 작용 : 메디컬 북스 (주)대한의학서적 http://www.medbook.co.kr/data/goods/x89596956/a.pdf
- 인공심장 : http://ko.wikipedia.org/wiki/인공_심장

이현진

연세대학교 커뮤니케이션대학원 미디어아트 전공 교수. 디지털 미디어와 순수예술을 전공하였으며 다양한 디지털 미디어 기술과 경험을 예술 문화적 표현과 인식으로 연결하는 연구와 예술 작업을 하고 있다. Play Makers Lab을 운영하며 비디오, 인터렉티브 아트, 다양한 실험적 게임, 소셜미디어 문화 등 현대예술과 미디어아트의 관계를 연구하고 있다.

발랑드레 이야기

심장은 고대로부터 인간에게 살아있음의 존재감을 부여하는 가장 중요한 신체기관 중 하나였다. 고대 이집트인들에게 심장은 영혼이 깃드는 장소였다. 이집트인들은 죽음을 맞이했을 때 죽음의 신 아누비스가 나타나 심장의 무게를 재고 마아트의 깃털과 비교한 후 죽은 자의 삶에 대한 죄와 벌을 결정하였다.

심장은 많은 문화권에서 인간 감정의 원천이기도 하였다. 누구나 타인에게 사랑하는 감정이 생겼을 때 자신의 심장이 두근거림을 느껴본 적이 있을 것이다. 타인에 대한 어떤 감정은 뇌에서보다 몸에서, 특히 심장의 박동에서 그 변화가 더 직접적으로 다가온다. 그러한 공유 경험이 심장의 상징성을 형성하는 데 바탕이 되었을 것이다. 즉 심장은 오랜 세월 사랑과 같은 다채로운 감정의 거울로 여겨져 왔다.

그러나 근현대에 이르러 과학적 발견을 통해 심장과 같은 감정변화에 기인한 신체적 변화가 두뇌의 활동에 영향을 받아 이루어지는 것으로 밝혀지고 있다. 과학적 관점에서 심장과 같은 두뇌 이외의 신체기관이 감정을 비롯한 마음을 형성하는 데 역할을 한다는 주장은 비과학적인 신비주의적 입장으로 간주되었고 논외의 대상이 되었다.

다음의 대화를 잠시 살펴보자.

블랑쇼 : 세포 기억설은 잊어버려요, 당신의 기억을 살펴봐요⋯⋯
기억을 되살려보라고요⋯⋯.

발랑드레 : 타지마할 사진을 처음 본 게 언제인지는 기억나지 않아요⋯⋯ 처음은 아닌 것 같지만, 이식 수술을 받고 재활센터에 들어가 있을 때 복도에 타지마할 사진이 걸려 있었는데, 그걸 보고 상상의 나래를 폈어요⋯⋯.

블랑쇼 : ⋯⋯우리의 기억 능력은 놀랍답니다. 망각은 존재하지 않아요. 기억은 항상 깨어 있어요. 최면과 심리분석으로 그 점을 완벽하게 증명해낼 수 있죠. 설명할 수 없는 것에 열중하기 전에 설명할 수 있는 모든 것들을 이해하려고 해봐요. 비이성으로 도망가는 것은 자신의 현실로부터 도망치려는 의지니까요.[1]

심장이식 수술을 받은 여배우 샤를로트 발랑드레Charlotte Valandrey, 본명은 안느-발랑드레 파스칼와 정신과전문의 닥터 블랑쇼는 진료실에서 위와 같은 대화를 나눈다. 발랑드레는 1968년 11월 29일 파리에서 출생하여 1985년에 데뷔한 후, 1986년 베를린영화제 은곰상을 수상하고 세자르영화제 신인 연기자상 후보에 오르면서 일약 주목받는 신인 연기자가 되었다. 그러던 중 1987년 17세의 나이에 첫사랑으로부터 에이즈 바이러스에 감염되었고 이후 치료과정에서 부작용으로 인한 두 차례의 심근경색을 겪었다. 2003년에 발랑드레는 심장이식 수술을 받게 된다.

2005년 자신의 경험을 담은 자서전《피 속의 사랑》을 발간하고, 2011년에 자신의 심장이식 수술 이후의 신비한 경험을 담은 두 번째 책《타인의 심장》을 출간하였다. 위 대화를 보면 심장이식 후 겪게 되는, 자기 자신이 경험하지 않은 발랑드레의 생경한 기억과 감정적 변화가 드러나고, 동시에 정신과전문의 블랑쇼의 진단이자 의학계의 주된 입장이 드러난다.

타인의 심장을 이식받은 사람들의 심리적 변화에 대한 연구는 의학계 내에서 소수 의견이지만 보고된 바가 있다. 발랑드레의 사례는 정신분석학자이자 정신과전문의 닥터 블랑쇼의 일기 형식의 기록을 통해 그녀의 생생한 경험과 의학자의 견해를 함께 살펴볼 수 있는 흥미로운 기회를 제공해준다.

여기에서 우리는 세포기억설에 동의하느냐 하지 않느냐의 문제보다, 우리의 경험 특히 타인과 관련된 경험에 있어 객관성과 주관성, 이성과 감성, 머리와 가슴, 뇌와 심장의 관계를 어떻게 설정할

것인가, 과연 이러한 이분법적 분류가 타당한 것인가의 문제에 맞닥
뜨리게 된다. 이에 대해 심장과 공감의 관점에서 이 이야기를 이어
가보고자 한다.

심장나무

심장과 공감을 이야기하기 위해 우리는 인지과학에서 논의되
는 '체화된 인지' 이론에서의 뇌의 역할, 그리고 뇌신경 과학의 연
구 성과에 기반을 둔 '공감'에 대한 연구를 참고할 것이다. 그리하여
'체화된 인지-심장' 그리고 '뇌-공감', 이렇게 분리되어 있는 이야
기를 어렴풋이나마 이어보는 작업을 할 것이다. 그 중 하나의 가설
로서 발랑드레와 닥터 블랑쇼와의 대화에 등장하는 세포기억설도
우리에게 중요한 영감을 줄 수 있는 하나의 이야기 소재가 될 것이
다. 비과학적이라는 주류 과학계의 비판을 감수하더라도 과학과 문
화예술이 융합된 혼성관점에서 충분히 영감을 줄 수 있겠다.

발랑드레는 두 개의 심장을 경험하였다. 자신이 태어날 때 어
머니로부터 받은 심장과 그녀가 33세 때 타인으로부터 선물 받은
심장…… 이렇게 두 개의 심장과 하나의 두뇌로 삶을 살아간다. 그
녀의 경험은 과학적으로 설명될 수 있는 영역과 설명이 어려운 영
역을 넘나들고 있다.

사실 심장은 뇌의 소통 관점에서 현재의식의 영역뿐만 아니라
무의식적이고 동시에 잠재의식적인 영역까지 그 가지를 뻗어 올리
고 있는 것이 아닐까? 또한 심장은 우리 몸의 살과 뼈의 세포 하나

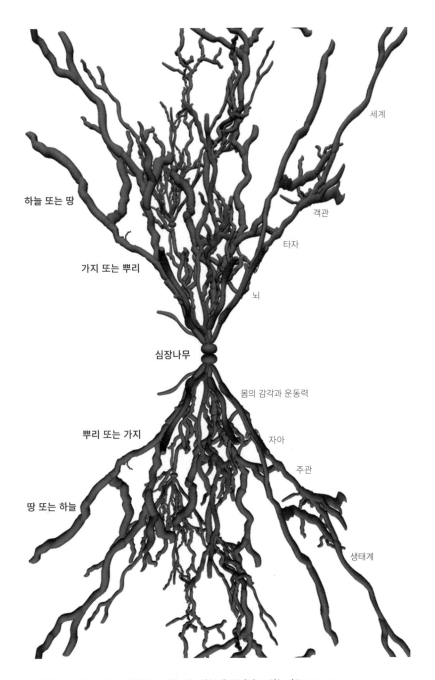

하늘 또는 땅

가지 또는 뿌리

심장나무

뿌리 또는 가지

땅 또는 하늘

세계

객관

타자

뇌

몸의 감각과 운동력

자아

주관

생태계

심장나무_나무는 땅에 뿌리박고 있는가? 하늘에 뿌리박고 있는가? 김정한, 2016

하나를 연결해주는 뿌리를 내리고 있는 하나의 나무가 아닐까?

감각기관이 우리의 의지와 무관하게 작동하듯이 무의식 또한 우리가 의식하지 않아도 항상 활성화되어 있다. 중단할 수 없는 정신활동인 것이다. 반면, 잠재의식은 하나의 기억 보관소로서 일생 동안 감각적으로 경험하는 것을 분류해 기억하고 저장하는 정신활동이다. 현재의식은 대뇌에서 이루어지는 고등 사고활동이며, 잠재의식으로부터 정보를 분석하고 판단해 다시 잠재의식이나 무의식으로 전달하는 역할을 한다.

심장은 뇌의 이러한 소통활동과도 연결되어 있으며 동시에 몸과도 연결되어 있는 하나의 거대한 나무가 아닐까 싶다. 잠시 자유로운 상상의 시간을 가져보자. 심장나무는 심장과 연결된 몸과 이를 둘러싼 생태계를 토양으로 하여 우리 몸의 혈관을 따라 세포 하나하나의 생명감과 감각에 뿌리를 내리고 있다. 위로는 가지를 뻗어 뇌를 지나 타자적 세계로까지 뻗어 있다. 가지에서는 사계절의 변화처럼 마음의 새싹이 돋고, 잎이 나오고 열매를 맺고 다시 이러한 과정을 반복한다.

뇌와 심장은 몸이라는 소우주와 몸 밖의 대우주를 공감이라는 마음에너지를 통해 순환시키며, 폐가 공기와 혈액이라는 서로 다른 화학적 성질의 물질을 매개하듯, 서로 다른 성질의 두 세계를 연결하고 순환시키는 역할을 한다고 상상해보자. 그 두 세계는 몸과 마음, 물질과 정신, 주관과 객관, 자아와 타자, 이성과 감성 등 상반되고 개념화된 대상들이다.

차가운 이성은 머리로부터, 뜨거운 감성은 심장으로부터?

차가운 이성은 머리로부터 나오고, 뜨거운 감성은 심장으로부터 나온다는 관념은 우리에게 매우 익숙한 비유다. 그렇다면 과학자이자 의사인 블랑쇼의 말처럼 비이성에 기대는 것은 단지 자신의 현실로부터 도망치려는 의지로부터 비롯된 것일까? 이성이란 과연 무엇일까? 발랑드레가 느끼는 근원이 부재하는 기억의 존재 가능성은 비이성이라는 판정과 함께 부정되어 마땅한가?

이 지점에서 우리는 세상을 설명하는 방식이 하나일 수 있는가 하는 질문에 대면하게 된다. 앞서 필자가 그린 심장나무(294쪽) 그림에 영감을 준 다윈의 생명나무 스케치는 그의 이론을 상징적으로 보여준다. 때로 과학자들은 이성적 추론이 아니라 비이성적 직관에 의해 그들의 논리적이며 과학적인 이론의 획기적인 추동력을 얻기도 한다.

세계를 설명하는 방식이 하나일 수 없다는 사실을 사고 실험을 통해 증명하는 이론 중 하나로 푸트남Hilary Putnam의 '내재적 실재론internal realism'을 살펴볼 필요가 있다. 그의 내재적 실제론은 인식론적이며 동시에 존재론적 성격을 지닌다는 점에서 비판적 실재론과 초월적 관념론을 함께 주장하는 칸트의 입장과 유사하다. 푸트남은 1970년대 후반부터 언어의 지시가 갖는 인과성이 불확정적이며, 복수의 참다운 세계기술이 가능하고 개념도식에 의존하는 내재주의를 채택하게 된다.

루스Michael Ruth는 이러한 내재적 실제론을 라이트의 이론과 그림/은유가 갖는 관계를 설명하는 데 도입하고 있다. 결국 하나의 신

다윈의 첫번째 생명나무 스케치 찰스 다윈, 1837

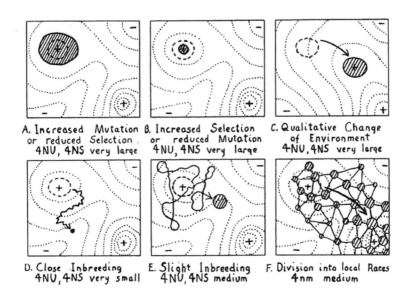

A. Increased Mutation or reduced Selection. 4NU, 4NS very large

B. Increased Selection or reduced Mutation 4NU, 4NS very large

C. Qualitative Change of Environment 4NU, 4NS very large

D. Close Inbreeding 4NU, 4NS very small

E. Slight Inbreeding 4NU, 4NS medium

F. Division into local Races 4nm medium

유전자 조합의 장에서 돌연변이의 역할과 관련된 드로잉 서얼 라이트, 1932

의 눈God's Eye View이 존재하는 것이 아니라 세계에 대한 다양한 방식
의 기술이 가능하다는 것이다.

서얼 라이트Sewall Wright, 1889~1988의 지형도의 은유는, 비록 유전
자가 중력의 영향을 받지 않는다는 사실과는 어긋날 수 있지만, 그
의 이론 내부의 개념도식에서 합리적 정당화를 획득하고 '진리'가
될 수 있는 것이다.[2] 우리는 이분법적인 논리와 비논리, 이성과 감정,
언어와 이미지를 넘나드는 융합적 사유를 통해, 세계에 대한 새로
운 제3의 관점들이 발현되는 순간들을 과학사에서 발견할 수 있다.
아마도 과학자와 예술가는 모두 자신의 몸을 통해 세계와 대면하기
때문인지도 모르겠다.

발랑드레와 유사한 사례로서 심장이식 수술을 받은 제니퍼 서

튼의 경우를 들 수 있다. 그녀는 2006년 웰컴 트러스트 하트Wellcome Trust Heart 전시에서 이미 사망한 자신의 심장과 대면하고 있는 이미지를 보여주었다(231쪽 사진).[3] 이 극적인 장면은 감정적이며 대단히 사적인 기관으로서 심장에 대한 우리의 태도를 다시 한 번 재인식시키는 계기를 마련해준다.

알베르티Fay Bound Alberti는 제니퍼 서튼의 사진을 제시하며, 20세기 말 이래 '감정으로서의 심장heart of emotion'이 과학적 이론화에 있어 머지않아 주류로 자리매김할 것이라 주장한다. 그는 심장이 단지 피의 순환을 위한 신체기관이나 펌프의 기능뿐만 아니라 뇌와 같이 기억, 경험 그리고 감정을 담지하고 있는 지적 기관으로 간주한다.

몸과 마음 _ 체화된 인지와 예술가

감정은 얼마 전까지 과학의 영역으로 인정되지 않았다. 또한 심장이 지적 기관일 수 있다는 주장도 과학적으로 받아들여지기 힘든 주장이었다. 그러나 최근 이러한 새로운 관점에 대해 더 많은 사람들이 관심을 가지게 되었다. 특히 인지과학 분야에서 논의되고 있는 '체화된 인지embodied cognition' 이론은 몸과 마음의 연관성에 있어 과학적 설명을 시도한다.

바렐라, 톰슨, 로쉬Varela, Thompson, Rosch, 이하 VTR는 자아, 의식, 경험을 하나의 연장선상에서 바라보며, 물리적 환경으로서의 물질세계와 비물질적 세계를 매개하는 역할을 감각이 담당한다고 주장한다.⁴ VTR은 특히 불교인식론의 '지관止觀, 찰나에 집중하는 나' 개념을 빌려와 자신들의 생각을 설명한다. 그들의 주장에 의하면 "감각은 몸에 있다."

오온五蘊은 불교에서 인간을 구성하는 물질적 요소인 색온色蘊과 정신요소인 네 가지 온蘊을 합쳐 부르는 말로서 색form, 수feeling, 상perception, 행dispositional formation, 식consciousness의 다섯 요소로 구성되어 있다. 색은 물질세계를 의미하고, 수, 상, 행, 식은 비물질적 정신세계를 구성한다. 감각은 이 두 세계를 연결하는 역할을 하게 된다. 이 때 '상' 즉 지각은 개념화의 충동을 가지고 있는데, 그 이전 단계인 '수'의 단계 즉 감각기관에서 입력된 정보에 대한 느낌의 단계를 사전에 거치게 된다.

필자는 이 '수'의 단계가 최근 인지과학 분야에서도 논의되고 있는 '감각질Qualia' 개념과 연결될 수 있다고 생각한다. VTR 또한 체화된 마음 또는 체화된 인지이론을 전개하며 과학과 경험 사이의 긴장관계를 설명하는 데 있어 '감각질'에 대해 언급하고 있다VTR, 1991, p.129.

분석적 과학과 총체적 경험 사이의 괴리는 오랜 숙제로 남아있다. 인지과학 분야에 있어서도 '결합문제feature binding problem'는 여전히 중요한 물음 중 하나이다. 결합문제란, 예를 들어 우리가 시각 예술작품을 감상할 때 작품의 형태와 색을 분리하여 지각하는 것이 아니라 개개의 시각 특징들의 정보가 총체적으로 결합되어 전달될 뿐만 아니라 정서적 반응도 야기한다. 문제는 이러한 결합 과정을 명확히 설명하지 못한다는 것이다.

클락Andy Clark과 찰머스David Chalmers는 이러한 물음에 대한 고민으로부터 출발하여 '연장된 마음extended mind'이라는 이론을 제시한다. 그들은 이 이론을 설명하기 위해 다시 '커플링coupling 개념'과 '동등성 원리Parity Principle'를 내세운다. 두 사람은 암산으로 풀기 힘든 수학문제를 해결하기 위해 종이와 연필을 사용하여 인지적 절차를 거쳐서 결과를 얻어낸다. 혹은 우리 주머니 속의 스마트폰이 우리 기억 능력의 일부를 담당하는 것과 같이, 인간의 인지과정이 인간 뇌의 외부적 요소로 연장되어 결합한다고 주장한다.[5]

이러한 논리 아래에서는 심장에 기억을 나눠 담는다는 가설을 세울 수 있을 것이다. 그러나 애덤스와 아이자와Frederick Adams & Kenneth Aizawa, 2008~2009는 클락의 이러한 주장에 대해 '결합-구성 오류coupling-constitution fallacy'를 범하고 있다고 비판한다. 결합-구성 오류는 두 개의 요소가 인과적인 관계를 맺고 있다고 해서 그 양자를 단일한 전체의 부분이라고 단정할 수는 없다는 사실을 간과했다는 뜻이다. 애덤스-아이자와가 클락-찰머스의 주장을 반박하는 근본적인 이유는 인지과정이 두뇌 내에서 일어나고 있다는 주장을 뒷받침하기 위해서이다.

양 진영의 논쟁은 여전히 진행형이다. 예술가로서 필자는 연장된 마음, 더 나아가 체화된 마음 또는 체화된 인지이론이 개인적 경험에 비추어 좀 더 설득력이 있다고 본다. 이는 예술가가 자아를 형성하는 방식에 있어 외부대상에 자아를 투사하는 방식에 좀 더 친숙하다는 성향으로부터 비롯되었을 개연성이 크다.

과연 우리의 마음은 어디에서 어떻게 만들어지는 것일까? 이처럼 마음에 대한 존재론적 질문이 가능한 것일까? 필자는 가능하다고 생각한다.

우리는 경험의 과정에서 마음의 존재를 추론한다. 이 과정에서 세계-뇌-마음 사이의 소통과정을 매개하는, 경험의 근본 단위가 되는 감각질에 대한 질문을 다시 떠올리게 된다. 감각질은 필자에게 있어 심장의 두근거림과 같은 움직임이고 진동이며 파동이다. 그리고 감각질은 하나의 날 것으로서의 데이터와 같다. 경험 친화적인 예술가의 입장에서, 마음은 머리보다는 심장 쪽에 더 가까운 어딘가에서 가슴과 외부세계 사이를 걸쳐 호흡하고 있는 시공간, 그 어딘가쯤에서 일렁이고 있는 느낌을 받는다.

심장-감각질-거울뉴런-공감 이어보기

빌라야누르 라마찬드란Vilayanur S. Ramachandran, 1951~에 의하면 감각질은 다음과 같은 특징을 갖는다.[6] 감각질은 '고통'이나 '빨강'과 같이 주관적 성질과 객관적 성질을 함께 가지고 있는 날것으로서의 느낌raw feel을 의미한다. 감각질의 문제는 1인칭과 3인칭 설명을 조화시키는 과제도 포함하고 있다.

감각질이 결부된 '무엇' 체계는 지각적 표상에 근거해 선택하는 일과 연관되어 단기기억장치가 필요하고 작동에 시간이 걸린다. 그런 반면, 감각질이 없는 '어떻게' 체계는 폐쇄된 회로 속에서 연속적인 실시간 처리에 기여한다. 철학자들에게 있어 감각질의 문제는 본질적인 사밀성과 심적 상태의 소통불가능성과 관련된 문제이기

우리 시대의 심장

도 하다.

또한 감각질과 자아는 동전의 양면과 같다. 자아란 나의 다양한 감각적 인상과 기억을 통일하는 통일성을 갖고 있다. 또한 자아란 나의 삶을 관할하고 자유의지를 갖고 선택하도록 하며, 시간과 공간 속에서 존속하게끔 하는 단일한 대상성을 갖게 해준다. 통일된 자아의 집행과정은 우리의 지각과 인지과정 사이에서 발생하는 감각질을 특정한 감정이나 목적과 연관시키고 우리가 선택하도록 만들어준다.

자아에 대한 우리의 개념은 '행복'이나 '사랑'과 같은 추상적 개념과 다르며, 자전적 기억에 대한 정보나 자신의 신체상에 대한 정보에 접근할 수 있어야 한다. 그래야만 이를 통해 자아에 대한 생각이나 말이 가능하다. 따라서 감각질은 몸과 마음, 자아와 타자(집단), 주관과 객관을 연결하는 통로이다. 개인적이거나 사적이라고 느껴지는 자아가 상당 부분 타인을 위해 우리가 꾸며낸 사회적 구성물이라는 사실을 생각해보자. 이는 자아형성에 있어 대인관계에서 발생되는 수치심과 애정이 수반되는 것으로부터 추론해볼 수 있다.

우리는 타인과 대면할 때, 구체적으로 사랑하는 사람과 마주할 때, 낯선 사람과 마주할 때, 타인의 어려운 상황을 목격할 때 감정의 변화와 함께 심장의 박동 변화를 감지한다. 타자의 존재에 대한 지각과 함께 나타나는 신체적 변화는 진화심리학적으로도 설명될 수 있다. 감각질은 신경과학적 차원에서부터 개인 및 사회에 걸쳐, 그리고 다양한 층위에 걸쳐 연구되고 있으며, 그 중에서 공감의 문제와 밀접하게 관련되어 있다.

감각질이 세계-몸-마음의 소통과정에서 자아와 세계를 연결하는 경험의 구성요소 역할을 한다는 점에서 '심장-뇌'가 감각질의 은유로서 적절하다고 생각한다. 즉 '심장-뇌'는 감정이 함께 기록된 세계에 대한 경험정보를 담고 있는 인간의 감각질계에 대한 은유이다. 심장과 뇌의 관계성 또는 감각질의 문제는 1인칭 관점과 3인칭 관점의 공존이라는 문제와 연결되며, 또한 이것은 타인의 마음을 이해하는 것이 가능한가라는 공감empathy의 문제이기도 하다.

공감의 문제는 철학, 미학, 임상심리학, 발달 및 사회심리학, 윤리학, 신경과학 분야 등 다양한 분야에서 연구되고 있다. 공감이란 타인의 마음을 감정적으로 이해하는 능력으로서 윤리적 행위와 관련된다. 철학 분야에서 공감의 개념은 흄David Hume, 1711~1776과 스미스Adam Smith, 1723~1790에 의해 정의된 동감sympathy의 개념과 비교된다. 흄은 동감을 거울보기mirroring를 통한 낮은 단계의 공감으로 파악한 반면, 스미스는 동감을 상상하기imagination를 통한 높은 단계의 공감으로 생각하였다.

또한 심리학, 미학, 사회철학에 많은 영향을 끼친 립스Theodor Lipps, 1851~1914는 '감정이입Einfühlung; feeling into' 개념을 통해 공감을 설명한다. 이후 후설Edmund Husserl, 1859~1938과 슈타인Edith Stein, 1891~1942은 립스의 연구를 비판적으로 계승하면서 공감의 과정은 내적 모방이나 내적 조응과 같이 타인과 자아가 하나가 되는 것feeling one with이 아니라 자아의 손상이 없이 타인의 느낌 속으로 이입되는 것으로 설명한다.[7] 즉 동감이 나와 타인이 하나가 되는 것을 지향한다면, 공감은 자아와 타인이 서로를 보존하면서 상호 간에 감정을 투사하는 것을 의미한다는 것이다.

이러한 관점의 연장선상에서 현상학자 후설의 '상호주관성' 개념과 해석학자 딜타이Wilhelm Dilthey, 1833~1911의 역사 맥락 내에서의 '해석' 개념은 두 학파의 극명한 관점의 차이에도 불구하고 모두 공감의 문제에 기초하고 있다.

임상심리학 분야에서 공감의 문제를 다룬 프로이트는 다른 사람들에게 있어 자신의 에고ego가 태생적으로 이질적일 수밖에 없다는 것을 스스로 이해하는 지점에서 공감의 역할을 파악하였다. 프로이트와는 대조적으로, 인본주의 심리학의 창시자인 로저스Carl Rogers, 1902~1987는 공감을 상호 관계적 과정으로 보았으며 심리치료에 있어 핵심적인 개념이라고 주장하였다.

자기심리학의 창시자 코헛Heinz Kohut, 1913~1981은 프로이트의 에고, 오이디푸스 콤플렉스, 내재적 심리충돌과 같은 개념들과 달리 주체적 경험, 자아와 발달과정에서 발생하는 외재적 변수들에 초점을 맞추고 대상관계이론을 발전시킨다. 이 때 공감은 심리치유과정에서 핵심적인 도구이다. 코헛에 의하면 초기 발달 과정에서 공감상태로 이루어진 거울보기의 경험들이 긍정적인 자기대상화 경험을 구성하게 된다고 한다.

그는 또한 '공감적인 상기성찰의 태도empathic introspective stance' 가 심리분석에 있어 필수적인 요소라고 보았다. 이 태도는 바로 심리분석의 데이터를 모으고 설명하기 위해서 과학적 입장의 관찰자가 관찰대상자에게 장기적인 공감적 몰입상태를 유지하는 것을 의미한다. 코헛은 공감이란 다른 사람의 내면적 삶 속에서 자기 자신을 사고하고 느낄 수 있는 능력이라고 정의하였다. 나아가 공감능력이란 비록 나와 타자가 경험하는 바가 100퍼센트 파악되지 않더라도 그 차이와 벽을 점진적으로 희석하고 약화시키는 방식으로, 개별적인 동시에 일반적인 적절한 지점을 찾아가는, 평생에 걸쳐 키워가는 능력이라고 설명하였다.[8]

로저스와 코헛의 연구에 반대 입장을 가진 학자들은 지적인 관찰을 통해서만 심리학적 연구를 진행해야 한다는 프로이트의 관점을 따랐다. 그들은 심리치료에서 치료대상자에게 지나치게 공감할 경우 분석가의 갈등이 반영되어 내담자를 대하는 분석가의 사고, 감정, 행동 등에 영향을 미치는 역전이 등이 생길 수 있다는 점을 제기하기도 했다. 그러나 공감의 문제는 20세기 후반 임상심리학에서뿐만 아니라 실험사회심리학에서도 큰 관심을 가지게 되었으며 많은 연구자들에 의해 공감을 측정하고 실험하는 방법론들이 개발되기 시작하였다.

1960년대를 전후하여 공감은 경험적 심리학 분야에서 주요한 연구주제가 되었다. 발달 및 사회심리학 분야에서의 공감에 대한 연구는 한 개인에 관한 연구에서 친사회적, 이타적 행위에 대한 연구로 이어진다. 이 때 공감은 다른 사람을 이롭게 하고자 하는, 의도적이고 자발적인 친사회적 행위반응을 유발하는 하나의 공유된 감정이다.

사회심리학자 벳슨Daniel Batson, 1943~과 같은 학자들은 '공감-이타주의 가설'을 주장한다. 벳슨의 주장에 반대하는 학자들은 벳슨이 공감이라는 개념을 너무 광범위한 의미로 해석하고 있으며, 이타적

우리 시대의 심장

공감만으로 주체의 친사회적 행동을 설명하기는 어렵다고 본다. 이 분야에서 또 한 가지 중요한 연구는 공감정확도empathic accuracy에 대한 것이다. 이케스William Ickes, 1947~는 공감정확도에 대해 다른 사람들의 생각이나 느낌의 구체적인 내용을 정확하게 추론할 수 있는 능력을 측정하는 것이라고 정의하고 있다.[9]

이 공감정확도의 문제는 타자의 마음이라는 철학적 문제와도 밀접히 연관되어 있다. 타자의 감정을 이해한다는 것은 지각을 하는 주체와 그 대상 사이의 생리적인 공시성에 달려 있다.[10] 그러나 사회적 층위에서 공감에 대해 연구할 때 이 공감행위라는 것이 반드시 사회적으로 환영받는 것은 아니라는 사실을 상기할 필요가 있다. 의도된 공감에 대한 강요가 상대방을 불쾌하게 할 수도 있고 스스로 원하지도 않았는데 사적 영역이 침범당했다는 반감을 불러일으킬 수도 있다.

심장, 타자와의 공감을 매개하다

여전히 공감의 문제는 그 사회적 중요성에도 불구하고 문제설정에서부터 연구방법론에 이르기까지 많은 난제들을 가지고 있다. 공감의 문제에 관심을 가지는 또 다른 분야는 윤리학이다. 특히 길리건Carol Gilligan, 1936~ 등에 의해 주창된 관심의 윤리학 또는 케어윤리학Care Ethics 분야에서 공감에 대한 논의가 이루어지고 있다.[11]

관심의 윤리학에서는 도덕적 사고와 행위가 이성과 감성 모두를 필요로 한다고 주장한다. 그들은 개인을 관계적이며 인식론적으로뿐만 아니라 도덕적으로도 상호의존적인 존재로 개념화한다. 윤리학자 슬로트Michael Slote, 1941~에게 있어 공감이라는 개념은 감정들이 개인들 사이에 퍼져나가는 접촉성 전염contagion과 같은 과정이라는 의미를 함께 지닌다. 그는 특히 공감empathy이라는 개념과 동감sympathy이라는 개념을 구분해서 사용한다.

공감은 반드시 그 특징에 '따뜻함warmth'의 느낌을 포함하고 있어야만 한다. 공감의 가장 중요한 특징이 따뜻함이라는 슬로트의 주장은, 서로의 마음을 공유한다는 것이 심장에 흐르는 혈액의 따뜻함, 인간이 외부 기온에 상관없이 유지하는 섭씨 36도에서 37도 사이의 체온을 느끼는 악수나 포옹, 입맞춤과 같은 행위에서 가장 효과적으로 시작된다는 사실을 상기시킨다.

최근 공감의 문제는 거울뉴런mirror neuron의 발견에 따라 신경과학 분야에서도 재검토되고 있다. 거울뉴런은 이탈리아의 신경심리학자 리촐라티Giacomo Rizzolatti, 1937~에 의해 1990년대 초 마카크 원숭이의 운동 전 피질 F5 영역의 세포를 연구하는 과정에서 발견되었다.

현재까지의 거울뉴런의 연구결과에 따르면, 거울뉴런은 전두엽 전운동피질 아래쪽과 두정엽 아래쪽, 측두엽, 뇌성엽 앞쪽 등에 분포하는 것으로 추정된다. 거울뉴런이 특별한 점은 개인이 특정한 유형의 행위를 직접 행할 때뿐만 아니라 타자가 그 유형의 행위를 행하는 것을 관찰할 때도 모두 활성화된다는 점이다.

관련 연구에 따르면 거울뉴런계는 타인의 마음을 읽거나 사회적 인지를 하는 데 있어 핵심적인 역할을 수행한다. 라마찬드란은

우리 시대의 심장

2000년 발표된 〈엣지Edge〉에 수록된 자신의 투고문에서, 생물학에 있어 DNA가 이룬 업적을 심리학에서 거울뉴런이 이루게 될 것이라고 주장하였다.[12] 신경학자 야코보니Marco Iacoboni에 의하면 거울뉴런은 공감과 도덕성의 토대이며 타자의 마음의 문제를 풀 수 있는 실마리를 제공해준다.

나아가 다수의 신경과학적 연구결과들에 따르면, 공감은 개인의 정신적 고통을 야기하기보다는 오히려 이타적 행동으로 귀결된다는 사실을 보여준다. 즉 공감은 타자와의 관계 및 인간의 경험과 구체적인 사회인지에 있어 중요한 역할을 한다. 또한 공감의 생리학적 관점에서 보자면, 타인을 대했을 때 감정의 변화와 뇌-심장의 연관 관계, 나아가 타자와의 공감 상태에 이르렀을 때의 뇌-심장의 연관 관계 등도 연구하고 있다. 이러한 연구를 통해 신체 기관의 일부인 심장이 정서 및 감정적 교감과 갖는 상관관계에 대해 흥미로운 사실들을 알 수 있다.

실제로 심박동수Heart Rate, HR는 공감 정도 측정 설문유형 중 IRIInterpersonal Reactivity Index와 ECR-RExperience in Close Relationships-Revised 결과와 상관관계가 있다는 보고가 있다Zhou, Valiente, and Eisenberg 2003, 275.[13] 이는 심장이 타인과의 공감 과정에서 두뇌와 더불어 영향을 주고받는다는 점을 과학적으로 보여주는 하나의 사례가 될 수 있다.

지금까지 이어온 이야기들을 요약하면, 심장은 그 박동과 따뜻함을 통해 타인의 마음을 이해하는 데 기여한다. 또한 심장은 뇌와 더불어 이성과 감성이 함께 작동하도록 매개한다. 그리고 심장은 마치 나무가 그러한 것처럼 혈류의 흐름이라는 순환운동의 패턴을 확장하여 우리를 감싸고 있는 사회와 생태계 속에서 물질적으로뿐만 아니라 정신적인 공감의 순환체계를 형성한다.

자신을 이해하기 위해 타인과의 관계성 속에서 자신을 비춰볼 때 심장은 공감이라는 능력을 통해 거울의 역할을 한다. 다시 한 번 심장나무를 상상해보자. 나무는 하늘에 뿌리를 내리고 있는 것일까, 아니면 땅에 뿌리를 내리고 있는 것일까? 인간人間이라는 한자어는 우리가 홀로 설 수 없는 존재임을 보여준다. 우리의 존재는 자아, 이성, 원리, 뇌 등 대응되는 쌍 중 하나의 측면만으로 정의할 수도 없으며, 그 양자 간의 우위를 설정하는 것도 무의미할 것이다. 여기에 타자, 감성, 경험, 심장이 함께 뒤섞여야만 세계에 대한 진정한 이해가 성립되는 것이다.

과학이 진정으로 세계를 관찰하고 이해하고자 한다면 관찰자와 관찰대상 사이의 생리적 공시성을 일치시키고자 노력하여야 한다. 자아가 세계 속에 존재의 위상을 설정함에 있어 인간의 존재방식 중 어느 한 면을 애써 외면하고 자신만의 폐쇄적이고 배타적인 성을 쌓는다면 어떻게 될까? 밀폐된 실험조건 아래에서는 완벽하겠지만, 개방된 현실에서 필연적으로 소통이 단절되고 소외되어 타자화의 미로에서 영원히 빠져나오지 못할 것이다.

동물행동학자 드 발Frans de Waal은 사회적 다윈주의자들이 주장하듯 이기심, 경쟁, 공격성 등과 같은 배타적 용어들로 특징짓는 인간의 부정적 본성에 대한 가정을 전면 재검토할 것을 요구한다. 재검토가 요구되는 문제에는 많은 과학자들이 감성을 배제하고 이성만을 강조하는 문제도 포함된다. 드 발은 공감이야말로 인간본성뿐만 아니라 인간을 비롯해 동물에 이르기까지 그 사회적 행위의 대안모델로 제시될 수 있는 핵심적 연구주제라고 여겼다.

그는 인간과 동물이 정도의 차이만 있을 뿐 모두 모방심리와 공감을 통해 타자 이해에 도달하는데, 이 때 공감 정도의 차이는 마치 큰 인형 속에 계속 똑같은 작은 인형이 들어가 있는 러시아 인형과 같다고 비유한다. 드 발은 신체적 동조화bodily synchronization의 수준에서부터 높은 수준의 '조망수용perspective-taking'과 '목표지향적 이타행위targeted helping'에 이르는 일련의 과정을 공감과 동감의 발달 과정을 추적하면서 밝혀낸다.

이는 체화된 인지이론에서 가정하는 몸과 마음의 관계성과도 연결된다. 현상적 경험의 측면에서 보자면, 심장의 존재를 재인식하는 것은 몸을 타자화하고 조망수용을 용이하게 한다. 다시 말해, 타자와의 공감에 있어 심장은 뇌와 더불어 우리에게 타자에게로 이어지는 새로운 연결의 가지와 뿌리를 뻗어준다.

이러한 관점에서 바라보면, 우리는 심장의 나무를 통해 관찰주체와 대상이 공명하는 상태에서 세계를 관찰할 수 있는 기회를 얻게 될지도 모른다. 이는 심장이식 수술을 받은 여배우 발랑드레와의 대화에서 정신과전문의 블랑쇼가 비판한 세포기억설, 즉 심장이 기억을 한다는 식의 주장을 옹호하는 것이 아니다. 뇌가 마음을 독점하고 과학이 이성을 독점하는 것이 자연스럽지 않다는 바를 주장하는 것이다. 이것의 역도 마찬가지이다.

독자 여러분께 잠시 사랑하는 이와 함께 서로의 심장을 느껴

보기를 제안한다. 여기 우리의 심장이 눈부신 태양과 함께 오늘도 뜨겁게 뛰고 있다.

김정한

서울여자대학교 현대미술과 교수이자 동대학 박물관장으로 재직중이다. 특히 서울 여대 B-MADE(의생명예술디자인교육) 센터장으로서 의생명과학, 인지과학, 예술 간 상호소통하고 공감하는 학문예술공동체 네트워크를 구축하기 위해 노력하고 있다. 현재 도시의 마음, 집단 감성을 시각화하는 미디어아트 프로젝트와 인지과학적 관점에서 바라본 몸과 마음의 문제에 대해 연구하고 있다.

맺음말

이 책을 마무리해 가고 있을 때쯤 노벨상 수상자 발표로 전 세계 과학계가 떠들썩했다. 물론 누구나 예상할 수 있듯 각 언론마다 우리나라 과학계의 현실을 비판했다. 그리고 향후 어떤 노력을 기울여야 하는지에 대한 분석 기사를 쏟아냈다. 과연 언제쯤 우리나라에서 노벨상 수상자가 나올 수 있을까? 그것이 그렇게 어려운 일일까?

노벨상 수상자의 업적들은 해당 연구 영역에서 패러다임의 전환을 이끌었다. 이러한 패러다임의 전환이 일어나려면 퍼즐 풀이를 잘해서 될 일이 아니라 전혀 다른 형태의 질문을 던질 수 있어야 한다. 이것은 공식을 적용하여 수식을 풀면 정답이 나오는 유형의 문제가 아니다. 패러다임의 전환은 양이나 질의 문제가 아니라 차원의 문제인 것이다. 그러므로 과학자를 쥐어짜거나 연구비를 몰아주는 방식으로 해결될 수 있는 문제들이 아니다.

　이 문제는 우리가 처음 책을 쓰기 시작하면서부터 직면했던 고민들과 연결된다. 차원의 문제를 풀려면 어떻게 해야 하는가에 대한 질문이었다. 서문에서 말했듯이 우리는 이 책에서 심장이라는 주제를 관통하는 다양한 관점들을 피력하고자 했다. 그리고 이제 긴 여정을 마치고 마무리 지점에 다다랐다. 서로 다른 관점들이 상호 교차되면서 불편한 동거라는 느낌이나 어색한 긴장감이 흘렀을 수도 있다. 그런데 차원의 문제는 바로 이 지점과 맞닿아 있다. 불편함과 어색함에 고개를 돌릴지, 아니면 새로운 질서를 찾아 떠날지 기로에 서 있는 것이다.

　하지만 이러한 것들은 쉽고 명료하게 잘 설명되지 않는다. 암묵적 영역에 놓여 있기 때문이다. 이는 점핑 유전자Jumping gene를 발견하여 1983년 노벨생리의학상을 받은 바바라 매클린톡의 일대기를 다룬 이블린 폭스 켈러Evelyn Fox Keller, 1936~의 저작《생명의 느낌A Feeling for the Organism》에서 잘 드러난다.

　매클린톡의 동료들이 그녀에게 물었다. 다 같이 현미경을 들여다보는데 어떻게 혼자만 잘 찾아낼 수 있는지를 물어보자 그녀는 "나는 세포를 관찰할 때면 현미경을 타고 내려가서 세포 속으로 들어가거든. 거기서 빙 둘러보는 거야"라고 답했다. 그녀는 "내 자신이 어떻게 알게 되었는지 정확히 말하진 못하지만 생명은 느낌"이라고 말했다. 이는 어떤 마음을 갖느냐에 따라 관찰할 수 있는 내용과 범위가 달라질 수 있다는 의미이다. 그녀는 늘 충분한 시간을 갖고 열심히 들여다보면서 "대상이 하는 말을 귀 기울여 들을 줄 알아야 한다"고 강조했다. "나에게 와서 스스로 얘기하도록 마음을 열고 들어야" 된다는 것이다.

매클린톡의 이야기는 여러 가지 화두를 제시한다. 우리는 어설픈 융합보다 어우러짐에 대한 문제가 먼저라고 생각한다. 또한 자연스럽게 어우러질 수 있는 마당을 만들어가는 것이 중요하리라 여긴다. 거기서 창발적創發的으로 드러나는 무형의 가치들을 포착할 수 있는 힘을 키워야 한다는 얘기다. 그러나 다소 공허한 느낌도 없지 않은데, 왜냐하면 대부분 암묵적 영역의 문제이기 때문이다.

우리는 이 책을 쓰면서, 그리고 이따금씩 모여 생각을 나누면서 각자의 전공 영역이 처한 현실을 되짚어볼 수 있었다. 전공은 다르지만 공통된 고민이 있었는데, 이를 한 마디로 압축하면 '후유증'이었다. 이는 고속경제성장을 통해 나타난 우리 사회의 모습에 비견될 수 있을 것이다. 학문의 고속성장을 꾀하는 이면에 가려진 모습이 서서히 드러나기 시작했고, 이는 성장 잠재력을 잠식할 위협이 되고 있다.

우리 앞에 놓인 문제에 대해 답이 정해져 있지 않음을 우리는 잘 안다. 그리고 쉽게 풀리지 않는 문제라는 것도 잘 알고 있다. 사실 더 심각한 점은 무엇이 문제인지도 가늠하기 어렵다는 것이다. 이 책이 무엇이 문제인지를 생각해보고 새로운 물음을 물을 수 있는 계기가 되길 바란다.

주

1장

1   Karamanou M, Androutsos G, Tsoucalas G. Landmarks in the history of cardiology I. Eur Heart J. (2014) 35, 677-379 ; Cobb WM. Man, the slow learner. J Natl Med Assoc. (1981) 73, 973 – 986.

2   Loukas M, Tubbs RS, Louis RG Jr, Pinyard J, Vaid S, Curry B. The cardiovascular system in the pre-Hippocratic era. Int J Cardiol. (2007) 120, 145-149

3   올레 히스타 지음, 안기순 옮김, 《하트의 역사》, 도솔출판사, 2007. pp25-34

4   Carelli F. The book of death: weighing your heart, London J Prim Care (Abingdon). (2011) 4, 86-87

5   Nima Ghasemzadeh, A. Maziar Zafari. A brief journey into the history of the arterial pulse. Cardiol Res Pract. (2011) 2011, 164832

6   Willerson JT, Teaff R. Egyptian contributions to cardiovascular medicine. Tex Heart Inst J. (1996) 23, 191-200

7   버트런드 러셀 지음, 서상복 옮김, 《서양철학사》, 을유문화사, 2009. pp61-98

8   ibid. pp99-105

9   Cheng TO, Hippocrates and cardiology. Am Heart J. (2001) 141, 173-183

10 Loukas M, Youssef P, Gielecki J, Walocha J, Natsis K, Tubbs RS. His-

tory of cardiac anatomy: a comprehensive review from the Egyptians to today. Clin Anat. (2016) 29, 270-284

11 Marinković S, Lazić D, Kanjuh V, Valjarević S, Tomić I, Aksić M, Starčević A. Heart in anatomy history, radiology, anthropology and art. Folia Morphol (Warsz). (2014) 73, 103-112

12 아리스토텔레스의 아버지는 마케도니아의 왕 아민타스 2세(Amyntas II, B.C.?~370)의 주치의였기 때문에 아리스토텔레스는 자연스럽게 생명의 자연적 원리에 대해 많은 관심을 기울일 수 있었다. 그는 형상(form)이 질료(matter)의 목적인 것처럼, 영혼이 육체의 목적이라고 생각했다. 즉 육체는 영혼의 도구가 된다. 도구를 의미하는 오르가논(organon)에서 장기(organ)와 유기체(organism)라는 단어가 파생되었다. 아리스토텔레스는 유기체의 특징을 설명하기 위해 목적론적 원리로서 '엔텔레키(entelechy)'라는 특정한 힘을 가정했다. 아리스토텔레스는 유기체의 위계에서 가장 높은 곳에 존재하는 인간은 세 가지의 혼(성장혼, 지각혼, 이성혼), 즉 프쉬케(psyche)를 가지고 있다고 생각했다. 이러한 사변적인 생리학적 개념은 로마시대에 이르러 갈레노스에 의해 체계적으로 집대성되었다.

13 Van Praagh R, Van Praagh S. Aristotle's "triventricular" heart and the relevant early history of the cardiovascular system. Chest. (1983) 84, 462-468

14 Serageldin I. Ancient Alexandria and the dawn of medical science. Glob Cardiol Sci Pract. (2013) 2013, 395-404

15 스튜어트 A.P. 머레이 지음, 윤영애 옮김,《도서관의 탄생》, 도서출판 예경, 2012, pp32-36

16 von Staden H. The discovery of the body: human dissection and its cultural contexts in ancient Greece. Yale J Biol Med. (1992) 65, 223-241

17 Androutsos G, Karamanou M, Stefanadis C. The contribution of Alex-

andrian physicians to cardiology. Hellenic J Cardiol. (2013) 54, 15-17

18 Bestetti RB, Restini CB, Couto LB. Development of anatomophysio-
logic knowledge regarding the cardiovascular system: from Egyptians to
Harvey. Arq Bras Cardiol. (2014) 103, 538-545

19 Bay NS, Bay BH. Greek anatomist herophilus: the father of anatomy.
Anat Cell Biol. (2010) 43, 280-283

20 Reverón RR. Herophilos, the great anatomist of antiquity. Anatomy
(2015) 9, 108-111

21 Panegyres KP, Panegyres PK. The Ancient Greek discovery of the ner-
vous system: Alcmaeon, Praxagoras and Herophilus. J Clin Neurosci.
(2016) 29, 21-24

22 Savona VC, Grech V. Concepts in cardiology - a historical perspective.
Images Paediatr Cardiol. (1999) 1, 22-31

23 Billman GE. Heart rate variability-a historical perspective. Front Physi-
ol. (2011) 2, 86

24 Keele KD. Three Early Masters of Experimental Medicine-Erasistratus,
Galen and Leonardo da Vinci. Proc R Soc Med. (1961) 54, 577-588

25 Meletis J, Konstantopoulos K. The beliefs, myths, and reality surround-
ing the word hema (blood) from homer to the present. Anemia. (2010)
2010, 857657

26 Shoja MM, Tubbs RS, Ghabili K, Griessenauer CJ, Balch MW, Cuceu M.
The Roman Empire legacy of Galen (129~200 AD). Childs Nerv Syst.
(2015) 31, 1-5

27 Gross CG. Galen and the Squealing Pig. Neuroscientist. (1998) 4, 216-
221

28 Dunn PM. Galen (A.D.129~200) of Pergamun: anatomist and exper-
imental physiologist. Arch Dis Child Fetal Neonatal Ed. (2003) 88,

F441-F443

29 Rothschuh KE, translated by Risse GB. History of Physiology. Robert E. Krieger Publishing Company. 1973. pp14-22

30 Pasipoularides A. Galen, father of systematic medicine. An essay on the evolution of modern medicine and cardiology. Int J Cardiol. (2014) 172, 47-58

31 Karamanou M, Stefanadis C, Tsoucalas G, Laios K, Androutsos G. Galen's (A.D.130~201) Conceptions of the Heart. Hellenic J Cardiol. (2015) 56, 197-200

32 Aird WC. Discovery of the cardiovascular system: from Galen to William Harvey. J Thromb Haemost. (2011) 9 (Suppl 1), 118-129

33 Riva MA, Cesana G. The charity and the care: the origin and the evolution of hospitals. Eur J Intern Med. (2013) 24, 1-4

34 이재담,《의학의 역사》(전면개정판), 광연재, 2012. pp74-89

35 Zarshenas MM, Mehdizadeh A, Zargaran A, Mohagheghzadeh A. Rhazes (865－925 AD). J Neurol. (2012) 259, 1001-1002

36 Hajar R. The Air of History (Part IV): Great Muslim Physicians Al Rhazes. Heart Views. (2013) 14, 93-95

37 Nezhad GS, Dalfardi B. Rhazes (A.D.865~925), the icon of Persian cardiology. Int J Cardiol. (2014) 177, 744-747

38 Saffari M, Pakpour AH. Avicenna's Canon of Medicine: a look at health, public health, and environmental sanitation. Arch Iran Med. (2012) 15, 785-789

39 Zampieri F, Elmaghawry M, Zanatta A, Thiene G. Andreas Vesalius: Celebrating 500 years of dissecting nature. Glob Cardiol Sci Pract. (2015) DOI: 10.5339/gcsp.2015.66

40 Naini FB. Avicenna and the Canon Medicinae. J R Soc Med. (2012) 105,

142

41 Chamsi-Pasha MA, Chamsi-Pasha H. Avicenna's contribution to cardiology. Avicenna J Med. (2014) 4, 9-12

42 Zarshenas MM, Zargaran A. A review on the Avicenna's contribution to the field of cardiology. Int J Cardiol. (2015) 182, 237-241

43 Shoja MM, Tubbs RS. The history of anatomy in Persia. J Anat. (2007) 210, 359-378

44 Ghazanfar SM. Civilizational connections: early islam and latin-european renaissance. J. Islamic Thought Civilization. (2011) 1, 1-34

45 Moosavi J. The Place of Avicenna in the History of Medicine. Avicenna J Med Biotechnol. (2009) 1, 3-8

46 West JB. Ibn al-Nafis, the pulmonary circulation, and the Islamic Golden Age. J Appl Physiol (1985). (2008) 105, 1877-1880

47 Khalili M, Shoja MM, Tubbs RS, Loukas M, Alakbarli F, Newman AJ. Illustration of the heart and blood vessels in medieval times. Int J Cardiol. (2010) 143, 4-7

48 Zarshenas MM, Zargaran A, Mehdizadeh A, Mohagheghzadeh A. Mansur ibn Ilyas (A.D.1380~1422): A Persian anatomist and his book of anatomy, Tashrih-i Mansuri. J Med Biogr. (2016) 24, 67-71

49 Vinken P. How the heart was held in medieval art. Lancet. (2001) 358, 2155-2157

50 Vinken P. A heart was not intended. Scientiarum Historia (2002) 28, 3-21

51 올레 히스타 지음, 안기순 옮김,《하트의 역사》, 도솔출판사, 2007. pp233-276

52 마틴 켐프 지음, 오숙은 옮김,《보이는 것과 보이지 않는 것》, 을유출판사, 2010. pp21-53

53 한스 요아힘 슈퇴리히 지음, 박민수 옮김,《세계 철학사》, 이룸, 2008. pp424-436

54 de Divitiis E, Cappabianca P, de Divitiis O. The "schola medica salernitana": the forerunner of the modern university medical schools. Neurosurgery. (2004) 55, 722-744 & discussion 744-745

55 Ghosh SK. Human cadaveric dissection: a historical account from ancient Greece to the modern era. Anat Cell Biol. (2015) 48, 153-169

56 Weisz GM. The papal contribution to the development of modern medicine. Aust N Z J Surg. (1997) 67, 472-475

57 Hajar R. Medical illustration: art in medical education. Heart Views. (2011) 12, 83-91

58 Jastifer JR, Toledo-Pereyra LH. Leonardo da Vinci's foot: historical evidence of concept. J Invest Surg. (2012) 25, 281-285

59 Jose AM. Anatomy and Leonardo da Vinci. Yale J Biol Med. (2001) 74, 185-195

60 Jones R. Leonardo da Vinci: anatomist. Br J Gen Pract. (2012) 62, 319

61 Keele KD. Leonardo da Vinci, and the movement of the heart. Proc R Soc Med. (1951) 44, 209-213

62 Shoja MM, Agutter PS, Loukas M, Benninger B, Shokouhi G, Namdar H, Ghabili K, Khalili M, Tubbs RS. Leonardo da Vinci's studies of the heart. Int J Cardiol. (2013) 167, 1126-1133

63 Toledo-Pereyra LH. Leonardo da Vinci: the hidden father of modern anatomy. J Invest Surg. (2002) 15, 247-249

64 Keele KD. Leonardo da Vinci as Physiologist. Postgrad Med J. (1952) 28, 521-528

65 Keele KD. Leonardo da Vinci's views on arteriosclerosis. Med Hist. (1973) 17, 304-308

66 Martins e Silva J. Leonardo da Vinci and the first hemodynamic observations. Rev Port Cardiol. (2008) 27, 243-272

67 Zampieri F, Zanatta A, Elmaghawry M, Bonati MR, Thiene G. Origin and development of modern medicine at the University of Padua and the role of the "Serenissima" Republic of Venice. Glob Cardiol Sci Pract. (2013) 2013, 149-162

68 O'Malley CD. Andreas Vesalius 1514~1564: In Memoriam. Med Hist. (1964) 8, 299-308

69 O'Rahilly R. Commemorating the Fabrica of Vesalius. Acta Anat (Basel). (1993) 148, 228-230

70 최병진, 《근대 초 해부학의 발전과 시각적 사유: 미술과 의학의 학제 간 상호연관성》, 미술이론과 현장, (2015) 20, 34-60

71 공교롭게도 같은 해 니콜라우스 코페르니쿠스는 《천구의 회전에 관하여De Revolutionibus Orbium Coelestium》를 발표했다. 그는 경험적 관찰과 과학적 사유체계를 바탕으로 클라우디오스 프톨레마이오스의 지구중심의 우주체계(천동설)를 논박하고 지구가 태양 주위를 회전하면서 자전함을 밝혔다. 이는 과학혁명의 시작을 알리는 일이기도 했다. 코페르니쿠스도 파도바대학에서 수학했지만 베살리우스와는 교류가 없었던 것으로 보인다.

72 Guerra F. The identity of the artists involved in Vesalius's Fabrica 1543. Med Hist. (1969) 13, 37 - 50

73 Mesquita ET, Souza Júnior CV, Ferreira TR. Andreas Vesalius 500 years: A Renaissance that revolutionized cardiovascular knowledge. Rev Bras Cir Cardiovasc. (2015) 30, 260-265

74 Georgieva M, Gabrovska M, Manolov N. Andreas Vesalius (1514~1564) - the founder of modern human anatomy. Scripta Scientifica Medica, (2013) 45 (suppl 1), 13-18

75 Ambrose CT. Andreas Vesalius(1514~1564) – an unfinished life. Acta Med Hist Adriat. (2014) 12 217–230

76 Bakkum BW. A historical lesson from Franciscus Sylvius and Jacobus Sylvius. J Chiropr Humanit. (2011) 18, 94–98

77 이러한 변화는 천문학과 역학 분야에서 특히 두드러졌는데, 1543년 니콜라우스 코페르니쿠스의《천구의 회전에 관하여De Revolutionibus Orbium Coelestium》에서 시작하여 1687년 아이작 뉴턴의《자연철학의 수학적 원리Philosophiæ Naturalis Principia Mathematica》에 의해 대체로 완결되었다. 이후 18세기에는 관련된 현상에 작용하는 힘을 도출해내고 그 힘으로 다른 현상을 설명하는 뉴턴식의 탐구 방식이 다른 학문 분과에서 광범위하게 시도되었다. 보일과 라부아지에로 인해 근대 화학이 등장하고, 지연된 과학혁명으로 불리는 화학혁명이 일어나면서 새로운 물질체계가 세워졌다. 1660년에 영국에서 세워진 '왕립학회'는 1662년 찰스 2세(Chalres II, 1630~1685)로부터 '자연과학 진흥을 위한 런던 왕립학회Royal Society of London for the Promotion of Natural Knowledge'로 공인 받았다. "누구의 말도 취하지 마라Nullius in verba"라는 왕립학회의 모토는, 사물의 본질은 말이 아니라 수학과 실험으로 사실과 법칙을 발견해야 하는 것임을 확고히 보여주고 있다. 이후 왕립학회는 새로운 과학적 지식을 공유하고 승인하고 확산시키는 데 중요한 역할을 했다.

78 계몽주의 사상가들이 주도하여 발간한《학문과 예술 및 산업의 백과전서 L'Encyclopédie ou Dictionnaire raisonné des sciences, des arts et des métiers》의 서문에 "종교와 철학의 시대는 과학의 세기에 자리를 내주었다"라는 말이 나온다. 그들은 공통적으로 학문과 이성으로 독단, 오류, 무지, 미신을 타파하고 진리에 도달함으로써 그리고 낡은 권력으로부터 세상을 해방시킴으로써 인류의 무한한 진보가 가능할 것으로 보았다. 이성에 대한 평가와 신학에 대한 비판, 그리고 과학에 대한 신뢰

와 진보에 대한 믿음은 1789년 프랑스혁명을 싹 틔우며 근대 세계의 시
작을 알렸다.

79 Stefanadis C, Karamanou M, Androutsos G. Michael Servetus (1511~1553)
and the discovery of pulmonary circulation. Hellenic J Cardiol. (2009) 50,
373-378

80 Eknoyan G, De Santo NG. Realdo Colombo (1516~1559). A reappraisal.
Am J Nephrol. (1997) 17, 261-268

81 Khan IA, Daya SK, Gowda RM. Evolution of the theory of circulation.
Int J Cardiol. (2005) 98, 519-521

82 ElMaghawry M, Zanatta A, Zampieri F. The discovery of pulmonary
circulation: From Imhotep to William Harvey. Glob Cardiol Sci Pract.
(2014) 2014, 103-116

83 Androutsos G, Karamanou M, Stefanadis C. William Harvey
(1578~1657): discoverer of blood circulation. Hellenic J Cardiol. (2012) 53,
6-9

84 Scultetus AH, Villavicencio JL, Rich NM. Facts and fiction surrounding
the discovery of the venous valves. J Vasc Surg. (2001) 33, 435-441

85 Schultz SG. William Harvey and the circulation of the blood: the birth
of a scientific revolution and modern physiology. News Physiol Sci.
(2002) 17, 175-180

86 Aird WC. Discovery of the cardiovascular system: from Galen to Wil-
liam Harvey. J Thromb Haemost. (2011) 9 (Suppl 1), 118-129

87 Kilgour FG. Harvey's use of Galen's findings in his discovery of the cir-
culation of the blood. J Hist Med Allied Sci. (1957) 12, 232-234

88 Pasipoularides A. Greek underpinnings to his methodology in unravel-
ing De Motu Cordis and what Harvey has to teach us still today. Int J
Cardiol. (2013) 168, 3173-3182

89 Gregory A. William Harvey, Aristotle and astrology. Br J Hist Sci. (2014) 47, 199-215

90 Pasipoularides A. Historical Perspective: Harvey's epoch-making discovery of the Circulation, its historical antecedents, and some initial consequences on medical practice. J Appl Physiol (1985). (2013) 114, 1493-1503

91 Androutsos G, Karamanou M. Landmarks in the history of cardiology, III. Eur Heart J. (2014) 35, 1774-1775

92 West JB. Marcello Malpighi and the discovery of the pulmonary capillaries and alveoli. Am J Physiol Lung Cell Mol Physiol. (2013) 304, L383-L390

93 Booth CC. Is research worthwhile? J Laryngol Otol. (1989) 103, 351-356

94 Smith IB. The impact of Stephen Hales on medicine. J R Soc Med. (1993) 86, 349-352

95 Tan SY, Hu M. Josef Leopold Auenbrugger (1722~1809): father of percussion. Singapore Med J. (2004) 45, 103-104

96 Karamanou M, Vlachopoulos C, Stefanadis C, Androutsos G. Professor Jean-Nicolas Corvisart des Marets (1755~1821): founder of modern cardiology. Hellenic J Cardiol. (2010) 51, 290-293

97 Roguin A. Rene Theophile Hyacinthe Laënnec (1781~1826): The man Behind the stethoscope. Clin Med Res. (2006) 4,, 230-235

98 Tan SY, Holland P. Claude Bernard (1813~1878): father of experimental medicine. Singapore Med J. (2005) 46, 440-441

99 베르나르는 생리학을 생명현상이 드러나는 물질적 조건을 결정하는 학문이라고 정의했다. 그는 아리스토텔레스의 '제1원인'과의 혼동을 피하기 위해 원인이라는 말 대신 '조건'이라는 말을 사용했다.

100 Valentinuzzi M1, Beneke K, Gonzalez G. Ludwig: the physiologist.

IEEE Pulse. (2012) 3, 46-59

101 Frank MH, Weiss JJ. The 'introduction' to carl ludwig's textbook of human physiology. Med Hist. (1966) 10, 76-86

102 Amin AS, Tan HL, Wilde AA. Cardiac ion channels in health and disease. Heart Rhythm. (2010) 7, 117-126

103 Braunwald E. The Simon Dack lecture. Cardiology: the past, the present, and the future. J Am Coll Cardiol. (2003) 42, 2031-2041

104 Weisse AB. Cardiac Surgery. Tex Heart Inst J. (2011) 38, 486-490

105 Androutsos G, Karamanou M, Stamatelopoulos K. Landmarks in the history of cardiology IV. Eur Heart J. (2014) 35, 2132-2134

106 Mesquita ET, Marchese Lde D, Dias DW, Barbeito AB, Gomes JC, Muradas MC, Lanzieri PG, Gismondi RA. Nobel prizes: contributions to cardiology. Arq Bras Cardiol. (2015) 105, 188-196

107 Rivera-Ruiz M, Cajavilca C, Varon J. Einthoven's string galvanometer: the first electrocardiograph. Tex Heart Inst J. (2008) 35, 174-178

108 Forssmann-Falck R. Werner Forssmann: a pioneer of cardiology. Am J Cardiol. (1997) 79, 651-660

109 Fastag E, Varon J, Sternbach G. Richard Lower: the origins of blood transfusion. J Emerg Med. (2013) 44, 1146-1150

110 Roux FA, Saï P, Deschamps JY. Xenotransfusions, past and present. Xenotransplantation. (2007) 14, 208-216

111 Tan SY, Graham C. Karl Landsteiner (1868~1943): originator of ABO blood classification. Singapore Med J. (2013) 54, 243-244

112 Telischi M. Evolution of Cook County Hospital Blood Bank. Transfusion. (1974) 14, 623-628

113 Cooper DK. Christiaan Barnard and his contributions to heart transplantation. J Heart Lung Transplant. (2001) 20, 599-610

114 Cohen DJ, Loertscher R, Rubin MF, Tilney NL, Carpenter CB, Strom TB. Cyclosporine: a new immunosuppressive agent for organ transplantation. Ann Intern Med. (1984) 101, 667-682

115 Alraies MC, Eckman P. Adult heart transplant: indications and outcomes. J Thorac Dis. (2014) 6, 1120-1128

116 바쁜 일정에도 불구하고 꼼꼼히 원고를 읽고 예리한 논평을 해준 서울 대학교병원 의학역사문화원 최은경 박사와 서울대학교 의과대학 생리 학교실 천정녀 박사께 깊은 감사와 고마움을 표한다.

2장

1 사례 1 : my heart tells me(영어) = me lo dice il cuore(이태리어) = mein Herz sagt es mir(독어) = le coeur me le dit(프랑스어) = me lo dice el corazon(스페인어)

사례 2 : to speak from the heart(영어) = parlare col cuore (이탈리아어) = von Herzen/aus dem Herz sprechen(독일어) = parler a coeur ouvert(프랑스어) = ablar con el/de c orazon(스페인어)

3장

1 기술사회는 고전적 상상력에서 한 걸음 더 나아가 기계와 신체의 결합 인 사이보그, 인간의 뇌신경과 연결되어 인간의 몸을 완벽하게 대체하 는 써로게이트를 상상한다.

2 Tablet VIII, Column II 9 ; '······he touched his heart, but it beat no longer.'

3 죽을 수밖에 없는 인간이 영생을 희구하면서 이를 얻기 위해 떠나는 여정을 그린 신화로는 〈길가메시 서사시〉 이외에도 〈아다파(Adapa)〉 신화가 있다. 바빌론의 도시 에리두에 살던 지혜의 사람 아다파는 에아 신전의 사제로, 아누가 있는 천상에 올라가 생명의 빵과 물을 얻게 되지만 결국 영생을 얻는 데는 실패한다.

4 그 대답을 듣게 되자 '그의 심장은 즐거웠고 간이 밝았다.' 이 말은 길가메시의 마음이 즐거웠고 속이 후련했다는 뜻이다. 이렇게 수메르에서 심장과 간은 함께 쓰이면서 급격한 감정의 변화를 표현한다.

5 유프라테스 강 유역에 수메르 도시사회가 형성되면서 도시를 지키는 수호신이 점점 늘어났다. 도시의 규모나 세력에 따라 신들도 높은 신들과 낮은 신들로 계층화되어 나뉘었다.

6 엔키는 하늘(An)과 땅(Ki)을 낳은 남무(Nammu)의 아들로, 수메르 신화에서 인간을 창조하거나 세상의 문화를 만드는 일에 큰 역할을 하는 신이다. 아카드신화에서는 에아(Ea)로 나타난다.

7 압주(abzu)는 태초의 지하수가 흐르는 곳으로, 압주의 천정에 있는 진흙 깊숙한 곳에 신의 피를 섞어 사람을 만들라는 뜻이다. Samuel Noah Kramer, 1979, Univ. of California Press, 'From the Poetry of Sumer: Creation, Glorification, Adoration' p.43

8 수메르 신화에서는 큰 신들이 운하 파는 일을 작은 신들에게 맡기고 안식을 취했으며, 작은 신들이 소동을 일으키자 이번에는 인간을 만들어 냄으로써 작은 신들을 노역에서 쉬게 했다. 이에 비해 히브리 종교에서는 신이 천지를 창조하고 일곱째 날에 쉬었을 뿐만 아니라 신이 히브리 민족을 이집트의 노역에서 해방시키고 인도해내셨다는 것을 기억하게 하기 위해서 안식일을 만들었다.

9 7개의 토판으로 구성된 바빌론의 창조신화는 유프라테스와 티그리스 두 강의 하구가 어떻게 형성되었는지를 설명하는 부분으로 이해된다. 강(지하수와 담수)과 바다가 만나는 곳에 굵은 진흙(Lahmu와 Lahamu)이

떠내려와서 축적되어 멀리 수평선과 지평선(Anshar와 Kishar)이 나타나
며, 이 수평선 위에 하늘인 아누(Anu)가 드러나게 되는 것이다. 그리고
아누는 에아(Ea 또는 Enki)를 비롯한 여러 신들을 낳는다.

10 시편 74:13~15에 보면 '주께서 주의 능력으로 바다를 나누시고 물 가운
데 용들의 머리를 깨뜨리셨으며 리워야단의 머리를 부수시고…… 주께
서 바위를 쪼개어 큰 물을 내시며 주께서 늘 흐르는 강들을 마르게 하
셨나이다'라고 묘사하고 있다. 욥기 41장에는 리워야단에 대해 가장 상
세히 묘사되어 있다. 특히 리워야단의 '심장'은 '바위처럼 단단하고 맷
돌 아래짝 같이 튼튼하다'고 말하고 있다.

11 현재는 나일강 하구 서쪽에 있는 와디 엘 나트룬(Wadi El Natrun)으로
알려진 곳이다. A.D.300년경부터 이집트의 마카리우스(Macarius)가 이
곳 사막에 처음 정착해 은거하기 시작했던 것으로 알려진다. 이 계곡에
위치한 스케테(skete) 수도원들은 초기 기독교 은수자들이 박해를 피해
동굴에 거주하며 금욕생활을 했던 일단의 수도공동체였다.

12 이집트인이 하(Ha)를 말할 때 그것은 하나의 단일한 신체가 아니라 여
러 부분들로 이루어진 신체로 보았기에 복수형태(Haw)로 표현하기도
했다. 카(Ka)에 대해서는 먹고 마시는 것이 있어야만 유지될 수 있다고
생각하여 죽은 후에도 카를 위해 음식과 제물을 차려두었다(크눔 신의
창조에 대해서는 J.B. Pritchard의 ANET p.569 참조).

13 고대 이집트인은 죽음 이후에 카와 바가 다시 결합해 부활한 아크
(Akh)가 있다고 믿었다.

14 마아트는 이집트의 사회질서의 기초가 되는 윤리, 행동규범을 뜻하며
올바른 삶을 통해 도달할 수 있는 우주적 질서이기도 하다.

15 〈사자의 서〉 주문 309 이외에 〈빛에 의한 탄생의 서〉 주문 30B에도 이
와 유사한 주문이 있다.

16 오시리스는 원래 대지의 신 게브와 누트 사이에서 태어난 다섯 남매 중
장남이었다. 오시리스는 인간에게 농사를 짓고 가축을 기르는 법을 가

르쳤을 뿐만 아니라 빵과 음료를 만드는 법도 가르쳐준 신으로 이집트 사람들에게 존경을 받았다. 그의 피부가 초록색인 것은 자연의 순환과 작물의 재배, 그리고 황량한 땅에서 새로운 생명을 키우는 힘을 상징하는 것이다.

17 플루타르코스(Plutarchos)의 기록에 따르면 세트가 버린 오시리스의 남근을 나일강의 물고기 세 마리(lepidotus, phagrus, oxyrynchus)가 먹어 버렸다고 한다. 이시스가 아기 호루스를 품에 안고 세트의 눈을 피해 다니며 아들이 다시 왕권을 회복하는 이야기는 헬레니즘시대에 와서 고대 지중해 세계에 널리 알려졌다. 특히 이시스가 아기 호루스를 무릎에 안고 젖을 먹이는 모습은 자식을 보호하는 모신의 정형으로 여겨져 이시스 신앙이 널리 퍼지게 되었다.

18 루아흐와 네페쉬는 둘 다 호흡을 뜻하는 히브리어다. 그러나 루아흐가 신이 그의 안으로 불어넣은 '호흡의 바람' '숨'이라고 본다면, 이에 비해 네페쉬는 '호흡이 지나가는 기관'이라고 할 수 있다. 네페쉬라는 명사에는 '호흡기관'과 '호흡과정'이 함께 포함되어 있다. 히브리인은 네페쉬라는 말로 인간의 생리적인 욕구와 곤핍, 굶주리고 목마를 때 채워주고 만족시켜야 하는 목구멍의 욕망을 표현하고자 했다. 더 나아가 시편 기자가 '내 네페쉬가 주를 갈망하며 내 바사르가 주를 앙모하나이다'(시63:1)라고 할 때, 네페쉬는 고통에 시달리며 생명을 갈구하는 인간 존재를 표현하는 말로 나타난다.

19 이런 맥락에서 보자면 심장은 그의 행실의 총체를 드러내는 것이다. 이를 심장의 무게를 다는 의식으로 표현한 것이 이집트 〈서자의 서〉라고 볼 수 있다.

20 히브리인은 자신을 가리켜 '나는 살(basar)이다'라고 동일시해서 말할 수 있었던 반면에 그리스인은 이 시기에 몸을 대상화해서 몸을 '소유' 하는 것으로 이해하기 시작했다. 물론 그리스어에도 '살(sarx)'이라는 단어가 있지만 사람의 인체를 가리키는 말로 쓰이지는 않는다. 반대로

히브리인의 경우 '몸(geviyah)'이라는 어색한 표현보다는 '살(basar)'이라는 말로 자기자신을 지칭할 수 있었다.

21 플라톤에 따르면, 하나의 육체 안에 있는 기관에 따라 서로 다른 영혼들이 있다고 생각했다. 머리 부분에 생각하는 가장 고상한 영혼인 누스(nous)가, 가슴에는 튀모스(thumos)가, 그리고 배에는 저급한 욕망인 에피투미아(epithumia)가 자리잡고 있다. 반면에 아리스토텔레스를 비롯한 많은 그리스 철학자들은 심장 부분에 생각의 장소가 있다고 보았다. 엠페도클레스(Empedocles)도 심장에 인간의 사고작용인 노에마(noema)가 있다고 보기는 했지만, 엄밀히 말해서 심장보다는 심장 주위의 '피'에 생각이 있다고 보았다는 점에서 조금 차이가 있다.

22 히포크라테스 전집의 '살에 대하여(De Carnibus)'에서 이러한 견해를 피력하고 있다. 아리스토텔레스도 사람에게 타고난 체온이 있으며 이 열의 근원이 심장이라고 생각했다. 그래서 심장에 열이 남아 있으면 사지가 차가워지더라도 생명이 유지된다고 생각했다. 갈레노스도 사람은 타고난 열과 습기를 가지고 있다고 보았다. 그는 나이가 들어 건조해지고 이 열이 식으면 자연스럽게 죽음을 맞게 되는데, 이 열의 근거지인 심장을 습하게 해주면 노화를 더디게 해서 생명이 연장된다고 생각했다.

23 인간의 감각도 이 4원소에 상응해서 발생한다. 엠페도클레스는 4원소와 원소들의 혼합체에서 방출물들이 나오는데 이것들이 자기와 크기가 같은 물체의 통로에 들어감으로써 감각과 인식이 성립한다고 보았다. 플라톤에 따르면 시각은 불이 매개되어야 하며 청각은 공기가, 미각은 물이, 촉각은 흙이, 그리고 후각은 물과 공기가 함께 매개되어야 하는 것이다.

24 디오니소스의 찢겨진 몸에서 누가(제우스, 데메테르, 아테나, 헤르메스, 아폴론) 디오니소스의 심장을 꺼냈는지, 그리고 디오니소스가 다시 태어나기 위해서 누구의 도움을 받아(제우스, 데메테르, 레아, 세멜레) 어떤 방식으

로 태어나게 되었는지에 대해서는 여러 가지 이설들이 내려온다. 엘레우시스 비교에서는 곡물과 대지의 여신인 데메테르가 주기적으로 사라졌다가 다시 소생하는 식물처럼 죽음으로부터 재생시키는 힘을 가지고 있어서 여신의 치유의 힘으로 디오니소스를 재생시켰을 것이라고 한다.

25 디오니소스라는 이름의 의미를 '제우스의 아들' '신성한 뉘소스' '제우스의 뉘소스' 등으로 해석하는 견해도 있다(K. Kerenyi, Dionysos, pp.57-60, pp. 170-180).

26 셸링뿐만 아니라 독일 낭만주의자들도 디오니소스를 "도래하는 신(der kommende Gott)"으로 묘사하고 있다. 특히 횔덜린(Friedrich Hölderlin)의 시 〈빵과 포도주Brot und Wein〉에서는 디오니소스 신화가 가장 풍부하게 다루어진다. 빵과 포도주는 디오니소스와 그리스도를 연결시키는 상징으로, 그리고 신과의 신비적 합일을 재현하는 오모파기아의 의미로 받아들여졌다.

27 로빈슨(J.A.T. Robinson)이나 쿨만(Oscar Cullmann) 같은 학자는 히브리적 사유방식에 있어서 몸과 영혼을 상호 대립적 관계로 보는 그리스적 사고방식과는 전혀 상관이 없다고 여긴다. 또한 인간을 영혼과 몸이 결합된, 하나의 통일된 인격체(a unity of soul and body)로 본다.

28 신약에는 원래 인간의 여러 부분에 대해서 말하거나 영혼과 육체를 구분하거나 하는 관점이 들어 있지 않다. 그렇지만 그리스 철학에 영향받은 초기 그리스도교에서는 구세주라는 관념에서 물질적이고 육체적인 잔재를 모두 털어버리고, 우리를 보다 천상적이고 영적인 지식에 도달하도록 인도하는 분으로 받아들이게 만들었다.

29 그리스도의 육화, 성육신의 이유를 두고 중세에 많은 논의가 있어왔다. 그 가운데 토마스 아퀴나스가 이 세상의 악과 원죄를 해결하기 위해서라고 설명하는 반면 둔스 스코투스(Duns Scotus)는 신의 본성, 선하심으로 인해 자신을 내어줄 수밖에 없기 때문이라고 설명한다.

30 이악코스는 춤을 추면서 해방의 감정을 표출하는 도취와 탄성을 뜻하
    는데, 그리스도교에서 계시의 신비 경험에서 느끼는 기쁨과 비교되기
    도 한다. 이에 대해서는 만프레트 프랑크(Manfred Frank)의 'Gott im
    Exil, Vorlesungen uber die Neue Mythologie', 1988 p.14 참조

31 김균진은 '삶 이후의 죽음(생물학적 죽음)'과 '삶속의 죽음(사회학적 죽음)'
    으로 구분하여 이 용어를 사용하고 있다. 김균진의《죽음의 신학》, 대한
    기독교서회, 2002 p.48-66 참조

32 푸쉬킨의 시 〈예언자The Prophet〉에서 일부 구절만 인용하였으며 시
    내용은 필자가 원래의 의미를 살릴 수 있도록 의역하였다.

5장

1 문석윤(2013)은 우리말의 '마음'이 '맞음' '맞이함' '마중'에서 유래한 것
   으로, 인간과 인간, 인간과 자연의 만남을 중재하는 통로, 즉 외부를 수
   용하고 외부로 나아가는 의식적 연결자로 해석한다. 마음과 대비되는
   우리말인 '몸'은 '모음'을 의미하는 것으로서, 마음의 소통을 통해 의식
   내에 수렴되는 것들을 묶어서 하나의 개별성을 만들어내는 기반이 되
   는 것으로 해석한다. 이는 세계와 상호작용하는 인간의 몸과 마음에 대
   한 매우 흥미로운 철학적 해석이다. 몸과 마음에 대한 이원론에서 벗어
   날 수 있으며 인지과학의 새로운 패러다임으로 자리 잡고 있는 체화된
   인지(Embodied Cognition) 이론과도 통하는 점이 있다.

2 Kim(1997)은 개념(concept), 이론(theory), 관점(perspective), 규칙(rule)
   들로 이루어진 지식표현(knowledge representation)의 구조를 밝히고 서
   로 다른 관점 간 논리적 상충을 해결하는 인공지능 알고리즘을 개발하
   였다.

3 존재론(Ontology)은 모든 존재자가 존재자인 한, 공통으로 가지는 근

본적인 규정을 고찰하는 형이상학의 한 부분이다. 온톨로지(ontology/ontologies)는 철학에서의 존재론과 같은 단어이지만 복수형이 가능한 일반명사로 사용되고 있다. 그리고 어떤 분야에서 널리 사용되는 단어의 개념을 컴퓨터가 처리할 수 있는 방식으로 표현하는 일종의 개념 데이터베이스란 의미로 사용된다. 오늘날 컴퓨터공학뿐 아니라 생물학, 의학, 경영학 등 거의 전 분야에서 온톨로지가 개발되어 쓰이고 있다. 이 장에서 다루게 되는 심장 온톨로지는 컴퓨터공학적 접근보다는 심장 개념을 여러 관점에서 분석하겠다는 의도를 강조하는 표현이다.

4   자연주의(naturalism)란 초자연적인 현상이나 가설을 부정하고 실제의 사물과 현상을 자연 세계의 범위 안에 있다고 보는 사상이다. 관찰 가능하고 반복적으로 실험 가능하며 예측 가능한 과학적 방법론만이 진실을 규명할 수 있다고 믿는다.

5   환원주의(reductionism)란 복잡하고 상위 수준의 이론이나 개념을 하위 단계의 요소로 세분화하여 명확하게 정의할 수 있다는 사상이다. 예를 들어 심리학은 생물학으로, 생물학은 화학으로, 화학은 물리학으로 설명 가능해야 한다는 것이다.

6   통속심리학(folk psychology)이란 자연주의와 환원주의에 기반한 과학적 심리학에 대비되는 용어로, 일반인들이 사용하는 언어적 표현과 사고의 체계에 자리 잡고 있는 심리현상에 관한 상식수준의 심리학(commonsense psychology)이다.

7   단어(word)와 개념(concept)은 반드시 일대일 관계는 아니다. 동일한 단어가 서로 다른 개념을 의미할 수도(예를 들어 "bank", "배" 등의 중의어), 한 개의 개념을 표현하는 단어가 둘 이상일 수도(예를 들어 "car"와 "자동차") 있다. 단어와 이름은 무엇을 표현하는 상징(symbol)이고, 상징과 의미적으로 연결되어 표현되는 내용을 개념이라고 한다. 개념은 철학자에 따라 외부에 실재하는 것이거나, 두뇌에 일어나는 심리적 현상이거나, 사회에서 그 언어표현을 사용하는 맥락에서 나오는 것이라는 견

해들이 있다. 이 장에서는 어떤 '단어'를 강조할 때는 큰 따옴표를, '개념'을 강조할 때는 작은 따옴표를 사용하였다.

8 목적인은 그 일을 발생시키는 미래에 일어날 사건을 일컫는다. 목수가 책상을 만드는 원인은 미래에 책상이 쓰이는 목적 때문이다.

9 기원전 5세기 인도의 수학자 핑갈라가 쓴 책에서 처음으로 언급되었는데, 1, 1, 2, 3, 5, 8, 13, 21, 34, 55······ 같이 각 수는 앞의 두 수를 합한 것이다.

10 하나를 두 개로 나누는 가장 이상적인 비율이라 하는데, 길이를 나눠 두 부분으로 만들었을 때 전체와 긴 부분의 비율이 긴 부분과 짧은 부분의 비율과 같은 비율을 말한다. 즉 $(A+B):A=A:B$이다. 이 비례식으로부터 A에 대한 이차방정식 $A^2-AB-B^2=0$을 얻을 수 있으며, 황금비율인 $A/B=(1+\sqrt{5})/2=1.618033······$ 이다.

11 1983년 노벨 생리의학상을 수상한 유전학자로, 생명체의 생식세포가 생성되는 동안 유전정보가 교환될 때 염색체도 교환된다는 사실을 규명하였다.

12 올레 회스타의 저술 《하트의 역사》는 인류가 심장을 어떻게 인식했는지를 문화사의 관점에서 기술한 책이다. 이 절에서는 《하트의 역사》에 나오는 여러 흥미로운 사례와 해석들을 정리하였다.

13 수메르 남부의 도시국가 우루크의 전설적인 왕 길가메시를 노래한 서사시이다. 19세기 서남아시아 지방을 탐사하던 고고학자들이 수메르의 고대도시들을 발굴하는 과정에서 발견되었는데, 고대 그리스의 유랑시인인 호메로스의 서사시보다 1,500년가량 앞선 것으로 평가된다.

14 '베다'의 뜻은 '알다'로, 인류 역사상 가장 오래된 고대 인도의 문헌이다. 알려진 4종의 베다는 〈리그베다〉, 〈야주르베다〉, 〈사마베다〉, 〈아타르바베다〉이다. 후기 베다 문헌인 〈우파니샤드〉는 4대 베다를 철학적으로 해석한 문헌이다. 우파니샤드는 베다의 마지막 부분이어서 결론 또는 극치라는 의미를 지닌 "베단타"로도 불린다.

6장

1 호르크하이머와 아도르노는 계몽에 대해 언급하면서 서구 근대의 계산
적 이성에 토대를 둔 과학적 세계관을 통렬히 비판한다. 그들에 의하면,
신화를 대체한 근대 과학이란 신학적 권력을 의심하고 부정한 대가로
지불해야만 했던 불안의식의 산물이었다. 호르크하이머와 아도르노,
《계몽의 변증법》, 문예출판사, 1995, '계몽의 개념' 장.

2 F. 니체, 《짜라투스트라는 이렇게 말했다》, 문예출판사, 1995, 84쪽. 독
일어판을 참조하여 필자에 의해 내용 일부를 수정함.

3 낭만주의의 거대한 뿌리들 중에는 개별성 개념과 같은 굵직한 갈래 개
념들이 포함된다. 이성주의자들의 주장과 달리 낭만주의자들에게 개별
성은 보편성에 의해 말소되어야 할 대상이 아니다. 오히려 보편성이 이
개별성 없이는 도저히 불가능한 것으로 간주된다. I. 벌린, 《낭만주의의
뿌리》, 이제이북스, 2005, 72쪽 아래.

4 BBC 방송은 긴장한 서튼이 호기심 어린 눈빛으로 자신의 심장을 바라
보고 있는 인상적인 사진과 함께 다음과 같이 그녀의 인터뷰를 기록하
였다. "나를 그토록 힘들게 했던 이 이상하게 생긴 근육덩어리를 마침
내 볼 수 있게 되었네요." http://news.bbc.co.uk/2/hi/health/6977399.
stm

5 G. 들뢰즈, 《시네마 II. 시간-이미지》, 시각과 언어, 2005, 160쪽 아래

6 J. Crary, Techniques of the Observer : On Vision and Modernity in the
Nineteenth Century, MIT Press, 1990, p.69ff.

7 E. Thompson, Mind in Life : biology, phenomenology, and the science
of mind, The Belknap Press of Harvard Univ. Press, 2007, p.97f.

8 근대 시기, 데카르트의 코기토와 라이프니츠의 예정조화론은 고대 그
리스인들이 생각했던 퓌시스(physis)의 인간학적 변형물이다. 만일 예
외 없이 자기 자신에게로 되돌아올 수 있는 그러한 질서가 전제되어 있

지 않다면, 세계의 모든 것은 인간에게 의미를 상실하거나 아니면 적대적인 것이 될 것이다. 예를 들어 폭주한 자연의 위력은 제어 불가능한 불안의 대상이다. 산업자본의 기계들이 유럽에서 복잡하고도 정교하게 작동하기 시작할 무렵 칸트는 제어할 수 있는 인간 자신의 능력들에 대해 깊이 고민했다. 그가《순수이성비판》에서 말한 '코페르니쿠스의 전회(Kopernikanische Wendung)'는 퓌시스를 인간의 정신능력으로 대체하려는 의도의 표현이다. 조화로운 인간능력들은 기꺼이 아름답다고 말할 수 있다. 그렇지만 능히 예상해볼 수 있는 무질서와 불안의식은 이미 인간의 정신 안에 존재했다. 숭고는 이러한 근본적인 차이가 발생할 때의 불안을 잠식시키는 세계를 설명하는 방식이다.

9   F. Kittler, Gramophone, Film, Typewriter, Stanford University Press, 1999, p.200f. 미디어고고학자이자 기술미학자인 키틀러는 감각작용에 대한 미디엄의 영향을 넘어 기계의 메커니즘이 미치는 사고의 결정성에 대해 말한다. 그리고《기술복제 시대의 예술작품》(발터 벤야민, '기술복제 시대의 예술작품', 도서출판 길, 2011, 48쪽 아래)도 참조할 만하다.

10 R. 바르트, 〈이미지의 수사학〉,《이미지와 글쓰기》, 세계사, 1993, 93쪽 아래

11 J. 도르,《라깡 세미나/ 에크리 독해 I》, 아난케, 2009, 111쪽 아래

12 H. G. 가다머, 〈제2장. 해석학적 경험 이론의 기본 특징〉,《진리와 방법》제2권, 문학동네, 2012

13 G. 크네어와 A. 낫세이,《니클라스 루만으로의 초대》, 갈무리, 2008, 70쪽 아래. 해석학이 사회 현실에서 지식이 어떻게 스스로를 구성할 수 있는지를 보여준 것은 사실이지만, 반면 구성의 힘을 인간의 보편적인 이성 능력과 유사한 것으로 보려했다는 점에서 N. 루만이나 B. 라투르가 주장하는 탈근대의 논리와는 구별된다. 그리고《우리는 결코 근대인이었던 적이 없다》(B. 라투르, 갈무리, 351쪽 아래)도 참조할 만하다.

7장

1 혈액순환 구조를 보다 자세히 보면 온몸순환, 혹은 대순환이라고도 불리는 체순환의 경우 좌심실에서는 혈액을 대동맥을 거쳐 체내로 보내며, 온 몸을 순환한 혈액은 대정맥을 통해 우심방으로 들어온다. 우심방으로 들어온 피는 우심실로 가서 폐동맥을 통해 폐로 들어가며 폐에서 나온 혈액은 폐정맥을 통해 좌심방으로 들어가는 허파순환, 혹은 소순환이라고도 불리는 폐순환을 거친다. 256쪽 그림을 참조할 것.

2 실제의 전자 회로(Electronic Circuit)에서는 이러한 전류를 한 방향으로 흐르게 하기 위한 시스템으로 일종의 다이오드(diode)가 쓰인다. 또한 과전류(overflow)가 흐를 경우, 혹은 비정상적인 역류를 막기 위하여 퓨즈(fuse) 등도 함께 설계된다. 그리고 이들은 목적과 필요에 따라 적절하게 구성되어 전기 회로를 구성한다. 미디어아트에서는 관객의 실제적인 움직임과 행동에 따라 반응하거나 상호작용하는 인터렉티브 아트 작업을 구성하기 위하여 종종 센서와 액추에이터(actuator) 등을 사용하는 전자 회로를 구성하는 인터렉티브 시스템을 만든다. 그리고 이는 센서와 액추에이터 등의 물리적 전자회로 구성으로만 이루어지는 경우도 있고, 때에 따라 전자회로는 컴퓨터 스크린상의 비디오나 오디오, 게임 등의 디지털 가상 영역과 연결되어져 디지털과 피지컬 영역의 상호작용을 만들기도 한다. 가상의 디지털 영역의 상호작용을 물리적 레벨로 끌어올려 작용시키고 표현한다고 하여 이러한 분야를 '피지컬 컴퓨팅(Physical computing)'이라고 부른다. 미디어아트 전공 학생들 중 이러한 피지컬 컴퓨팅 영역에 관심 있는 많은 학생들은 아듀이노(Arduino)나 픽(PIC) 등 소형컴퓨터(micro controller)를 사용하여 연결시키고 작업하는 것을 공부하고 있다.

3 사실 본 글은 서울대학교 김성준 교수님의 심장에 대한 발표를 듣고 그 자료를 보면서 구상하게 되었다. 그 기회를 통해 데카르트가 근대적 기

계론에 입각하여 주장한 "심장은 혈액 펌프다"라는 개념들이나 혈액 순환기에 대한 개념들을 배울 수 있었다. 이를 통해 필자는 그동안 컴퓨터와 카메라-스크린 인터페이스 등을 사용하는 인터렉티브 미디어 아트에서의 감상 경험을 현대 영상예술의 다층적 폐쇄회로들을 통해 고민해오던 부분과 연결 지어 생각해볼 수 있는 실마리를 제공받았다.

4 이러한 연구는 필자가 쓴 '현대 영상예술 속의 다층적 폐쇄회로들 : 카메라-스크린 인터페이스를 중심으로(Multiple Levels of Closed Feedback Loops in Contemporary Moving Images: Based on Media Artworks using the Camera-Screen Interface, 2011)'라는 글에 보다 학술적인 내용으로 정리되어 있다.

5 때때로 이들 회로는 무선으로 연결되기도 한다. 하지만 이러한 무선화된 회로가 시그널의 송수신 과정이 사라졌음을 의미하지는 않는다.

6 Jaron Lanier, You Are Not a Gadget: A Manifestro (New York: Alfred A. Knopf, 2010), p.20. 다음 출처에서 재인용함. From Gardner, Howard & Davis, Katie. 2013. The App Generation (142p).

7 이 부분은 전주홍 교수님의 글 I부 1장 '심장의 역사: 주술에서 과학으로'를 참조하길 바란다. 특히 본문 중 '근대 생리학' 부분을 보면 윌리엄 하비가 1628년 발표한 '혈액순환이론'에 대하여 역사적 관계하에 자세히 설명하고 있다. 하비의 혈액 순환설이 당시 과학적 근거에 입각하여 사고된 합리적 사유의 결과는 아니었다고 하지만, 1661년 이탈리아 마르첼로 말피기(Marcello Malpighi, 1628~1694)가 모세혈관을 발견하고 동맥과 정맥이 이를 통해 연결된다는 사실을 통해 혈액 순환의 해부학적 원리가 규명되었고 하비 이론이 공고히 받아들여지게 되었음을 설명한다.

덧붙여 필자는 이러한 혈액 순환의 원리를 살펴보면서 인공심장의 기능도 생각해보게 되었다. 만약 혹시라도 순환이 멈추거나 순환을 위한 펌프 압력이 약해지거나 지속적이고 규칙적인 순환에 결함이 생겼을 때 심장의 일부 기능을 대신해주는 외부적 장치로서 부착되는 인공심장(人工心臟, artificial heart 또는 mechanical heart)은 이러한 순환이 우리의 생명을 이어가는 데 매우 중요하며 이러한 생명을 위한 몸의 순환을 지속시키기 위함일 것이기 때문이다.

8 필자는 이 책의 I부 4장을 집필하신 서울대학교 김성준 교수님을 통해서 심장에 대한 많은 사실들을 알게 되었다. 특히 심장이 자체적으로 전기신호를 생성하는 등 심장에서도 전기회로의 룹이 형성된다고 하는 부분은 매우 놀라웠다. 그 후 인터넷에서 관련된 여러 자료를 찾으면서 '심장이 생성시키고 심장에서 작동되는 전기회로'에 대해 공부하게 되었다.

9 메디컬 북스 (주)대한의학서적, http://www.medbook.co.kr/data/goods/x89596956/a.pdf

10 위의 9번 출처와 동일

11 생물의 생리계(生理系, 혈액)가 정상적인 상태를 유지하는 현상도 항상성이라고 한다. 호메오스타시스(homeostasis)는 1932년 미국의 생리학자 W. B. 케넌이 '동일함'의 의미인 'homeo'와 '평형상태(平衡狀態)'를 뜻하는 'stasis'를 결합시켜 만든 용어이다. http://www.aistudy.co.kr/physiology/homeostasis.htm 참조할 것

12 전문적 내용은 위의 11번 설명 속 사이트를 참조할 것

13 모세혈관에 대하여는 I부 4장 '심장과 순환의 기능' 중에서 '모세혈관' 부분을 함께 읽어보면 도움이 된다.

14 이 글을 쓰면서 김성준 교수님과 많은 이야기를 나누었다. 그리고 필자가 본 글에서 자주 언급하고 개념적으로 사용한 용어인 피드백(feedback)이라는 용어가 의학 및 생리학과 인터렉티브 미디어 이론에서 다소 다르게 쓰이고 있음도 발견하게 되었다. 필자가 이 글에서 언급한 피드백 혹은 '회로'로서의 룹(loop)의 개념은 커뮤니케이션에 있어서 화자인 송신자(sender)와 청자인 수신자(receiver) 사이에 의미 있는 대

화를 주고받는 과정과, 그러한 대화의 통로로서의 회로와 상호작용적 개념을 담고 있다. 필자는 이러한 룹들을 보다 다양한 관점으로 나누어 기계적이고, 전자적이며, 심리적이고, 코드레벨에서의 룹이라 각각 나누어 설명하기도 하였다. 필자가 개념화하여 언급하는 이러한 룹들은 각각이 가지는 기능적 역할, 내지는 그 역할과 과정에 대한 물리적이고 개념적인 대상으로서 접근된 것일 뿐, 그것이 수행하는 기능에 대한 가치적 판단과 평가는 내포하지 않는, 중립적인 개념이다.

한편 김성준 교수님께서는 이러한 피드백이라는 용어가 의학에서는 지속과 확장의 관점에서 네가티브 피드백(negative feedback) 혹은 포지티브 피드백(positive feedback)이라는 상대적인 개념이 항상 개입한다고 하셨다. 네가티브 피드백은 앞서 본문에서 말한 것처럼 항상성을 유지하기 위한 과정의 일부로서 특정 상황에서 어떤 기능이 과하게(일정 수준 이상으로) 작동될 때 이를 안정화된 평균상태인 목표지점(target)으로 되돌아오게 만드는 과정이 된다는 것이다. 예를 들어 혈압이나 신경 및 호르몬 등이 순간적으로 비정상적으로 수치가 오를 때 우리 몸은 다시 이를 정상적으로 되돌리기 위하여 작동한다. 반면에 우리 몸에는 때때로 앞의 정상화, 안정화를 위한 작동과는 별개로 어떤 기능을 발생시키기 위하여 작동되는 경우도 있다고 한다. 가령 끊임없이 새로운 에너지 등을 생성시키기 위하여 무엇을 지속적으로 과하게 만들어(일정 수준 이상으로 만들어) 작동시키는 과정이 필요한 경우 등이 그러한 경우이다. 가령 심장박동을 위한 전기 신호가 이에 해당된다. 이러한 과정을 의학과 생리학에서는 포지티브 피드백이라고 부른다.

김성준 교수님과 이러한 논의를 하면서 전공 배경과 지식에 따라, 같은 용어라 하더라도 사용하는 개념과 이해가 서로 다른 출발지점을 가질 수도 있다는 점을 다시금 깨닫게 되었다. 이러한 상대적 접근과 이해의 차이를 알게 되고 이러한 차이를 받아들이는 것은 언제나 간학문적(interdisciplinary) 영역에서 느끼게 되는 흥미로운 지점이다. 이 글의 독자층 역시 다양한 학문분야의 지식을 기초로 한 독자일 수 있기에, 필자와 김성준 교수님 사이의 논의를 참고할 수 있도록 이 글과 덧붙여 언급해둔다.

8장

1   Valandrey, C. (2013). 허지은 역, 《타인의 심장》, 서울: 문화세계사. pp.224-5

2   Marchese, F. T., & Banissi, E. (Eds.). (2012). Knowledge Visualization Currents: From Text to Art to Culture. London: Springer. pp.333-5

3   Alberti, Fay Bound (2010-01-14). Matters of the Heart: History, Medicine, and Emotion. Oxford University Press (Kindle Edition). p.14

4   Varela, F., Thompson, E., & Rosch, E. (1991). The Embodied Mind: Cognitive Science and Human Experience. Cambridge: MIT Press. pp.119-129

5   Clark, A. (2008). Supersizing the Mind: Embodiment, Action, and Cognitive Extension. Oxford: Oxford University Press. p.131

6   Ramachandran, V. S, & Blakeslee, S, 신상규 역 (2007), 《라마찬드란 박사의 두뇌 실험실》, 서울: 바다출판사. pp.418-28

7   Empathy : Philosophical and Psychological Perspectives. (2011). (A. Coplan & P. Goldie Eds.). Oxford: Oxford University Press. p.XIV-XXI

8   Kohut, H. (1984). How Does Analysis Cure? : University of Chicago Press. p.82

9   Ickes, W. (1997). Empathic Accuracy. New York: Guilford. p.3

10 위의 책, p.44-72

11 Gilligan, C. (1982). In a different voice: psychological theory and wom-

en's development : Harvard University Press

12 "Ramachandran, V. S. (2000, 2016). Mirror neurons and imitation learn-
ing as the driving force behind 'the great leap forward' in human evo-
lution". Edge - the Third Culture. Retrieved from https://www.edge.
org/conversation/mirror-neurons-and-imitation-learning-as-the-driving-
force-behind-the-great-leap-forward-in-human-evolution

13 Zhou, Q., Valiente, C., & Eisenberg, N. (2003). Empathy and its mea-
surement : American Psychological Association

마음의 장기 심장

초판 1쇄 발행   2016년 11월 28일

지은이   전주홍 최병진 이동준 김성준
             김홍기 이재준 이현진 김정한
책임편집   강희재
디자인   주수현 정진혁

펴낸곳   바다출판사
발행인   김인호
주소   서울시 마포구 어울마당로5길 17(서교동, 5층)
전화   322-3885(편집), 322-3575(마케팅)
팩스   322-3858
E-mail   badabooks@daum.net
홈페이지   www.badabooks.co.kr
출판등록일   1996년 5월 8일
등록번호   제10-1288호

ISBN 978-89-5561-898-3 03400

이 책은 한국출판문화산업진흥원 2016년 우수출판콘텐츠 제작 지원 사업 선정작입니다.